TURING

图灵教育

站在巨人的肩上
Standing on the Shoulders of Giants

图灵程序设计丛书

Mastering Spring 5.0

精通Spring

Java Web开发与Spring Boot高级功能

[印] 兰加·拉奥·卡拉南◎著

石华耀 熊珅◎译

人民邮电出版社

北京

图书在版编目（CIP）数据

精通Spring：Java Web开发与Spring Boot高级功能/（印）兰加·拉奥·卡拉南（Ranga Rao Karanam）著；石华耀，熊珅译. -- 北京：人民邮电出版社，2020.6
（图灵程序设计丛书）
ISBN 978-7-115-53944-1

Ⅰ. ①精… Ⅱ. ①兰… ②石… ③熊… Ⅲ. ①JAVA语言－程序设计 Ⅳ. ①TP312.8

中国版本图书馆CIP数据核字(2020)第073637号

内 容 提 要

本书是使用Spring进行Java Web开发的指导手册，介绍了Spring Framework的演变——从解决可测试应用程序的问题到在云端构建分布式应用程序。本书介绍了Spring 5.0的新增功能，讲解如何使用Spring MVC构建应用程序，然后全面阐释如何使用Spring Framework构建并扩展微服务，以及如何开发和部署云应用程序。读者会了解应用程序架构的进化过程——从单体架构到围绕微服务构建的架构。此外，本书还介绍了Spring Boot的高级功能，并通过强大的示例演示这些功能。学完本书之后，读者将掌握使用Spring Framework开发应用程序的相关知识和实践策略。

本书适合经验丰富的Java开发者阅读。

◆ 著　　[印] 兰加·拉奥·卡拉南
　译　　石华耀　熊 珅
　责任编辑　温 雪
　责任印制　周昇亮

◆ 人民邮电出版社出版发行　北京市丰台区成寿寺路11号
　邮编　100164　电子邮件　315@ptpress.com.cn
　网址　https://www.ptpress.com.cn
　北京鑫正大印刷有限公司印刷

◆ 开本：800×1000　1/16
　印张：22.25
　字数：526千字　　　　2020年6月第 1 版
　印数：1－3 500册　　　2020年6月北京第 1 次印刷

著作权合同登记号　图字：01 2019 8050号

定价：99.00元

读者服务热线：(010)51095183转600　印装质量热线：(010)81055316
反盗版热线：(010)81055315
广告经营许可证：京东工商广登字 20170147 号

版 权 声 明

Copyright © 2017 Packt Publishing. First published in the English language under the title *Mastering Spring 5.0：A Comprehensive Guide to Becoming an Expert in the Spring Framework*.

Simplified Chinese-language edition copyright © 2020 by Posts & Telecom Press. All rights reserved.

本书中文简体字版由 Packt Publishing 授权人民邮电出版社独家出版。未经出版者书面许可，不得以任何方式复制或抄袭本书内容。

版权所有，侵权必究。

前　言

Spring 5.0 已经发布，它包含了很多令人兴奋的新功能，这些新功能会改变我们使用该框架的方式。本书会向读者介绍这种演变——从解决可测试应用程序的问题到在云端构建分布式应用程序。

本书首先介绍 Spring 5.0 的新增功能，讲解如何使用 Spring MVC 构建应用程序，然后全面阐释如何使用 Spring Framework 构建并扩展微服务，以及如何开发和部署云应用程序。你会了解应用程序架构的进化过程——从单体架构到围绕微服务构建的架构。此外，本书还将介绍 Spring Boot 的高级功能，并通过强大的示例演示这些功能。

学完本书之后，你将掌握使用 Spring Framework 开发应用程序的相关知识和最佳实践。

本书内容

第 1 章，向 Spring Framework 5.0 进化，介绍 Spring Framework 从初始版本到 Spring 5.0 的进化过程。最初，Spring 通过依赖注入和核心模块开发可测试的应用程序。近年来的 Spring 项目（如 Spring Boot、Spring Cloud、Spring Cloud Data Flow）处理应用程序基础架构以及将应用程序迁移到云端。我们会初步了解不同的 Spring 模块和项目。

第 2 章，依赖注入，详细介绍依赖注入。我们将学习 Spring 提供的不同类型的依赖注入方法，了解自动装配为何能简化工作。这一章还会简要介绍单元测试。

第 3 章，使用 Spring MVC 构建 Web 应用程序，概述如何使用 Spring MVC 构建 Web 应用程序。

第 4 章，向微服务和云原生应用程序进化，介绍应用程序架构在过去 16 年中的演进过程。我们将明白为什么需要微服务和云原生应用程序，并快速了解可用于构建云原生应用程序的多个 Spring 项目。

第 5 章，使用 Spring Boot 构建微服务，讨论 Spring Boot 如何帮助我们轻松创建基于 Spring 的生产级应用程序。它使得基于 Spring 的项目很容易启动，并能轻松将其与第三方库集成。这一章将介绍如何使用 Spring Boot。我们首先实现一个基本的 Web 服务，然后添加缓存、异常处理、

HATEOAS 和国际化功能，同时还会利用 Spring Framework 提供的不同功能。

第 6 章，扩展微服务，重点介绍如何为第 4 章构建的微服务添加更多高级功能。

第 7 章，Spring Boot 的高级功能，介绍 Spring Boot 的高级功能。你将了解如何通过 Spring Boot Actuator 来监视微服务，然后将微服务部署到云端；如何利用 Spring Boot 提供的开发者工具更加高效地完成开发工作。

第 8 章，Spring Data，介绍 Spring Data 模块。我们将开发一些简单的应用程序，将 Spring 与 JPA 和大数据技术集成。

第 9 章，Spring Cloud，介绍云端的分布式系统，这些系统存在一些共同的问题，采用通用的配置管理、服务发现、熔断机制和智能化路由。在这一章，你将学习如何利用 Spring Cloud 为这些通用模式开发解决方案。这些解决方案应能同时适用于云端以及开发人员的本地系统。

第 10 章，Spring Cloud Data Flow，介绍 Spring Cloud Data Flow，它为基于微服务的分布式流和批量数据流水线提供了一组模式和最佳实践。在这一章，你将了解 Spring Cloud Data Flow 的基础知识，以及如何使用它来构建基本的数据流用例。

第 11 章，反应式编程，介绍使用异步数据流的编程方法。你将了解反应式编程以及 Spring Framework 提供的相关功能。

第 12 章，Spring 最佳实践，帮助你了解使用 Spring 开发企业级应用程序时，单元测试、集成测试、维护 Spring 配置等方面的最佳实践。

第 13 章，在 Spring 中使用 Kotlin，介绍一种快速流行起来的 JVM 语言——Kotlin。我们将讨论如何在 Eclipse 中搭建 Kotlin 项目，使用 Kotlin 创建一个新的 Spring Boot 项目，并实现几个支持单元测试和集成测试的基本服务。

本书所需的工具

为了运行本书中的示例，需要以下工具：

- Java 8
- Eclipse IDE
- Postman

我们会使用嵌入 Eclipse IDE 中的 Maven 来下载所需的依赖项。

本书读者

本书面向经验丰富的 Java 开发者,他们了解 Spring 的基础知识,想要学习如何使用 Spring Boot 来构建应用程序并将其部署到云端。

排版约定

本书采用了一些文本样式来区分不同类型的信息。这里提供了这些样式的若干示例并解释了其含义。

正文中的代码和用户输入如下所示:"在你的 pom.xml 文件中配置 `spring-boot-starter-parent`。"

代码块设置如下:

```
<properties>
  <mockito.version>1.10.20</mockito.version>
</properties>
```

命令行输入或输出如下:

```
mvn clean install
```

新术语和**重要的词语**以黑体字显示。例如,你在屏幕上、菜单或对话框中看到的词语会显示如下:"请提供详细信息,然后单击 Generate Project。"

此图标表示警告或重要注释。

此图标表示提示和诀窍。

读者反馈

我们始终欢迎读者反馈,请让我们了解你对本书的看法——你喜欢或不喜欢哪些内容。对我们而言,读者反馈至关重要,因为它有助于我们编写出可为读者提供最大帮助的内容。

要向我们发送一般反馈,请发送电子邮件至 feedback@packtpub.com,并在邮件主题中注明书名。

如果你是某个领域的专家并有兴趣编写图书,请访问 http://www.packtpub.com/authors。

读者支持

我们为读者提供各种服务，以帮助读者充分利用购买的图书。

下载示例代码

如需下载本书的示例代码文件[1]，请访问 http://www.packtpub.com/并登录自己的账户。如果是在其他地方购买的本书，请访问 http://www.packtpub.com/support 并注册，我们会将代码文件通过电子邮件直接发送给你。

请通过以下步骤下载代码文件。

(1) 使用电子邮件地址和密码登录我们的网站或进行注册。
(2) 将鼠标移动到顶部的 SUPPORT 选项卡上。
(3) 单击 Code Downloads & Errata。
(4) 在 Search 框中输入书名。
(5) 选择要下载代码文件的图书。
(6) 从下拉菜单中选择购买本书的方式。
(7) 单击 Code Download。

下载该文件后，请确保使用如下软件的最新版本来解压或提取相关文件夹：

- Windows 上建议使用 WinRAR/7-Zip。
- Mac 上建议使用 Zipeg/iZip/UnRarX。
- Linux 上建议使用 7-Zip/PeaZip。

本书的代码包可以在 GitHub 网站的 PacktPublishing/Mastering-Spring-5.0 页面获取。此外，该网站的 PacktPublishing 页面上也列出了我们所出版的各类图书和视频的代码包，欢迎查看。

勘误表

虽然我们已尽力确保图书本书内容正确，但出错仍旧在所难免。如果你在我们的图书中发现错误，无论是文本还是代码错误，请告知我们，我们会非常感谢。这样做可以减少其他读者的困扰，并帮助我们改进本书的后续版本。如果你发现任何错误，请访问 http://www.packtpub.com/submit-errata，选择图书，单击 Errata Submission Form 链接，然后输入详细的错误信息。勘误一经核实，我们将接受你提交的表单，并将勘误上传到本公司网站或添加到现有勘误表中。[2]

---

[1] 本书中文版的读者可访问 https://www.ituring.com.cn/book/2443 下载代码文件。——编者注
[2] 本书中文版的勘误，请到 https://www.ituring.com.cn/book/2443 查看和提交。——编者注

要查看以前提交的勘误，请访问 https://www.packtpub.com/books/content/support，然后在搜索字段中输入书名。所需信息会在 Errata 区域显示出来。

反盗版

互联网上的盗版是所有媒体都要面临的问题。Packt 非常重视保护版权和许可。如果你发现我们的作品在互联网上被非法复制，不管以什么形式，都请立即将地址或网站名称告知我们，以便我们采取补救措施。

请把可疑盗版材料的链接发送到 copyright@packtpub.com。

非常感谢你帮助我们保护作者，以及保护我们给读者带来有价值内容的能力。

问题

如果对本书的任何方面存有疑问，请通过 questions@packtpub.com 联系我们，我们将尽最大努力帮助你解决问题。

电子书

扫描如下二维码，即可购买本书中文版电子版。

目 录

第 1 章 向 Spring Framework 5.0 进化 ······ 1
- 1.1 Spring Framework ······ 1
- 1.2 Spring Framework 为什么流行 ······ 2
  - 1.2.1 简化了单元测试 ······ 2
  - 1.2.2 减少了衔接代码 ······ 3
  - 1.2.3 架构灵活性 ······ 4
  - 1.2.4 与时俱进 ······ 4
- 1.3 Spring 模块 ······ 5
  - 1.3.1 Spring 核心容器 ······ 5
  - 1.3.2 横切关注点 ······ 5
  - 1.3.3 Web 层 ······ 6
  - 1.3.4 业务层 ······ 6
  - 1.3.5 数据层 ······ 6
- 1.4 Spring 项目 ······ 6
  - 1.4.1 Spring Boot ······ 7
  - 1.4.2 Spring Cloud ······ 7
  - 1.4.3 Spring Data ······ 8
  - 1.4.4 Spring Batch ······ 8
  - 1.4.5 Spring Security ······ 8
  - 1.4.6 Spring HATEOAS ······ 9
- 1.5 Spring Framework 5.0 中的新增功能 ······ 9
  - 1.5.1 基准升级 ······ 10
  - 1.5.2 JDK 9 运行时兼容性 ······ 10
  - 1.5.3 在 Spring Framework 代码中使用 JDK 8 功能 ······ 11
  - 1.5.4 反应式编程支持 ······ 11
  - 1.5.5 函数式 Web 框架 ······ 11
  - 1.5.6 Java 通过 Jigsaw 实现模块化 ······ 12
  - 1.5.7 Kotlin 支持 ······ 13
  - 1.5.8 已停用的功能 ······ 14
- 1.6 Spring Boot 2.0 的新增功能 ······ 14
- 1.7 小结 ······ 15

第 2 章 依赖注入 ······ 16
- 2.1 了解依赖注入 ······ 16
  - 2.1.1 了解依赖项 ······ 17
  - 2.1.2 Spring IoC 容器 ······ 19
  - 2.1.3 使用模拟对象进行单元测试 ······ 26
  - 2.1.4 容器托管 bean ······ 28
  - 2.1.5 依赖注入类型 ······ 28
  - 2.1.6 Spring bean 作用域 ······ 30
  - 2.1.7 Java 与 XML 配置 ······ 30
  - 2.1.8 @Autowired 注解详解 ······ 31
  - 2.1.9 其他重要的 Spring 注解 ······ 32
  - 2.1.10 上下文和依赖注入 ······ 32
- 2.2 小结 ······ 33

第 3 章 使用 Spring MVC 构建 Web 应用程序 ······ 34
- 3.1 Java Web 应用程序架构 ······ 34
  - 3.1.1 Model 1 架构 ······ 35
  - 3.1.2 Model 2 架构 ······ 35
  - 3.1.3 Model 2 前端控制器架构 ······ 36
- 3.2 基本流 ······ 37
  - 3.2.1 基本设置 ······ 38
  - 3.2.2 流 1——不包含视图的简单控制器流 ······ 39

3.2.3	流2——包含视图的简单控制器流 ·········· 42	4.1	使用Spring的典型Web应用程序架构 ·········· 77	
3.2.4	流3——控制器通过模型重定向到视图 ·········· 45		4.1.1 Web层 ·········· 77	
3.2.5	流4——控制器通过`ModelAndView`重定向到视图 ·········· 47		4.1.2 业务层 ·········· 78	
3.2.6	流5——重定向到包含表单的视图的控制器 ·········· 48		4.1.3 数据层 ·········· 78	
			4.1.4 集成层 ·········· 79	
			4.1.5 横切关注点 ·········· 79	
3.2.7	流6——在上一个流中添加验证功能 ·········· 51	4.2	Spring解决的问题 ·········· 79	
			4.2.1 松散耦合和可测试性 ·········· 80	
3.3	Spring MVC概述 ·········· 54		4.2.2 衔接代码 ·········· 80	
	3.3.1 重要特性 ·········· 54		4.2.3 轻量级架构 ·········· 80	
	3.3.2 工作机制 ·········· 55		4.2.4 架构灵活性 ·········· 80	
3.4	Spring MVC背后的重要概念 ·········· 56		4.2.5 简化横切关注点的实现过程 ·········· 81	
	3.4.1 `RequestMapping` ·········· 56		4.2.6 免费的设计模式 ·········· 81	
	3.4.2 视图解析 ·········· 58	4.3	应用程序开发目标 ·········· 81	
	3.4.3 处理程序映射和拦截器 ·········· 59		4.3.1 速度 ·········· 82	
	3.4.4 模型属性 ·········· 61		4.3.2 安全保障 ·········· 83	
	3.4.5 会话属性 ·········· 62		4.3.3 可扩展性 ·········· 84	
	3.4.6 `@InitBinder`注解 ·········· 63	4.4	单体应用面临的挑战 ·········· 84	
	3.4.7 `@ControllerAdvice`注解 ·········· 63		4.4.1 漫长的发布周期 ·········· 85	
3.5	Spring MVC——高级功能 ·········· 64		4.4.2 难以扩展 ·········· 85	
	3.5.1 异常处理 ·········· 64		4.4.3 适应新技术 ·········· 85	
	3.5.2 国际化 ·········· 66		4.4.4 适应新方法 ·········· 85	
	3.5.3 对Spring控制器进行集成测试 ·········· 68		4.4.5 适应现代化开发实践 ·········· 85	
		4.5	了解微服务 ·········· 85	
	3.5.4 提供静态资源 ·········· 69		4.5.1 什么是微服务 ·········· 86	
	3.5.5 集成Spring MVC与Bootstrap ·········· 71		4.5.2 微服务架构 ·········· 86	
3.6	Spring Security ·········· 72		4.5.3 微服务的特点 ·········· 88	
	3.6.1 添加Spring Security依赖项 ·········· 73		4.5.4 微服务的优势 ·········· 91	
	3.6.2 配置过滤器以拦截所有请求 ·········· 73		4.5.5 微服务面临的挑战 ·········· 92	
		4.6	云原生应用程序 ·········· 94	
	3.6.3 注销 ·········· 74	4.7	Spring项目 ·········· 98	
3.7	小结 ·········· 75		4.7.1 Spring Boot ·········· 98	
			4.7.2 Spring Cloud ·········· 99	
第4章	向微服务和云原生应用程序进化 ·········· 76	4.8	小结 ·········· 99	

第 5 章 使用 Spring Boot 构建微服务 100
5.1 什么是 Spring Boot 100
5.1.1 快速构建微服务器原型 101
5.1.2 主要目标 101
5.1.3 非功能性特性 102
5.2 Spring Boot Hello World 102
5.2.1 配置 spring-boot-starter-parent 102
5.2.2 用所需的 starter 项目配置 pom.xml 105
5.2.3 配置 spring-boot-maven-plugin 106
5.2.4 创建第一个 Spring Boot 启动类 107
5.2.5 运行 Hello World 应用程序 108
5.2.6 自动配置 110
5.2.7 starter 项目 113
5.3 什么是 REST 114
5.4 首个 REST 服务 115
5.4.1 返回字符串的简单方法 116
5.4.2 返回对象的简单 REST 方法 118
5.4.3 包含路径变量的 GET 方法 120
5.5 创建待办事项资源 121
5.5.1 请求方法、操作和 URI 122
5.5.2 bean 和服务 122
5.5.3 检索待办事项列表 124
5.5.4 检索特定待办事项的详细信息 126
5.5.5 添加待办事项 128
5.6 Spring Initializr 132
5.7 自动配置概述 136
5.8 小结 138

第 6 章 扩展微服务 139
6.1 异常处理 139
6.2 HATEOAS 144
6.3 验证 147
6.3.1 对控制器方法启用验证 148
6.3.2 定义 bean 验证 148
6.3.3 验证功能单元测试 149
6.4 编写 REST 服务文档 149
6.5 使用 Spring Security 确保 REST 服务的安全 156
6.5.1 添加 Spring Security starter 157
6.5.2 基本身份验证 157
6.5.3 OAuth 2 身份验证 159
6.6 国际化 164
6.7 缓存 166
6.7.1 spring-boot-starter-cache 166
6.7.2 启用缓存 167
6.7.3 缓存数据 167
6.7.4 JSR-107 缓存注解 167
6.8 小结 168

第 7 章 Spring Boot 的高级功能 169
7.1 配置外部化 169
7.1.1 通过 application.properties 自定义框架 170
7.1.2 application.properties 中的自定义属性 173
7.1.3 配置文件 176
7.1.4 其他定义应用程序配置值的选项 178
7.1.5 YAML 配置 178
7.2 嵌入式服务器 179
7.2.1 切换到 Jetty 和 Undertow 182
7.2.2 构建 WAR 文件 183
7.3 开发者工具 183
7.4 Spring Boot Actuator 184
7.4.1 HAL 浏览器 185
7.4.2 配置属性 187

	7.4.3	环境细节 ·· 188
	7.4.4	运行状况 ·· 189
	7.4.5	映射 ·· 189
	7.4.6	bean ··· 190
	7.4.7	度量 ·· 191
	7.4.8	自动配置 ·· 193
	7.4.9	调试 ·· 194
7.5	部署应用程序到云端 ·· 194
7.6	小结 ·· 196

第 8 章 Spring Data ·································· 197

8.1	背景信息——数据存储 ··································· 197
8.2	Spring Data ··· 198
	8.2.1 Spring Data Commons ············ 199
	8.2.2 Spring Data JPA ······················· 200
8.3	Spring Data Rest ·· 212
	8.3.1 GET 方法 ································· 213
	8.3.2 POST 方法 ································ 214
	8.3.3 搜索资源 ································· 215
8.4	大数据 ··· 215
8.5	小结 ·· 217

第 9 章 Spring Cloud ································ 218

9.1	Spring Cloud 简介 ······································· 218
9.2	演示微服务设置 ·· 220
	9.2.1 微服务 A ·································· 220
	9.2.2 服务消费方 ······························· 223
9.3	集中式微服务配置 ·· 225
	9.3.1 问题陈述 ································· 225
	9.3.2 解决方案 ································· 226
	9.3.3 选项 ··· 226
	9.3.4 Spring Cloud Config ················ 227
9.4	Spring Cloud Bus ·· 233
	9.4.1 Spring Cloud Bus 需求 ············ 233
	9.4.2 使用 Spring Cloud Bus 传播 配置更改 ···································· 233

	9.4.3	实现 ·· 234
9.5	声明式 REST 客户端——Feign ··········· 235
9.6	负载均衡 ·· 237
9.7	名称服务器 ·· 240
9.8	名称服务器的工作机制 ································ 240
	9.8.1	选项 ·· 241
	9.8.2	实现 ·· 241
9.9	API 网关 ··· 245
9.10	分布式跟踪 ·· 250
	9.10.1	分布式跟踪选项 ······················· 250
	9.10.2	实现 Spring Cloud Sleuth 和 Zipkin ·································· 251
9.11	Hystrix——容错 ·· 256
9.12	小结 ·· 257

第 10 章 Spring Cloud Data Flow ·········· 258

10.1	基于消息的异步通信 ··································· 258
10.2	用于异步消息传递的 Spring 项目 ······ 260
	10.2.1 Spring Integration ················· 261
	10.2.2 Spring Cloud Stream ·············· 261
	10.2.3 Spring Cloud Data Flow ········ 262
10.3	Spring Cloud Stream ·································· 263
	10.3.1 Spring Cloud Stream 架构 ······ 263
	10.3.2 事件处理——股票交易 示例 ·· 264
10.4	Spring Cloud Data Flow ···························· 269
	10.4.1 高级架构 ······························· 270
	10.4.2 实现 Spring Cloud Data Flow ·· 271
	10.4.3 Spring Cloud Data Flow REST API ································· 280
10.5	Spring Cloud Task ····································· 281
10.6	小结 ·· 282

第 11 章 反应式编程 ································ 283

| 11.1 | 反应式宣言 ·· 283 |

11.2	反应式用例——股价页面	285
	11.2.1 传统方法	285
	11.2.2 反应式方法	286
	11.2.3 传统与反应式方法比较	286
11.3	Java 反应式编程	287
	11.3.1 反应式流	287
	11.3.2 Reactor	288
	11.3.3 Spring Web Reactive	292
	11.3.4 反应式数据库	298
11.4	小结	302

第 12 章 Spring 最佳实践 303

12.1	Maven 标准目录布局	303
12.2	分层架构	304
12.3	异常处理	306
	12.3.1 Spring 的异常处理方法	307
	12.3.2 推荐的处理方法	307
12.4	确保简化 Spring 配置	308
	12.4.1 在 ComponentScan 中使用 basePackageClasses 属性	308
	12.4.2 不在架构引用中使用版本号	308
	12.4.3 强制性依赖项首选构造函数注入而不是 setter 注入	309
12.5	管理 Spring 项目的依赖项版本	309
12.6	单元测试	311
	12.6.1 业务层	311
	12.6.2 Web 层	312
	12.6.3 数据层	312
	12.6.4 其他最佳实践	313
12.7	集成测试	313
	12.7.1 Spring Session	314
	12.7.2 示例	315
12.8	缓存	316

	12.8.1 添加 Spring Boot Starter Cache 依赖项	317
	12.8.2 添加缓存注解	317
12.9	日志记录	317
	12.9.1 Logback	317
	12.9.2 Log4j2	318
	12.9.3 独立于框架的配置	319
12.10	小结	319

第 13 章 在 Spring 中使用 Kotlin 320

13.1	Kotlin	320
13.2	Kotlin 与 Java	321
	13.2.1 变量和类型推断	321
	13.2.2 变量和不变性	322
	13.2.3 类型系统	322
	13.2.4 函数	323
	13.2.5 数组	324
	13.2.6 集合	324
	13.2.7 未受检异常	325
	13.2.8 数据类	326
13.3	在 Eclipse 中创建 Kotlin 项目	326
	13.3.1 Kotlin 插件	326
	13.3.2 创建 Kotlin 项目	327
	13.3.3 创建 Kotlin 类	329
	13.3.4 运行 Kotlin 类	330
13.4	使用 Kotlin 创建 Spring Boot 项目	331
	13.4.1 依赖项和插件	332
	13.4.2 Spring Boot 应用程序类	333
	13.4.3 Spring Boot 应用程序测试类	334
13.5	使用 Kotlin 实现 REST 服务	335
	13.5.1 返回字符串的简单方法	335
	13.5.2 返回对象的简单 REST 方法	337
	13.5.3 包含路径变量的 GET 方法	338
13.6	小结	340

第 1 章 向 Spring Framework 5.0 进化

Spring Framework 1.0 于 2004 年 3 月发布。16 年后，Spring Framework 仍然是构建 Java 应用程序的首选框架。

在 Java 框架这个相对年轻且不断变化的领域，16 年已经算是很长一段时间了。

本章首先介绍 Spring Framework 的核心功能，然后分析它流行的原因以及它如何保持首选框架的地位，接着介绍 Spring Framework 中的重要模块，随后学习 Spring 项目，最后介绍 Spring Framework 5.0 中的新增功能。

本章将回答以下问题。

- Spring Framework 为什么流行？
- Spring Framework 如何适应应用程序架构的不断进化？
- Spring Framework 中有哪些重要的模块？
- 在一系列 Spring 项目中，Spring Framework 扮演着什么角色？
- Spring Framework 5.0 中有哪些新增功能？

1.1 Spring Framework

Spring 网站对 Spring Framework 的定义如下：Spring Framework 为基于 Java 的现代企业级应用程序提供了全面的编程和配置模型。

Spring Framework 用于装配 Java 企业级应用程序。它的主要作用是为连接应用程序的不同组件提供技术衔接。这样，程序员就可以专注于他们的核心工作——编写业务逻辑。

EJB 存在的问题

Spring Framework 1.0 于 2004 年 3 月发布，当时开发企业级应用程序的主要方法是使用

Enterprise Java Beans（EJB）2.1。

开发和部署 EJB 是个烦琐的过程。虽然使用 EJB 可以更轻松地分发组件，但开发和部署这些组件并对其进行单元测试仍是一项挑战。早期版本的 EJB（1.0、2.0、2.1）有个复杂的**应用程序接口**（API），导致用户认为它带来的复杂性远大于好处（在大多数应用程序中也确实如此）。

- 难以进行单元测试。实际上，很难在 EJB Container 以外进行测试。
- 需要通过许多不必要的方法实现多个接口。
- 异常处理冗长而烦琐。
- 部署描述符极其不便。

于是，Spring Framework 这个旨在简化 Java EE 应用程序开发过程的轻量级框架应运而生。

1.2　Spring Framework 为什么流行

Spring Framework 1.0 于 2004 年 3 月发布。随后的 16 年中，Spring Framework 的普及率日益提高。

Spring Framework 变得如此流行的重要原因如下：

- 简化了单元测试——因为采用了依赖注入；
- 减少了衔接代码；
- 架构灵活性；
- 与时俱进。

下面详细说明每个原因。

1.2.1　简化了单元测试

早期版本的 EJB 很难进行单元测试。实际上，在容器以外（版本 2.1 以前）几乎无法运行 EJB。对它们进行测试的唯一方法是将其部署到容器中。

Spring Framework 引入了**依赖注入**（DI）的概念。第 2 章会详细介绍依赖注入。

使用依赖注入可以轻松地用 Mock 对象替代依赖关系，进而完成单元测试。不需要部署整个应用程序即可对其进行单元测试。

简化单元测试有诸多好处：

- 提高程序员的工作效率；
- 能更早发现缺陷，从而降低了修复缺陷的成本；
- 应用程序将自动进行单元测试（可在**持续集成模式下运行**），防止将来出现缺陷。

1.2.2 减少了衔接代码

在 Spring Framework 推出之前,典型的 J2EE(现在称为 Java EE)应用程序包含大量衔接代码。例如,获取数据库连接的代码、异常处理代码、事务管理代码、日志记录代码,等等。

下面来看一个使用预编译语句(prepared statement)来执行查询的简单示例。

```
PreparedStatement st = null;
try {
    st = conn.prepareStatement(INSERT_TODO_QUERY);
    st.setString(1, bean.getDescription());
    st.setBoolean(2, bean.isDone());
    st.execute();
}
catch (SQLException e) {
    logger.error("Failed : " + INSERT_TODO_QUERY, e);
} finally {
        if (st != null) {
         try {
         st.close();
        } catch (SQLException e) {
        // 忽略——无任何操作
        }
      }
   }
```

在上例中,有 4 行业务逻辑和超过 10 行的衔接代码。

使用 Spring Framework,可以用下面两行代码实现相同的逻辑。

```
jdbcTemplate.update(INSERT_TODO_QUERY,
bean.getDescription(), bean.isDone());
```

Spring Framework 如何实现这种简化

在上例中,Spring JDBC(一般还包括 Spring)将大多数受检异常转化成了未受检异常。通常,查询失败时,除了结束语句和承认事务失败以外,我们能做的事情不多。但是,我们不必在每个方法中都执行异常处理,而可以集中进行异常处理,然后使用 Spring **面向切面编程(AOP)** 完成注入。

使用 Spring JDBC 不需要创建用于获取连接、创建预编译语句等的衔接代码,而可以在 Spring 上下文中创建 `jdbcTemplate` 类,然后在需要时将其注入**数据访问对象(DAO)**类中。

与上例中类似,Spring JMS、Spring AOP 和其他 Spring 模块也有助于减少衔接代码。

Spring Framework 让程序员专注于他们自己的主要工作——编写业务逻辑。

避免所有衔接代码还有另一个巨大的好处——减少重复代码。由于可以在一个地方实现所有用于管理事务、处理异常等(通常为所有横切关注点)的代码,因此,代码维护起来也更加轻松。

1.2.3 架构灵活性

Spring Framework 采用模块化设计。它包含一组建立在核心 Spring 模块之上的独立模块。大多数 Spring 模块是独立的——可以使用其中一个模块，而不必用到其他模块。

下面来看一些示例。

- 在 Web 层，Spring 提供了它自己的框架——Spring MVC，而它也全面支持 Struts、Vaadin、JSF 或你选择的任何 Web 框架。
- Spring Beans 可以用较少代码实现业务逻辑，而 Spring 还可以集成 EJB。
- 在数据层，Spring 用它的 Spring JDBC 模块简化了 JDBC。但是，Spring 也全面支持你首选的任何数据层框架——JPA、Hibernate（无论是否采用 JPA）或 iBatis。
- 可以选择使用 Spring AOP 来实现横切关注点（日志记录、事务管理、安全性等），也可以集成完全成熟的 AOP 实现，如 AspectJ。

Spring Framework 并不打算满足一切需求。Spring 的核心工作是降低应用程序不同组件之间的耦合度并使它们可以进行测试，同时，它还可以全面集成你选择的框架。这意味着你将获得架构灵活性——如果不想使用特定框架，可以用其他框架轻松替代该框架。

1.2.4 与时俱进

Spring Framework 1.0 旨在实现应用程序的可测试性，但是，随着时间的推移，它面临着一些新的挑战。为此，Spring Framework 不断进化，通过提供灵活性和模块来保持领先优势。以下是一些示例。

- Java 5 引入了注解。Spring Framework（版本 2.5，2007 年 11 月发布）先于 Java EE 为 Spring MVC 引入了基于注解的控制器模型。使用 Java EE 的开发人员直到 Java EE 6 发布（2009 年 12 月，即两年后）才获得类似的功能。
- Spring Framework 先于 Java EE 引入了许多抽象概念，以将应用程序与具体的实现分离开来。缓存 API 就是个典型的例子。Spring 在 3.1 版本中提供了透明缓存支持。Java EE 为 JCache 提出了 JSR-107（2014 年），Spring 4.1 提供了类似支持。

Spring 的另一个重要特性是它提供了一系列 Spring 项目，Spring Framework 只是其中之一。1.4 节会单独介绍不同的 Spring 项目。下面的示例说明了 Spring 是如何通过新的 Spring 项目努力保持领先地位的。

- Spring Batch 定义了一种新方法来构建 Java Batch 应用程序。直到 Java EE 7 发布（2013 年 6 月），Java EE 才制定了类似的批处理应用程序规范。
- 随着架构逐渐向云和微服务进化，Spring 推出了面向云的新 Spring 项目。Spring Cloud 可以帮助简化微服务开发和部署。Spring Cloud Data Flow 为微服务应用程序提供了业务流程。

1.3 Spring 模块

Spring Framework 的模块化特点是它得到广泛应用的一个重要原因。它高度模块化，提供了 20 多个模块，并且这些模块都有明确定义的边界。

下图展示了不同的 Spring 模块，按通常使用它们的应用程序层进行划分。

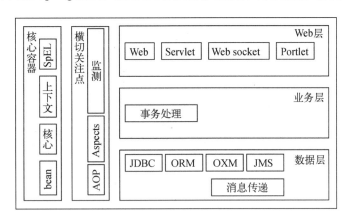

我们首先介绍 Spring 核心容器，然后介绍各个应用程序层常用的其他模块。

1.3.1 Spring 核心容器

Spring 核心容器提供了 Spring Framework 的核心功能——依赖注入（DI）、IoC（控制反转）容器和应用程序上下文。第 2 章会详细介绍 DI 和 IoC 容器。

下表列出了重要的核心 Spring 模块。

模块/artifact	用途
spring-core	其他 Spring 模块使用的实用程序
spring-beans	支持 Spring bean；与 spring-core 一起提供 Spring Framework 的核心功能——依赖注入；帮助实现 `BeanFactory`
spring-context	实现 `ApplicationContext`，它将扩展 `BeanFactory` 并支持资源加载、国际化等
spring-expression	扩展 EL（JSP 中的**表达式语言**）并为访问和操纵 bean 属性（包括数组和集合）提供了语言

1.3.2 横切关注点

横切关注点适用于所有应用程序层——日志记录和安全性等。AOP 通常用于实现横切关注点。

单元测试和集成测试也属于这一类别，因为它们同样适用于所有层。

下表列出了与横切关注点相关的重要 Spring 模块。

模块/artifact	用途
spring-aop	利用方法拦截器和切入点，为面向切面编程提供基本支持
spring-aspects	支持与最流行的、功能全面的 AOP 框架 AspectJ 进行集成
spring-instrument	提供基本的监测支持
spring-test	为单元测试和集成测试提供基本支持

1.3.3　Web 层

除了可以全面集成 Struts 等常用 Web 框架外，Spring 还拥有自己的 MVC 框架——Spring MVC。

重要的 artifact/模块如下所示。

- **spring-web**：提供基本的 Web 功能，如多文件上传。支持集成 Struts 等其他 Web 框架。
- **spring-webmvc**：提供功能全面的 Web MVC 框架——Spring MVC，该框架还提供了实现 REST 服务的功能。

第 3 章和第 5 章会介绍 Spring MVC 以及如何使用它来开发 Web 应用程序和 REST 服务。

1.3.4　业务层

业务层主要负责执行应用程序的业务逻辑。使用 Spring 时，通常在简单 Java 对象（POJO）中实现业务逻辑。

Spring Transactions（spring-tx）为 POJO 和其他类提供声明式事务管理。

1.3.5　数据层

应用程序中的数据层通常负责与数据库或外部接口进行交互。与数据层相关的一些重要 Spring 模块如下表所示。

模块/artifact	用途
spring-jdbc	围绕 JDBC 提供抽象层，以避免出现样板代码
spring-orm	用于集成 ORM 框架和规范——JPA 和 Hibernate 等
spring-oxm	提供一个对象来支持 XML 映射集成。支持 JAXB、Castor 等框架
spring-jms	围绕 JMS 提供抽象层，以避免出现样板代码

1.4　Spring 项目

虽然 Spring Framework 为企业级应用程序的核心功能（DI、Web、数据）奠定了基础，但其他 Spring 项目可以支持集成并帮助解决企业环境中出现的其他问题——部署、云、大数据、批处理和安全性，等等。

下面列出了一些重要的 Spring 项目：

- Spring Boot
- Spring Cloud
- Spring Data
- Spring Batch
- Spring Security
- Spring HATEOAS

1.4.1　Spring Boot

在开发微服务和 Web 应用程序时面临的一些挑战包括：

- 选择框架并确定兼容的框架版本；
- 为配置外部化提供机制——可从一个环境转向另一环境的属性；
- 运行状况检查和监视——在应用程序的特定部件关闭时发出警报；
- 确定部署环境并为其配置应用程序。

通过事先提供一组**固有设置**来确定应如何开发应用程序，Spring Boot 开箱即可解决上述所有问题。

第 5 章和第 7 章会详细介绍 Spring Boot。

1.4.2　Spring Cloud

整个世界都在向云端迁移，这样讲并不夸张。

云原生微服务和应用程序如今盛行。第 4 章会详细讨论这一主题。

利用 Spring Cloud，Spring 正帮助快速简化云应用程序的开发。

Spring Cloud 为分布式系统中的通用模式提供了解决方案，它可以帮助开发人员快速创建应用程序来实现通用模式。Spring Cloud 中实现的一些通用模式如下所示：

- 配置管理
- 服务发现
- 熔断机制
- 智能化路由

第 9 章会详细介绍 Spring Cloud 及其提供的各种功能。

1.4.3 Spring Data

当前世界有多种数据源——SQL（关系型）数据库和一系列 NoSQL（非关系型）数据库。Spring Data 试图为不同的数据库提供一致的数据访问方法。

Spring Data 可以集成各种规范和数据存储：

- JPA
- MongoDB
- Redis
- Solr
- Gemfire
- Apache Cassandra

它的一些重要功能如下：

- 通过从方法名称中识别查询，为存储库和对象映射提供抽象层；
- 简单的 Spring 集成；
- 集成 Spring MVC 控制器；
- 高级自动审计功能——创建者、创建日期、上次更改者和上次更改日期。

第 8 章会详细介绍 Spring Data。

1.4.4 Spring Batch

当前，企业级应用程序使用批处理程序处理大量数据。这些应用程序的需求极为类似。Spring Batch 为具有较高性能要求的大型批处理程序提供了解决方案。

Spring Batch 的重要功能如下：

- 能够启动、停止和重启作业，包括在失败处重启失败的作业；
- 能够大批量地处理数据；
- 能够在失败时重试或跳过相关步骤；
- 基于 Web 的管理界面。

1.4.5 Spring Security

身份验证（authentication）是指确认用户身份的过程。**授权**（authorization）是指确保用户能够对资源执行所确定操作的过程。

身份验证和授权是企业级应用程序（包括 Web 应用程序和 Web 服务）的重要组件。Spring Security 为基于 Java 的应用程序提供了声明式身份验证和授权。

Spring Security 的重要功能如下：

- 简化身份验证和授权；
- 全面集成 Spring MVC 和 Servlet API；
- 支持防范常见的安全攻击——**跨站点请求伪造**（CSRF）和会话固定攻击；
- 拥有用于集成 SAML 和 LDAP 的模块。

第 3 章会介绍如何利用 Spring Security 确保 Web 应用程序的安全。

第 6 章会讨论如何使用 Spring Security，通过基本身份验证和 OAuth 身份验证机制来确保 REST 服务的安全。

1.4.6 Spring HATEOAS

HATEOAS 表示**超媒体即应用状态引擎**（Hypermedia as the Engine of Application State）。虽然听起来很复杂，但它实际上是个非常简单的概念，其主要目的是将服务器（服务的提供方）与客户端（服务的消费方）分离开来。

服务提供方为服务消费方提供关于可以对资源执行哪些操作的信息。

Spring HATEOAS 提供了一种实现 HATEOAS 的途径，特别针对通过 Spring MVC 实现的 REST 服务。

Spring HATEOAS 的重要功能如下：

- 简化对指向服务方法的链接的定义，使链接更加可靠；
- 支持 JAXB（基于 XML）和 JSON 集成；
- 支持服务消费方（客户端）。

第 6 章会介绍 HATEOAS 的用法。

1.5 Spring Framework 5.0 中的新增功能

Spring Framework 5.0 是推出 Spring Framework 4.0 约 4 年后的第一次重大 Spring Framework 升级。在此期间，Spring 取得的重大进展之一是推进了 Spring Boot 项目。下一节会介绍 Spring Boot 2.0 中的新增功能。

Spring Framework 5.0 推出的最强大功能之一是**反应式编程**（Reactive Programming），直接支持核心反应式编程功能和反应式端点。一些重要的变更如下：

- 基准升级；
- JDK 9 运行时兼容性；
- 在 Spring Framework 代码中使用 JDK 8 功能；

- 反应式编程支持；
- 函数式 Web 框架；
- 用 Jigsaw 实现 Java 模块化；
- Kotlin 支持；
- 已停用的功能。

1.5.1 基准升级

Spring Framework 5.0 以 JDK 8 和 Java EE 7 为基准。基本上，这意味着它不再支持以前版本的 JDK 和 Java EE。

下面列出了 Spring Framework 5.0 的一些重要基准 Java EE 7 规范：

- Servlet 3.1
- JMS 2.0
- JPA 2.1
- JAX-RS 2.0
- Bean Validation 1.1

受支持的一些 Java 框架的最低版本出现了许多变化。下面列出了一些受支持的主要框架的最低版本：

- Hibernate 5
- Jackson 2.6
- EhCache 2.10
- JUnit 5
- Tiles 3

下面列出了受支持的服务器版本：

- Tomcat 8.5+
- Jetty 9.4+
- WildFly 10+
- Netty 4.1+（用于使用 Spring WebFlux 进行 Web 反应式编程）
- Undertow 1.4+（用于使用 Spring WebFlux 进行 Web 反应式编程）

使用任何上述早期版本的规范/框架的应用程序需要至少升级到上面列出的版本，才能使用 Spring Framework 5.0。

1.5.2　JDK 9 运行时兼容性

JDK 9 已于 2017 年年中发布。Spring Framework 5.0 可在运行时兼容 JDK 9。

1.5.3 在 Spring Framework 代码中使用 JDK 8 功能

Spring Framework 4.x 的基准版本为 Java SE 6。这意味着它支持 Java 6、Java 7 和 Java 8。必须支持 Java SE 6 和 Java SE 7，这给 Spring Framework 代码施加了一定限制，导致它无法使用 Java 8 中的任何新功能。因此，虽然其他环境已升级到了 Java 8，但 Spring Framework（至少是主要组件）中的代码仍仅限于使用早期版本的 Java。

Spring Framework 5.0 的基准版本为 Java 8，Spring Framework 代码现在已升级为使用 Java 8 中的新增功能。这会提高框架代码的可读性和性能。所使用的一些 Java 8 功能如下：

- 核心 Spring 接口中的 Java 8 默认方法；
- 基于 Java 8 反射增强功能改进的内部代码；
- 在框架代码中使用函数式编程——lambda 和流。

1.5.4 反应式编程支持

反应式编程是 Spring Framework 5.0 最重要的功能之一。

微服务架构通常建立在基于事件的通信的基础之上。构建应用程序的目的是对事件（或消息）做出响应。

反应式编程提供了一种替代性编程方式，这种方式专注于构建用于响应事件的应用程序。

虽然 Java 8 本身并不支持反应式编程，但有许多框架支持反应式编程，具体如下。

- 反应式流：尝试通过语言中立的方法来定义反应式 API。
- Reactor：Spring Pivotal 团队通过 Java 实现反应式流。
- Spring WebFlux：可以基于反应式编程开发 Web 应用程序，并提供一种类似于 Spring MVC 的编程模型。

第 11 章会介绍反应式编程以及如何通过 Spring WebFlux 实现反应式编程。

1.5.5 函数式 Web 框架

Spring 5 也提供了一个基于反应式功能的函数式 Web 框架。

函数式 Web 框架可以通过函数式编程来定义端点。下面是一个简单的 hello world 示例。

```
RouterFunction<String> route =
route(GET("/hello-world"),
request -> Response.ok().body(fromObject("Hello World")));
```

函数式 Web 框架还可用于定义更加复杂的路由：

```
RouterFunction<?> route = route(GET("/todos/{id}"),
 request -> {
   Mono<Todo> todo = Mono.justOrEmpty(request.pathVariable("id"))
    .map(Integer::valueOf)
    .then(repository::getTodo);
   return Response.ok().body(fromPublisher(todo, Todo.class));
  })
  .and(route(GET("/todos"),
 request -> {
   Flux<Todo> people = repository.allTodos();
   return Response.ok().body(fromPublisher(people, Todo.class));
  }))
  .and(route(POST("/todos"),
 request -> {
   Mono<Todo> todo = request.body(toMono(Todo.class));
   return Response.ok().build(repository.saveTodo(todo));
}));
```

需要注意的两个重要事项如下：

- RouterFunction 评估匹配条件，以将请求路由到相应的处理程序函数；
- 我们定义 3 个端点、2 个 GET 和 1 个 POST，并将它们映射到不同的处理程序函数。

第 11 章会详细介绍 Mono 和 Flux。

1.5.6 Java 通过 Jigsaw 实现模块化

直到 Java 8，Java 平台仍未实现模块化。这导致了如下两个重要问题。

- **平台臃肿**：过去几十年中，Java 模块化一直未受到关注。但是，随着**物联网**（IOT）和新型轻量级平台（如 Node.js）的出现，用户迫切需要解决 Java 平台的臃肿问题。（初始版本的 JDK 大小不到 10 MB，最新版本的 JDK 却超过 200 MB。）
- **JAR Hell**：另一个重要的问题与 JAR Hell 有关。Java ClassLoader 查找某个类时，不会查看该类是否有其他定义可用，而会立即加载找到的第一个类。如果应用程序的两个不同部分需要不同 JAR 中的同一个类，它们将无法指定要从哪个 JAR 中加载该类。

开放服务网关规范（OSGi）是 1999 年制定的规范之一，它旨在帮助 Java 应用程序实现模块化。

每个模块（称为捆绑包）将定义以下内容。

- **导入项**：模块使用的其他捆绑包。
- **导出项**：此捆绑包导出的包。

每个模块都可以有自己的生命周期。它可以自行安装、启动和停止。

Jigsaw 是 Java Community Process（JCP）下的一个项目，它从 Java 7 开始在 Java 中引入模块化。它有两个主要目标：

- 为 JDK 定义并实现模块化结构；
- 为在 Java 平台上构建的应用程序定义模块系统。

Jigsaw 将作为 Java 9 的一个组件，Spring Framework 5.0 将为 Jigsaw 模块提供基本支持。

1.5.7　Kotlin 支持

Kotlin 是一种静态类型的 JVM 语言，可编写出表达力强、简短、可读的代码。Spring Framework 5.0 全面支持 Kotlin。

下面来看一个演示数据类的简单 Kotlin 程序，如下所示。

```kotlin
import java.util.*
data class Todo(var description: String, var name: String, var
targetDate : Date)
fun main(args: Array<String>) {
  var todo = Todo("Learn Spring Boot", "Jack", Date())
  println(todo)
    //Todo(description=Learn Spring Boot, name=Jack,
    //targetDate=Mon May 22 04:26:22 UTC 2017)
  var todo2 = todo.copy(name = "Jill")
  println(todo2)
      //Todo(description=Learn Spring Boot, name=Jill,
      //targetDate=Mon May 22 04:26:22 UTC 2017)
  var todo3 = todo.copy()
  println(todo3.equals(todo)) //true
}
```

使用不到 10 行代码，便创建并测试了 1 个包含 3 个属性和以下函数的数据 bean。

- `equals()`
- `hashCode()`
- `toString()`
- `copy()`

Kotlin 是一种强类型语言，但它不需要明确指定每个变量的类型：

```kotlin
val arrayList = arrayListOf("Item1", "Item2", "Item3")
// 类型为 ArrayList
```

使用命名参数可以在调用方法时指定参数名称，提高代码的可读性：

```kotlin
var todo = Todo(description = "Learn Spring Boot",
name = "Jack", targetDate = Date())
```

通过提供默认变量（it）和方法（如 take、drop 等），Kotlin 简化了函数式编程：

```kotlin
var first3TodosOfJack = students.filter { it.name == "Jack"
 }.take(3)
```

此外，还可以为 Kotlin 中的参数指定默认值：

```
import java.util.*
data class Todo(var description: String, var name: String, var
targetDate : Date = Date())
fun main(args: Array<String>) {
  var todo = Todo(description = "Learn Spring Boot", name = "Jack")
}
```

所有这些特性将增强代码的简洁性和表达力，希望 Kotlin 会成为用户争相学习的语言。

第 13 章会详细介绍 Kotlin。

1.5.8 已停用的功能

随着基准显著增强，Spring Framework 5.0 成为了一个重要的 Spring 版本。除了提高 Java、Java EE 和其他一些框架的基准版本以外，Spring Framework 5.0 还取消了对以下框架的支持：

- Portlet
- Velocity
- JasperReports
- XMLBeans
- JDO
- Guava

如果使用了任何上述框架，建议你制订迁移计划并继续使用 Spring Framework 4.3——它在 2019 年仍被支持。

1.6 Spring Boot 2.0 的新增功能

第一版 Spring Boot 于 2014 年发布。预计 Spring Boot 2.0 会进行以下重要更新：

- 基准 JDK 版本是 Java 8；
- 基准 Spring 版本是 Spring Framework 5.0；
- Spring Boot 2.0 将通过 WebFlux 支持反应式 Web 编程。

下面列出了一些重要框架的最低版本：

- Jetty 9.4
- Tomcat 8.5
- Hibernate 5.2
- Gradle 3.4

第 5 章和第 7 章会详细介绍 Spring Boot。

1.7 小结

在过去的 16 年中，Spring Framework 已显著改善了用户开发 Java 企业级应用程序的体验。Spring Framework 5.0 推出了大量新功能，同时显著提高了基准。

后面几章将介绍依赖注入以及如何使用 Spring MVC 开发 Web 应用程序，之后将详细介绍微服务。第 5 章、第 6 章和第 7 章将说明如何通过 Spring Boot 更轻松地创建微服务。最后几章将介绍如何使用 Spring Cloud 和 Spring Cloud Data Flow 在云端构建应用程序。

第 2 章 依赖注入

在 Java 中,任何类都依赖于其他类。一个类依赖的其他类称作其依赖项。如果一个类直接创建了依赖项的实例,它们之间就会建立紧密耦合关系。使用 Spring 时,一个称为**控制反转容器**(以下简称 IoC 容器)的新组件负责创建和装配对象。类定义依赖项,IoC 容器创建对象并将依赖项装配在一起。众所周知,这个开创性的概念——由容器负责创建和装配依赖项——称为 IoC 或**依赖注入**(DI)。

本章首先将分析依赖注入的需求,并通过一个简单的示例来说明依赖注入的用法,然后讲解依赖注入的重要优势——提高可维护性、松散耦合和改进可测试性,并介绍 Spring 中的依赖注入选项,最后阐释为 Java 的**上下文和依赖注入**(CDI)制定的标准依赖注入规范,以及 Spring 如何为其提供支持。

本章将回答以下问题。

- 什么是依赖注入?
- 正确使用依赖注入如何提高应用程序的可测试性?
- Spring 如何通过注解实现依赖注入?
- 什么是组件扫描?
- 在应用程序上下文方面,Java 与 XML 有什么不同?
- 如何为 Spring 上下文创建单元测试?
- 模拟如何简化单元测试?
- 有哪些不同的 bean 作用域?
- 什么是 CDI 以及 Spring 如何支持 CDI?

2.1 了解依赖注入

我们将通过示例来了解依赖注入。下面编写一项与数据服务交互的简单业务服务,使该代码可测试,并了解正确使用依赖注入如何提高代码的可测试性。

要执行的步骤如下。

(1) 编写一项与数据服务交互的简单业务服务。如果业务服务直接创建一个数据服务实例，它们就会在彼此之间建立紧密耦合关系。这时会很难进行单元测试。

(2) 通过在业务服务以外创建数据服务，实现代码的松散耦合。

(3) 用 Spring IoC 容器对 bean 进行实例化，然后将它们装配在一起。

(4) 了解 Spring 提供的 XML 和 Java 配置选项。

(5) 了解 Spring 单元测试选项。

(6) 通过模拟编写真实的单元测试。

2.1.1 了解依赖项

首先编写一个简单的示例——与另一个数据服务交互的业务服务。任何 Java 类都依赖于其他类，这些类称为该类的**依赖项**。

以下面的 BusinessServiceImpl 类为例。

```java
public class BusinessServiceImpl {
  public long calculateSum(User user) {
    DataServiceImpl dataService = new DataServiceImpl();
    long sum = 0;
    for (Data data : dataService.retrieveData(user)) {
      sum += data.getValue();
    }
    return sum;
  }
}
```

通常，精心设计的应用程序包含多个层。每一层都有明确定义的责任。业务层包含业务逻辑。数据层与外部接口或数据库交互以获取数据。在上例中，DataServiceImpl 类从数据库中获取了一些与用户相关的数据。BusinessServiceImpl 类是一个典型的业务服务，它与数据服务 DataServiceImpl 交互以获取数据，并在此基础上添加业务逻辑（本例中的业务逻辑非常简单：计算通过数据服务返回的数据的总和）。

BusinessServiceImpl 依赖于 DataServiceImpl。因此，DataServiceImpl 是 BusinessServiceImpl 的依赖项。

请重点分析 BusinessServiceImpl 如何创建 DataServiceImpl 的实例：

```java
DataServiceImpl dataService = new DataServiceImpl();
```

BusinessServiceImpl 自身创建了一个示例。这是一种紧密耦合关系。

想想单元测试：如何对 BusinessServiceImpl 类进行单元测试，而不必涉及（或实例化）DataServiceImpl 类呢？这很难。可能需要进行一些复杂的操作，如使用反射来编写单元测试。因此，前面的代码不可测试。

如果可以轻松地为一段代码（一个方法、一组方法或一个类）编写简单的单元测试，则说明其可测试。在单元测试中用到的一个办法是模拟依赖项。稍后会详细介绍模拟。

请思考：如何使前面的代码可测试？如何降低 BusinessServiceImpl 与 DataServiceImpl 之间的紧密耦合关系？

首先，可以为 DataServiceImpl 创建一个接口。不必使用直接类，而可以在 BusinessServiceImpl 中使用 DataServiceImpl 的新建接口。

以下代码展示了如何创建接口。

```
public interface DataService {
 List<Data> retrieveData(User user);
}
```

下面更新 BusinessServiceImpl 中的代码，以使用该接口：

```
DataService dataService = new DataServiceImpl();
```

使用接口有助于创建松散耦合的代码。可以用定义明确的依赖项的任何接口实现来替代装配。

例如，业务服务需要某种排序。

第一个选项是直接在代码中使用排序算法，如冒泡排序。第二个选项是为排序算法创建一个接口，然后使用该接口。具体算法可以稍后装配。使用第一个选项时，如果要更改算法，就要更改代码。使用第二个选项时，只要更改装配即可。

现在使用的是 DataService 接口，但 BusinessServiceImpl 仍保持紧密耦合状态，因为它创建了 DataServiceImpl 实例。如何解决这个问题呢？

如果 BusinessServiceImpl 自身未创建 DataServiceImpl 实例，会怎么样呢？是否可以在其他地方创建 DataServiceImpl 的实例（稍后会讨论谁将负责创建实例），然后将它传递给 BusinessServiceImpl 呢？

为此我们更新 BusinessServiceImpl 中的代码，为 DataService 提供 setter。calculateSum 方法也会更新，以使用此引用。更新后的代码如下：

```
public class BusinessServiceImpl {
  private DataService dataService;
  public long calculateSum(User user) {
    long sum = 0;
    for (Data data : dataService.retrieveData(user)) {
      sum += data.getValue();
```

```
    }
    return sum;
  }
  public void setDataService(DataService dataService) {
    this.dataService = dataService;
  }
}
```

 除了为数据服务创建 setter 外，还可以创建一个接受数据服务作为参数的 BusinessServiceImpl 构造函数。这称为**构造函数注入**（constructor injection）。

可以看到，`BusinessServiceImpl` 现在支持 `DataService` 的任何实现，它与具体的实现（`DataServiceImpl`）不保持紧密耦合关系。

为了使代码进一步松散耦合（在开始编写测试时），下面为 `BusinessService` 创建一个接口，并更新 `BusinessServiceImpl` 以实现该接口：

```
public interface BusinessService {
  long calculateSum(User user);
}
public class BusinessServiceImpl implements BusinessService {
  // 剩下的代码
}
```

降低耦合度后，有一个问题还在：谁负责创建 `DataServiceImpl` 类的实例并将它装配给 `BusinessServiceImpl` 类呢？

这正是 Spring IoC 容器发挥作用的地方。

2.1.2 Spring IoC 容器

Spring IoC 容器负责根据应用程序开发人员的配置设置创建 bean 并将它们装配在一起。

需要解决以下问题。

- 问题 1：Spring IoC 容器怎么知道要创建哪些 bean？具体来说，Spring IoC 容器怎么知道要为 `BusinessServiceImpl` 和 `DataServiceImpl` 类创建 bean？
- 问题 2：Spring IoC 容器怎么知道如何将 bean 装配在一起？具体来说，Spring IoC 容器怎么知道要将 `DataServiceImpl` 类的实例注入 `BusinessServiceImpl` 类？
- 问题 3：Spring IoC 容器怎么知道在什么地方搜索 bean？搜索类路径（classpath）中的所有包效率不高。

在集中精力创建容器之前，我们先重点解决问题 1 和问题 2：如何定义需要创建哪些 bean，以及如何将它们装配在一起。

1. 定义 bean 和装配

下面来解决问题 1：Spring IoC 容器怎么知道要创建哪些 bean？

需要告诉 Spring IoC 容器要创建哪些 bean。为此，可以对必须为其创建 bean 的类使用 `@Repository`、`@Component` 或 `@Service` 注解。所有这些注解告诉 Spring Framework 为特定类（其中定义了这些注解）创建 bean。

`@Component` 注解是定义 Spring bean 的最常用方法。其他注解具有与它们关联的更具体的上下文。`@Service` 注解用在业务服务组件中。`@Repository` 注解用在**数据访问对象（DAO）**组件中。

我们会对 `DataServiceImpl` 使用 `@Repository` 注解，因为它与从数据库中获取数据有关。如下代码所示，我们会对 `BusinessServiceImpl` 类使用 `@Service` 注解，因为它是一项业务服务。

```
@Repository
public class DataServiceImpl implements DataService
@Service
public class BusinessServiceImpl implements BusinessService
```

下面来看问题 2——Spring IoC 容器怎么知道如何将 bean 装配在一起？需要将 `DataServiceImpl` 类的 bean 注入 `BusinessServiceImpl` 类的 bean 中。

为此，可以在 `BusinessServiceImpl` 类中，为 `DataService` 接口的实例变量指定 `@Autowired` 注解：

```
public class BusinessServiceImpl {
  @Autowired
  private DataService dataService;
```

定义 bean 及其装配后，为了进行测试，需要实现 `DataService`。我们将创建一个简单的硬编码实现。`DataServiceImpl` 将返回几组数据：

```
@Repository
public class DataServiceImpl implements DataService {
  public List<Data> retrieveData(User user) {
    return Arrays.asList(new Data(10), new Data(20));
  }
}
```

定义 bean 和依赖项后，下面重点介绍如何创建和运行 Spring IoC 容器。

2. 创建 Spring IoC 容器

可以通过下面两种方法创建 Spring IoC 容器：

- Bean 工厂
- 应用程序上下文

Bean 工厂是 Spring IoC 所有功能（bean 生命周期和装配）的基础。基本上，应用程序上下文是 Bean 工厂的超集，并提供了企业环境中通常所需的其他功能。Spring 建议，除非应用程序上下文额外占用的少量内存至关重要，否则应在所有情况下使用应用程序上下文。

下面使用应用程序上下文创建 Spring IoC 容器。应用程序上下文可以采用 Java 配置或 XML 配置。首先使用 Java 应用程序配置。

3. 应用程序上下文的 Java 配置

以下示例说明了如何创建简单的 Java 上下文配置。

```
@Configuration
class SpringContext {
}
```

这里的关键是@Configuration 注解，正是它将此配置定义为 Spring 配置。

还有一个问题：Spring IoC 容器怎么知道在什么地方搜索 bean？

这需要通过定义组件扫描，告诉 Spring IoC 容器要搜索哪些包。下面在前面的 Java 配置定义中添加组件扫描：

```
@Configuration
@ComponentScan(basePackages = { "com.mastering.spring" })
 class SpringContext {
 }
```

我们为 com.mastering.spring 包定义了一次组件扫描。它显示了到目前为止定义的所有类的组织结构。这个包中包含目前定义的所有类，如下图所示。

- 快速回顾

下面花点时间回顾一下，为了运行此示例目前已完成的工作。

- 我们通过@Configuration 注解定义了 Spring 配置类 SpringContext，并为 com.mastering.spring 包定义了一次组件扫描。
- 我们获得了一些文件（在上一个包中）：
  - BusinessServiceImpl 带有@Service 注解；
  - DataServiceImpl 带有@Repository 注解。
- BusinessServiceImpl 对 DataService 的实例使用@Autowired 注解。

如果启动 Spring 上下文，就会发生以下事件。

- 它将扫描 com.mastering.spring 包并查找 BusinessServiceImpl 和 DataServiceImpl bean。
- DataServiceImpl 没有任何依赖项，因此，我们为其创建了 bean。
- BusinessServiceImpl 依赖于 DataService，是 DataService 接口的实现，因此符合自动装配标准。这样为 BusinessServiceImpl 创建了 bean，并通过 setter 把为 DataServiceImpl 创建的 bean 自动装配给它。

- 通过 Java 配置启动应用程序上下文

下面的代码片段展示了如何启动 Java 上下文。通过 AnnotationConfigApplicationContext，使用 main 方法可启动应用程序上下文。

```
public class LaunchJavaContext {
  private static final User DUMMY_USER = new User("dummy");
  public static Logger logger =
  Logger.getLogger(LaunchJavaContext.class);
  public static void main(String[] args) {
    ApplicationContext context = new
    AnnotationConfigApplicationContext(
    SpringContext.class);
    BusinessService service =
    context.getBean(BusinessService.class);
    logger.debug(service.calculateSum(DUMMY_USER));
  }
}
```

下面几行代码创建了应用程序上下文。我们希望基于 Java 配置创建应用程序上下文，因此会使用 AnnotationConfigApplicationContext。

```
ApplicationContext context = new
AnnotationConfigApplicationContext(
  SpringContext.class);
```

启动上下文后，需要获取业务服务 bean。我们会使用 getBean 方法，该方法以参数的形式传递 bean 的类型（`BusinessService.class`）：

```
BusinessService service = context.getBean(BusinessService.class );
```

现在已准备就绪，可以通过运行 `LaunchJavaContext` 程序来启动应用程序上下文。

- 控制台日志

以下是使用 `LaunchJavaContext` 启动上下文后，日志中的一些重要语句。下面快速回顾一下该日志，以便更清楚地了解 Spring 执行了哪些操作。

前几行表示正在进行组件扫描。

```
Looking for matching resources in directory tree
[/target/classes/com/mastering/spring]

Identified candidate component class: file
[/in28Minutes/Workspaces/SpringTutorial/mastering-spring-
example-1/target/classes/com/mastering/spring/business/BusinessServiceImpl.class]

Identified candidate component class: file
[/in28Minutes/Workspaces/SpringTutorial/mastering-spring-
example-1/target/classes/com/mastering/spring/data/DataServiceImpl.class]

defining beans [******OTHERS*****,businessServiceImpl,dataServiceImpl];
```

现在 Spring 开始创建 bean。它首先从 `businessServiceImpl` 开始，但该类有一个自动装配的依赖项：

```
Creating instance of bean 'businessServiceImpl'Registered injected element
on class [com.mastering.spring.business.BusinessServiceImpl]:
AutowiredFieldElement for private com.mastering.spring.data.DataService
com.mastering.spring.business.BusinessServiceImpl.dataService

Processing injected element of bean 'businessServiceImpl':
AutowiredFieldElement for private com.mastering.spring.data.DataService
com.mastering.spring.business.BusinessServiceImpl.dataService
```

Spring 继续处理 `dataServiceImpl` 并为它创建如下实例。

```
Creating instance of bean 'dataServiceImpl'
Finished creating instance of bean 'dataServiceImpl'
```

Spring 将 `dataServiceImpl` 自动装配到 `businessServiceImpl`：

```
Autowiring by type from bean name 'businessServiceImpl' to bean named
'dataServiceImpl'
Finished creating instance of bean 'businessServiceImpl'
```

4. 应用程序上下文的 XML 配置

上例中使用 Spring Java 配置启动了应用程序上下文。Spring 还支持 XML 配置。

以下示例说明了如何使用 XML 配置启动应用程序上下文。这会包括两个步骤：

- 定义 XML Spring 配置；
- 使用 XML 配置启动应用程序上下文。

● **定义 XML Spring 配置**

以下示例展示了典型的 XML Spring 配置。该配置文件在 src/main/resources 目录中创建，名称为 BusinessApplicationContext.xml。

```xml
<?xml version="1.0" encoding="UTF-8" standalone="no"?>
<beans>   <!-Namespace definitions removed-->
  <context:component-scan base-package ="com.mastering.spring"/>
</beans>
```

组件扫描使用 `context:component-scan` 来定义。

● **使用 XML 配置启动应用程序上下文**

以下程序展示了如何使用 XML 配置启动应用程序上下文。我们使用 `main` 方法通过 `ClassPathXmlApplicationContext` 来启动应用程序上下文。

```java
public class LaunchXmlContext {
  private static final User DUMMY_USER = new User("dummy");
  public static Logger logger =
  Logger.getLogger(LaunchJavaContext.class);
  public static void main(String[] args) {
    ApplicationContext context = new
    ClassPathXmlApplicationContext(
    "BusinessApplicationContext.xml");
    BusinessService service =
    context.getBean(BusinessService.class);
    logger.debug(service.calculateSum(DUMMY_USER));
    }
  }
```

下面几行代码会创建应用程序上下文。我们希望基于 XML 配置创建应用程序上下文，因此使用 `ClassPathXmlApplicationContext` 创建了应用程序上下文：`AnnotationConfig-ApplicationContext`。

```java
ApplicationContext context = new
ClassPathXmlApplicationContext (SpringContext.class);
```

启动上下文后，需要获取对业务服务 bean 的引用。这与用 Java 配置时的操作非常相似。我们使用 `getBean` 方法，以参数的形式传递 bean 的类型（`BusinessService.class`）。

接下来，可以运行 `LaunchXmlContext` 类。你会注意到，得到的输出与使用 Java 配置运行上下文时的输出非常相似。

5. 使用 Spring 上下文编写 JUnit

前几节介绍了如何从 `main` 方法中启动 Spring 上下文。下面来看如何从单元测试中启动 Spring 上下文。

可以将 `SpringJUnit4ClassRunner.class` 作为运行程序来启动 Spring 上下文：

```
@RunWith(SpringJUnit4ClassRunner.class)
```

这时需要提供上下文配置的位置。我们会使用前面创建的 XML 配置。以下代码展示了如何声明此配置。

```
@ContextConfiguration(locations = {
"/BusinessApplicationContext.xml" })
```

可以使用`@Autowired`注解将上下文中的 bean 自动装配到测试中。BusinessService 按类型进行自动装配：

```
@Autowired
private BusinessService service;
```

到目前为止，已装配的 `DataServiceImpl` 返回了 `Arrays.asList(new Data(10), new Data(20))`。`BusinessServiceImpl` 计算了 `10+20` 的和，并返回 `30`。我们会在测试方法中使用 `assertEquals` 为 30 断言：

```
long sum = service.calculateSum(DUMMY_USER);
assertEquals(30, sum);
```

> **本书为什么这么早就介绍单元测试**
>
>
>
> 实际上，我们觉得已经介绍晚了。理想情况下，我们希望采用**测试驱动开发**（TDD），在编写代码之前编写测试。根据我的经验，进行 TDD 有助于编写出简单、可维护并且可测试的代码。

进行单元测试有诸多好处。

- 具有安全保障，防止将来出现缺陷。
- 尽早发现缺陷。
- 遵循 TDD 有利于优化设计。
- 精心编写的测试可作为代码和功能文档资料——特别是那些以 BDD Given-When-Then 风格编写的测试。

编写的第一个测试实际上并不是单元测试。我们将在此测试中加载所有 bean。下一个测试用到了模拟，它是一个真正的单元测试，其中要接受单元测试的功能是所编写的特定代码单元。

此测试的完整列表如下所示，其中包含如下的测试方法。

```
@RunWith(SpringJUnit4ClassRunner.class)
@ContextConfiguration(locations = {
  "/BusinessApplicationContext.xml" })
  public class BusinessServiceJavaContextTest {
  private static final User DUMMY_USER = new User("dummy");
  @Autowired
  private BusinessService service;

  @Test
  public void testCalculateSum() {
    long sum = service.calculateSum(DUMMY_USER);
    assertEquals(30, sum);
  }
}
```

我们编写的 JUnit 存在一个问题：它不是真正的单元测试。为了进行 JUnit 测试，此测试（几乎）真正实现了 DataServiceImpl。因此，实际上测试的是 BusinessServiceImpl 和 DataServiceImpl 的功能，这不是单元测试。

现在的问题是，如何对 BusinessServiceImpl 进行单元测试，同时不会真正实现 DataService？

有两个选项可以做到这一点。

- 创建数据服务的存根实现，在 src\test\java 文件夹中提供一些虚拟数据。使用独立的测试上下文配置自动装配该存根实现，而不是装配真实的 DataServiceImpl 类。
- 创建 DataService 的模拟对象并将其自动装配到 BusinessServiceImpl。

创建存根实现意味着会创建另一个类和另一个上下文。存根会变得越来越难以维护，因为需要对数据做出更多变动以进行单元测试。

下一节会介绍另一个选项——使用模拟对象进行单元测试。过去几年里，模拟框架（特别是 Mockito）取得了巨大进步，你会发现甚至不需要启动 Spring 上下文即可执行单元测试。

2.1.3　使用模拟对象进行单元测试

首先来了解什么是模拟（mocking）。模拟是指创建对象来模仿真实对象的行为。在上例的单元测试中，我们希望模拟 DataService 的行为。

与存根不同，模拟对象可以在运行时动态创建。我们会使用最流行的模拟框架——Mockito。有关 Mockito 的详细信息，请访问 GitHub 网站的 Mockito FAQ 网页。

需要创建 DataService 的模拟对象。使用 Mockito 可以通过多种方式创建模拟对象。下面采用其中最简单的方式——注解。使用@Mock 注解为 DataService 创建模拟对象：

```
@Mock
private DataService dataService;
```

创建模拟对象后，需要将它注入接受测试的类 `BusinessServiceImpl` 中。为此我们将使用`@InjectMocks` 注解：

```
@InjectMocks
private BusinessService service =
new BusinessServiceImpl();
```

在测试方法中，需要创建模拟服务的存根，以提供我们希望它提供的数据。有多种方法可以做到这一点。我们将采用 Mockito 提供的 BDD 方法来模拟 `retrieveData` 方法：

```
BDDMockito.given(dataService.retrieveData(
  Matchers.any(User.class)))
  .willReturn(Arrays.asList(new Data(10),
  new Data(15), new Data(25)));
```

上一段代码定义的内容称为存根。与使用 Mockito 编写的任何代码一样，这段代码极具可读性。对任何对象类型为 `User` 的 `dataService` 模拟对象调用 `retrieveData` 方法时，它都返回一个包含 3 个项目（具有指定值）的列表。

使用 Mockito 注解时，需要用到特定的 JUnit 运行程序，即 `MockitoJunitRunner`。`MockitoJunitRunner` 有助于简化测试代码，并在测试失败时提供明确的调试信息。`MockitoJunitRunner` 会对用`@Mock` 注解的 bean 进行初始化，还会在执行每个测试方法后验证框架的使用情况：

```
@RunWith(MockitoJUnitRunner.class)
```

此测试的完整代码清单如下所示，其中包含一个测试方法。

```
@RunWith(MockitoJUnitRunner.class)
public class BusinessServiceMockitoTest {
  private static final User DUMMY_USER = new User("dummy");
   @Mock
  private DataService dataService;
  @InjectMocks
  private BusinessService service =
  new BusinessServiceImpl();
  @Test
  public void testCalculateSum() {
    BDDMockito.given(dataService.retrieveData(
    Matchers.any(User.class)))
    .willReturn(
      Arrays.asList(new Data(10),
      new Data(15), new Data(25)));
      long sum = service.calculateSum(DUMMY_USER);
      assertEquals(10 + 15 + 25, sum);
  }
}
```

2.1.4 容器托管 bean

在前面的示例中,我们了解了 Spring IoC 容器如何管理 bean 及其依赖项,而不是由类创建它自己的依赖项(如下图所示)。这些 bean 由容器托管,因此称为**容器托管 bean**(Container Managed Bean)。

将创建和管理 bean 的任务分配给容器有很多好处,其中一些好处如下所示。

- 由于类不负责创建依赖项,因此,它们之间为松散耦合关系,并且可以进行测试。这会优化设计并减少缺陷。
- 由于容器负责管理 bean,因此就能够以通用性更强的方式引入一些 bean 挂钩。横切关注点,如日志记录、事务管理和异常处理,都可以使用**面向切面编程**(AOP)与这些 bean 关联起来。这进一步提高了代码的可维护性。

2.1.5 依赖注入类型

上例中使用 setter 方法装入了依赖项。常用的依赖注入共有两种类型:

- setter 注入
- 构造函数注入

1. setter 注入

setter 注入用于通过 setter 方法注入依赖项。在以下实例中,`DataService` 的实例会使用 setter 注入。

```java
public class BusinessServiceImpl {
  private DataService dataService;
  @Autowired
  public void setDataService(DataService dataService) {
    this.dataService = dataService;
  }
}
```

实际上，要使用 setter 注入甚至不需要声明 setter 方法。如果对变量指定 `@Autowired`，Spring 就会自动使用 setter 注入。因此，要将 setter 注入用于 `DataService`，只需使用以下代码即可。

```java
public class BusinessServiceImpl {
  @Autowired
  private DataService dataService;
}
```

2. 构造函数注入

另一方面，构造函数注入使用构造函数来注入依赖项。以下代码说明了如何使用构造函数来注入 `DataService`。

```java
public class BusinessServiceImpl {
  private DataService dataService;
  @Autowired
  public BusinessServiceImpl(DataService dataService) {
    super();
    this.dataService = dataService;
  }
}
```

通过前面的 `BusinessServiceImpl` 实现运行代码时，你会在日志中看到以下语句，表明使用构造函数实现了自动装配。

```
Autowiring by type from bean name 'businessServiceImpl' via
constructor to bean named 'dataServiceImpl'
```

3. 构造函数与 setter 注入

最初，在基于 XML 的应用程序上下文中，我们使用构造函数注入强制性依赖项，使用 setter 注入非强制性依赖项。

但是需要注意，对字段或方法使用 `@Autowired` 时，默认情况下需要依赖项。如果没有候选依赖项可用于 `@Autowired` 字段，就会导致自动装配失败并引发异常。因此，在使用 Java 应用程序上下文时，这方面的选择不再明确。

使用 setter 注入会导致在创建对象的过程中，对象的状态发生变化。对首选不可变对象的用户来说，他们可能会选择构造函数注入。有时，使用 setter 注入可能会隐藏类有许多依赖项的情况。使用构造函数注入时，这种情况显而易见，因为构造函数的大小会增加。

2.1.6 Spring bean 作用域

创建的 Spring bean 可以有多个作用域。默认作用域为单例（singleton）。

由于单例 bean 只有一个实例，因此，它不能包含任何特定于请求的数据。

对任何 Spring bean 使用 @Scope 注解即可提供作用域：

```
@Service
@Scope("singleton")
public class BusinessServiceImpl implements BusinessService
```

下表展示了可用于 bean 的不同作用域。

作 用 域	用 途
singleton	默认情况下，所有 bean 的作用域均为单例。每个 Spring IoC 容器实例只使用一个这种类型的 bean 实例。即使多次引用了某个 bean，每个容器也只会创建一个这样的实例。该单一实例被缓存起来，并在随后用于所有使用此 bean 的请求。必须指出的是，Spring 单例作用域是指为每个 Spring 容器分配一个对象。如果单一 JVM 中具有多个 Spring 容器，那么同一 bean 可能有多个实例。因此，Spring 单例作用域与单例的典型定义略有不同
prototype	每次从 Spring 容器中请求 bean 时，都会创建一个新实例。如果 bean 包含状态，建议你对其使用原型（prototype）作用域
request	该作用域仅在 Spring Web 上下文中可用。它为每个 HTTP 请求创建一个新的 bean 实例。一处理完请求，此 bean 就会被立即丢弃。此作用域是存放特定于单个请求的数据的 bean 的理想选择
session	该作用域仅在 Spring Web 上下文中可用。它为每个 HTTP 会话创建一个新的 bean 实例。此作用域是存放特定于单一用户的数据（如 Web 应用程序中的用户权限）的 bean 的理想选择
application	该作用域仅在 Spring Web 上下文中可用。每个 Web 应用程序一个 bean 实例。此作用域是存放特定环境的应用程序配置的 bean 的理想选择

2.1.7 Java 与 XML 配置

在 Java 5 中引入注解后，基于 Spring 的应用程序开始广泛使用 Java 配置。如果必须选择基于 Java 或基于 XML 的配置，该如何正确选择呢？

Spring 可以同等支持基于 Java 和基于 XML 的配置。因此，程序员及其团队可以做出他们自己的选择。无论选择哪一种配置，团队和项目之间都必须保持一致。选择配置时，可能需要考虑以下事项。

- 注解可以缩短并简化 bean 定义。
- 与基于 XML 的配置相比，注解更接近于应用注解的代码。
- 由于使用了特定于框架的注解，使用这些注解的类不再是简单的 POJO。
- 使用注解时，可能很难解决自动装配问题，因为装配不再集中进行，并且不会显式声明。
- 如果在应用程序以外进行打包——WAR 或 EAR，那么使用 Spring 上下文 XML 进行装配可能会有优势，即更加灵活。例如，这将使我们能够在集成测试时采用不同的设置。

2.1.8 `@Autowired` 注解详解

对依赖项使用`@Autowired`时，应用程序上下文会搜索匹配的依赖项。默认情况下，所有自动装配的依赖项都是需要的。

可能的结果如下。

- 找到一个匹配项：这正是你寻找的依赖项。
- 找到多个匹配项：自动装配失败。
- 找不到匹配项：自动装配失败。

如果出现找到多个候选项的情况，可以通过以下两种方式来解决：

- 使用`@Primary`注解将其中一个候选项标记为要使用的候选项；
- 使用`@Qualifier`进一步限定自动装配。

1. `@Primary` 注解

对某个bean使用`@Primary`注解后，如果有多个候选项可用于自动装配特定依赖项，该bean将成为要使用的主bean。

在下例中，有两种排序算法可用：QuickSort和MergeSort。如果组件扫描同时找到这两种算法，由于使用了`@Primary`注解，QuickSort将用于在SortingAlgorithm上装配所有依赖项。

```
interface SortingAlgorithm {
}
@Component
class MergeSort implements SortingAlgorithm {
    // 这里插入类代码
}
@Component
@Primary
class QuickSort implements SortingAlgorithm {
    // 这里插入类代码
}
```

2. `@Qualifier` 注解

`@Qualifier`注解可用于引用Spring bean。此引用可用于限定需要自动装配的依赖项。

在下例中，有两种排序算法可用，即QuickSort和MergeSort，但是，由于`SomeService`类中使用了`@Qualifier("mergesort")`，我们将选择MergeSort（还为它定义了`mergesort`限定符）作为要自动装配的候选依赖项。

```
@Component
@Qualifier("mergesort")
class MergeSort implements SortingAlgorithm {
```

```
    // 这里插入类代码
}
@Component
class QuickSort implements SortingAlgorithm {
    // 这里插入类代码
}
@Component
class SomeService {
    @Autowired
    @Qualifier("mergesort")
    SortingAlgorithm algorithm;
}
```

2.1.9 其他重要的 Spring 注解

在定义 bean 以及管理 bean 生命周期方面，Spring 具有极高的灵活性。下表列出了其他一些重要 Spring 注解。

注　　解	用　　途
`@ScopedProxy`	有时需要将作用域为请求或会话的 bean 注入单例 bean 中。在这类情况下，`@ScopedProxy` 注解提供了将注入单例 bean 中的智能代理

`@Component`
`@Service`
`@Controller`
`@Repository`
	`@Component` 注解是定义 Spring bean 的最常用方法。其他注解有与它们关联的更具体上下文：
	• `@Service` 用于业务服务层
	• `@Repository` 用于**数据访问对象（DAO）**
	• `@Controller` 用于演示组件

`@PostConstruct`	对任何 Spring bean，都可以使用`@PostConstruct` 注解来提供一个在构造函数后调用的方法。bean 用依赖项完全初始化后，将调用此方法一次。在 bean 生命周期中，只调用一次此方法
`@PreDestroy`	对任何 Spring bean，都可以使用`@PreDestroy` 注解来提供一个在销毁前调用的方法。只会在从容器中删除 bean 时调用此方法。此方法可用于释放任何由 bean 保留的资源

2.1.10 上下文和依赖注入

CDI 是 Java EE 为引入依赖注入所做的尝试。虽然不如 Spring 那样完全成熟，但 CDI 旨在对如何实现依赖注入进行标准化。Spring 支持在 JSR-330 中定义的标准注解。多数情况下，这些注解等同于 Spring 注解。

在使用 CDI 之前需要确保包含的 CDI JAR 具有所需的依赖项，相关代码片段如下：

```
<dependency>
  <groupId>javax.inject</groupId>
  <artifactId>javax.inject</artifactId>
  <version>1</version>
</dependency>
```

下表对 CDI 注解与 Spring Framework 提供的注解进行了比较。应注意的是，`@Value`、`@Required` 和`@Lazy` Spring 注解没有对应的 CDI 注解。

CDI 注解	与 Spring 相比较
`@Inject`	与`@Autowired` 类似。一个不太明显的区别在于，`@Inject` 缺少所需的属性
`@Named`	`@Named` 类似于`@Component`。它用于标识命名组件，还可用于通过与`@Qualifier` Spring 注解类似的名称限定 bean。如果多个候选项可用于自动装配一个依赖项，这时可以使用此注解
`@Singleton`	类似于 Spring 注解`@Scope("singleton")`
`@Qualifier`	类似于 Spring 中的同名注解——`@Qualifier`

CDI 示例

使用 CDI 时，可以对不同类添加上述注解，这时，创建和启动 Spring 应用程序上下文的方式没有任何改变。

CDI 未区分`@Repository`、`@Controller`、`@Service` 和`@Component`。我们将使用`@Named`，而不是前面的那些注解。

下例将`@Named` 用于 DataServiceImpl 和 BusinessServiceImpl。使用`@Inject`（而不是使用`@Autowired`）将 dataService 注入 BusinessServiceImpl：

```
@Named // 并非@Repository
public class DataServiceImpl implements DataService
@Named // 并非@Service
public class BusinessServiceImpl {
    @Inject // 并非@Autowired
    private DataService dataService;
```

2.2 小结

依赖注入（或 IoC）是 Spring 的关键功能。它实现了代码的松散耦合和可测试性。了解依赖注入是充分利用 Spring Framework 的关键。

本章详细介绍了依赖注入以及 Spring Framework 提供的相关选项，还分析了一些编写可测试代码的示例，并编写了几个单元测试。

下一章将介绍最受欢迎的 Java Web MVC 框架之一——Spring MVC。我们将了解 Spring MVC 如何帮助简化 Web 应用程序开发。

第 3 章 使用 Spring MVC 构建 Web 应用程序

Spring MVC 是开发 Java Web 应用程序最常用的 Web 框架，其优势在于采用了简洁的、松散耦合的架构。它通过准确定义控制器、处理程序映射、视图解析器和简单 Java 对象（POJO）命令 bean 的职责，利用了 Spring 的所有核心功能，如依赖注入和自动装配，进而简化了 Web 应用程序开发。Spring MVC 支持多种视图技术，也具有可扩展性。

Spring MVC 可用于创建 REST 服务，第 5 章会介绍这一话题。

本章将主要通过一些简单的示例介绍 Spring MVC 的基础知识。

本章将涵盖以下话题：

- Spring MVC 架构；
- `DispatcherServlet`、视图解析器、处理程序映射和控制器所扮演的角色；
- 模型属性和会话属性；
- 表单绑定与验证；
- 集成 Bootstrap；
- Spring Security 基础知识；
- 为控制器编写简单的单元测试。

3.1 Java Web 应用程序架构

过去几十年来，开发 Java Web 应用程序的方式在不断进化。这一节将介绍用于开发 Java Web 应用程序的各种架构化方法，并说明会在什么地方用到 Spring MVC：

- Model 1 架构
- Model 2 或 MVC 架构
- 具有前端控制器的 Model 2 架构

3.1.1 Model 1 架构

Model 1 架构是用于开发基于 Java 的 Web 应用程序的初始架构样式之一。一些重要的细节如下。

- JSP 页面直接处理浏览器提出的请求。
- JSP 页面使用包含简单 Java bean 的模型。
- 在采用这种架构样式的某些应用程序中，JSP 甚至会执行数据库查询。
- JSP 还处理流逻辑：接下来要显示哪个页面。

下图展示了典型的 Model 1 架构。

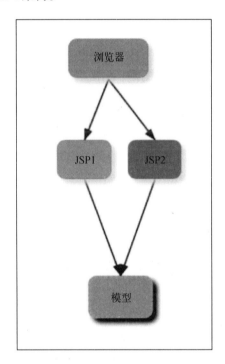

这种方法存在很多缺陷，于是，其他架构应运而生并不断发展。这种方法的一些重要缺陷如下。

- **几乎无法分离关注点**：JSP 负责检索数据、显示数据，决定接下来要显示哪些页面（流），有时甚至还负责业务逻辑。
- **JSP 非常复杂**：由于 JSP 负责处理大量逻辑，因此臃肿庞大，难以维护。

3.1.2 Model 2 架构

Model 2 架构旨在解决 JSP 由于承担多项职责而导致的复杂性问题。这是 MVC 架构样式的基本功能。下图展示了典型的 Model 2 架构。

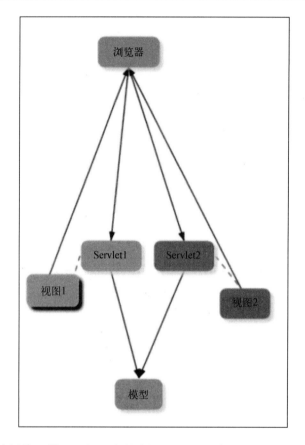

Model 2 架构明确划分了模型、视图与控制器之间的职责。这进一步提高了应用程序的可维护性。一些重要的细节如下。

- **模型**：表示要用于生成视图的数据。
- **视图**：使用模型来渲染屏幕。
- **控制器**：控制流并获取浏览器提出的请求，填充模型以及重定向到视图，示例包括上图中的 Servlet1 和 Servlet2。

3.1.3　Model 2 前端控制器架构

在基本版本的 Model 2 架构中，浏览器提出的请求直接由不同的 servlet（或控制器）处理。在各种业务情景中，在处理请求之前，你需要在 servlet 中执行一些常规操作。例如，确保登录用户获得执行请求所需的正确授权。这是一项你不希望在每个 servlet 中都实现的通用功能。

在 Model 2 前端控制器（Front Controller）架构中，所有请求注入一个控制器中，它称为前端控制器。

下图展示了典型的 Model 2 前端控制器架构。

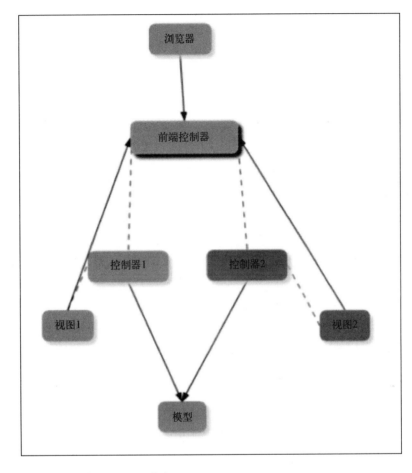

通常，前端控制器负责的一些工作如下。

- 决定由哪个控制器执行请求。
- 决定渲染哪个视图。
- 提供资源来添加更多通用功能。
- Spring MVC 使用配有前端控制器的 MVC 模式。前端控制器称为 `DispatcherServlet`，稍后会介绍。

3.2 基本流

Spring MVC 采用经过修改的 Model 2 前端控制器架构。在详细介绍 Spring MVC 的工作机制之前，我们会重点说明如何使用 Spring MVC 来创建一些简单的 Web 流。这一节会使用 Spring

MVC 创建 6 个典型的 Web 应用程序流，具体列举如下。

- 流 1：不包含视图的控制器；自己提供内容。
- 流 2：包含视图（JSP）的控制器。
- 流 3：包含视图并使用 `ModelMap` 的控制器。
- 流 4：包含视图并使用 `ModelAndView` 的控制器。
- 流 5：用于显示简单表单的控制器。
- 流 6：用于显示简单表单、具有验证功能的控制器。

在每个流结束时，我们会介绍如何对控制器进行单元测试。

3.2.1 基本设置

在开始创建第一个流之前，需要将应用程序设置为使用 Spring MVC。下一节将首先介绍如何在 Web 应用程序中设置 Spring MVC。

我们将使用 Maven 来管理依赖项。设置简单的 Web 应用程序包括以下步骤。

(1) 为 Spring MVC 添加依赖项。
(2) 将 `DispatcherServlet` 添加到 web.xml。
(3) 创建 Spring 应用程序上下文。

1. 为 Spring MVC 添加依赖项

首先将 Spring MVC 依赖项添加到 pom.xml 中。以下代码展示了要添加的依赖项。由于要使用 Spring BOM，因此不需要指定 artifact 版本。

```xml
<dependency>
    <groupId>org.springframework</groupId>
    <artifactId>spring-webmvc</artifactId>
</dependency>
```

`DispatcherServlet` 将实现前端控制器模式。任何向 Spring MVC 提出的请求都会由前端控制器（即 `DispatcherServlet`）处理。

2. 将 `DispatcherServlet` 添加到 web.xml

为此，需要将 `DispatcherServlet` 添加到 web.xml。我们来看如何操作：

```xml
<servlet>
  <servlet-name>spring-mvc-dispatcher-servlet</servlet-name>
  <servlet-class>
    org.springframework.web.servlet.DispatcherServlet
  </servlet-class>
  <init-param>
```

```xml
    <param-name>contextConfigLocation</param-name>
    <param-value>/WEB-INF/user-web-context.xml</param-value>
  </init-param>
    <load-on-startup>1</load-on-startup>
</servlet>
<servlet-mapping>
  <servlet-name>spring-mvc-dispatcher-servlet</servlet-name>
  <url-pattern>/</url-pattern>
</servlet-mapping>
```

第一部分是定义 servlet，而且还需要定义上下文配置位置：/WEB-INF/user-web-context.xml。下一步会定义 Spring 上下文。第二部分定义 servlet 映射。要把 URL /映射到 `DispatcherServlet`，这样，所有请求就都会由 `DispatcherServlet` 处理。

3. 创建 Spring 上下文

在 web.xml 中定义 `DispatcherServlet` 后，即可继续创建 Spring 上下文。一开始，我们会创建一个非常简单的上下文，而不定义任何具体的内容：

```xml
<beans > <!-Schema Definition removed -->
  <context:component-scan
    base-package="com.mastering.spring.springmvc" />
  <mvc:annotation-driven />
</beans>
```

为 com.mastering.spring.springmvc 包定义一次组件扫描，以便创建并自动装配此包中的所有 bean 和控制器。

使用`<mvc:annotation-driven/>`对 Spring MVC 支持的许多功能进行初始化，例如：

- 请求映射
- 异常处理
- 数据绑定和验证
- 使用`@RequestBody`注解时进行自动转换（如 JSON）

这就是设置 Spring MVC 应用程序所需要执行的操作。现在已准备就绪，可以开始创建第一个流。

3.2.2 流 1——不包含视图的简单控制器流

首先通过在屏幕上显示一些由 Spring MVC 控制器输出的简单文本，创建一个简单的流。

1. 创建 Spring MVC 控制器

下面创建一个简单的 Spring MVC 控制器：

```
@Controller
public class BasicController {
  @RequestMapping(value = "/welcome")
  @ResponseBody
  public String welcome() {
    return "Welcome to Spring MVC";
  }
}
```

需要注意的重要事项如下。

- `@Controller`：这定义一个可以包含请求映射（将 URL 映射到控制器方法）的 Spring MVC 控制器。
- `@RequestMapping(value = "/welcome")`：这定义 URL /welcome 到 `welcome` 方法的映射。浏览器向/welcome 发送请求时，Spring MVC 开始运行并执行 `welcome` 方法。
- `@ResponseBody`：在这个特定的上下文中，`welcome` 方法返回的文本会作为响应内容发送给浏览器。`@ResponseBody` 提供了许多功能——特别是在构建 REST 服务方面。第 5 章会对此进行介绍。

2. 运行 Web 应用程序

使用 Maven 和 Tomcat 7 可运行此 Web 应用程序。

默认情况下，Tomcat 7 服务器在端口 8080 上运行。

通过调用 `mvn tomcat7:run` 命令即可运行此服务器。

在浏览器中点击 http://localhost:8080/welcome URL 时，显示的内容如下图所示。

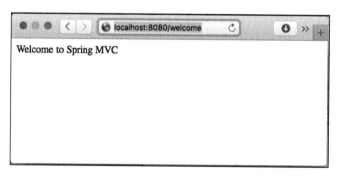

3. 单元测试

要开发可维护的应用程序，单元测试至关重要。我们会使用 Spring MVC Mock 框架对在本章中编写的控制器进行单元测试。我们会在 Spring 测试框架中添加依赖项，以使用 Spring MVC Mock 框架：

```xml
<dependency>
  <groupId>org.springframework</groupId>
  <artifactId>spring-test</artifactId>
  <scope>test</scope>
</dependency>
```

要采用的步骤如下所示。

(1) 设置要测试的控制器。
(2) 编写 Test 方法。

- **设置要测试的控制器**

要测试的控制器为 `BasicController`。创建单元测试时，应遵循的约定是类名以 `Test` 为后缀。我们将创建测试类 `BasicControllerTest`。

基本设置如下：

```java
public class BasicControllerTest {
  private MockMvc mockMvc;
  @Before
  public void setup() {
    this.mockMvc = MockMvcBuilders.standaloneSetup(
    new BasicController())
    .build();
  }
}
```

需要注意的重要事项如下。

- `mockMvc`：此变量可以在不同测试中使用。因此，我们定义了 `MockMvc` 类的实例变量。
- `@Before setup`：将在每次测试之前运行此方法，以对 `MockMvc` 进行初始化。
- `MockMvcBuilders.standaloneSetup(new BasicController()).build()`：这行代码构建了一个 `MockMvc` 实例。它对 `DispatcherServlet` 进行初始化，以将请求提供给配置的控制器，此实例中为 `BasicController`。

- **编写 Test 方法**

完整的 Test 方法如下：

```java
@Test
public void basicTest() throws Exception {
  this.mockMvc
  .perform(
  get("/welcome")
  .accept(MediaType.parseMediaType
  ("application/html;charset=UTF-8")))
  .andExpect(status().isOk())
  .andExpect( content().contentType
  ("application/html;charset=UTF-8"))
```

```
  .andExpect(content().
   string("Welcome to Spring MVC"));
}
```

需要注意的重要事项如下。

- `MockMvc mockMvc.perform`：此方法执行请求并返回允许链式调用的 `ResultActions` 实例。此例中将链接 `andExpect` 调用以检查异常。
- `get("/welcome").accept(MediaType.parseMediaType("application/html; charset=UTF-8"))`：这使用媒体类型 `application/html` 创建一个接受响应的 HTTP GET 请求。
- `andExpect`：此方法用于检查异常。如果不符合预期，此方法将测试失败。
- `status().isOk()`：这使用 ResultMatcher 来检查响应状态是否为成功请求的状态——200。
- `content().contentType("application/html;charset=UTF-8")`：这使用 ResultMatcher 来检查响应的内容类型是否为指定类型。
- `content().string("Welcome to Spring MVC")`：这使用 ResultMatcher 来检查响应内容是否包含指定字符串。

3.2.3 流 2——包含视图的简单控制器流

在上一个流中，要在浏览器中显示的文本在控制器中进行了硬编码。不建议采取这种做法。通常，要在浏览器中显示的内容通过视图生成。在这方面，JSP 是最常用的选项。

在这个流中，我们将从控制器重定向到视图。

1. Spring MVC 控制器

与上例类似，下面创建一个简单的控制器，例如：

```
@Controller
public class BasicViewController {
  @RequestMapping(value = "/welcome-view")
  public String welcome() {
    return "welcome";
  }
}
```

需要注意的重要事项如下。

- `@RequestMapping(value = "/welcome-view")`：映射的是 URL /welcome-view。
- `public String welcome()`：此方法上没有使用 `@RequestBody` 注解。因此，Spring MVC 会尝试将返回的字符串 welcome 与视图进行匹配。

2. 创建视图——JSP

用以下代码在 src/main/webapp/WEB-INF/views/welcome.jsp 文件夹中创建 welcome.jsp。

```html
<html>
  <head>
    <title>Welcome</title>
  </head>
  <body>
    <p>Welcome! This is coming from a view - a JSP</p>
  </body>
</html>
```

这是一个简单的 HTML，包括头部（head）、正文（body）和正文中的一些文本。

Spring MVC 必须将 `welcome` 方法返回的字符串映射到位于/WEB-INF/views/welcome.jsp 的真实 JSP。如何做到这点呢？

- 视图解析器

视图解析器将视图名称解析为实际的 JSP 页面。

此例中的视图名称为 welcome，我们希望将它解析为/WEB-INF/views/welcome.jsp。

视图解析器可以在 Spring 上下文/WEB-INF/user-web-context.xml 中配置，相关代码片段如下。

```xml
<bean class="org.springframework.web.
servlet.view.InternalResourceViewResolver">
 <property name="prefix">
   <value>/WEB-INF/views/</value>
 </property>
 <property name="suffix">
   <value>.jsp</value>
 </property>
</bean>
```

需要注意的重要事项如下。

- `org.springframework.web.servlet.view.InternalResourceViewResolver`：支持 JSP 的视图解析器；通常使用 `JstlView`；还通过 TilesView 支持 Tiles。
- `<property name="prefix"> <value>/WEB-INF/views/</value></property> <property name="suffix"> <value>.jsp</value> </property>`：这映射了由视图解析器使用的前缀（prefix）和后缀（suffix）。视图解析器接受控制器方法中的字符串并将其解析为视图：前缀＋视图名＋后缀。因此，视图名称 welcome 被解析为/WEB-INF/views/welcome.jsp。

点击 URL 时，所显示的内容如下图所示。

3. 单元测试

独立安装的 MockMvc Framework 将提供 DispatcherServlet 所需的最低配置的基础架构。如果附带有视图解析器，它就可以执行视图解析，但不会执行视图。因此，通过独立安装进行单元测试时，无法核实视图的内容，但可以检查交付的视图是否正确。

在此单元测试中，我们希望设置 BasicViewController，向 /welcome-view 提出 GET 请求，并检查返回的视图名称是否为 welcome。后面的章节会讨论如何执行集成测试，包括渲染视图。就本测试而言，仅限于核实视图名称。

- **设置要测试的控制器**

这一步与上一个流中的步骤非常相似。我们希望测试 BasicViewController，因此使用 BasicViewController 对 MockMvc 进行实例化，此外还会配置一个简单的视图解析器：

```java
public class BasicViewControllerTest {
  private MockMvc mockMvc;
  @Before
  public void setup() {
    this.mockMvc = MockMvcBuilders.standaloneSetup
    (new BasicViewController())
    .setViewResolvers(viewResolver()).build();
  }
  private ViewResolver viewResolver() {
    InternalResourceViewResolver viewResolver =
    new InternalResourceViewResolver();
    viewResolver.setViewClass(JstlView.class);
    viewResolver.setPrefix("/WEB-INF/jsp/");
    viewResolver.setSuffix(".jsp");
    return viewResolver;
  }
}
```

- **编写 Test 方法**

完整的 Test 方法如下：

```
@Test
public void testWelcomeView() throws Exception {
  this.mockMvc
  .perform(get("/welcome-view"))
  .accept(MediaType.parseMediaType(
  "application/html;charset=UTF-8")))
  .andExpect(view().name("welcome"));
}
```

需要注意的重要事项如下。

- `get("/welcome-model-view")`：向指定 URL 提出 GET 请求。
- `view().name("welcome")`：使用 ResultMatcher 检查返回的视图名称是否为指定名称。

3.2.4 流 3——控制器通过模型重定向到视图

通常，为了生成视图，需要向它传递一些数据。在 Spring MVC 中，可以使用模型向视图传递数据。在这个流中，我们将用一个简单的属性设置模型，并在视图中使用该属性。

1. Spring MVC 控制器

下面创建一个简单的控制器，例如：

```
@Controller
public class BasicModelMapController {
  @RequestMapping(value = "/welcome-model-map")
  public String welcome(ModelMap model) {
    model.put("name", "XYZ");
    return "welcome-model-map";
  }
}
```

需要注意的重要事项如下。

- `@RequestMapping(value = "/welcome-model-map")`：被映射的 URL 为/welcome-model-map。
- `public String welcome(ModelMap model)`：添加的新参数为 `ModelMap model`。Spring MVC 会实例化一个模型，并使它对此方法可用。放入模型中的属性将可以在视图中使用。
- `model.put("name", "XYZ")`：这会在模型中添加名为 `name`、值为 `XYZ` 的属性。

2. 创建视图

下面在控制器中使用在模型中设置的 name 模型属性创建一个视图，然后在 WEB-INF/views/welcome-model-map.jsp 路径中创建一个简单的 JSP：

```
Welcome ${name}! This is coming from a model-map - a JSP
```

需要注意的重要事项如下。

- ${name}：这使用**表达式语言（EL）**语法访问模型中的属性。

点击 URL 时，所显示的内容如下图所示：

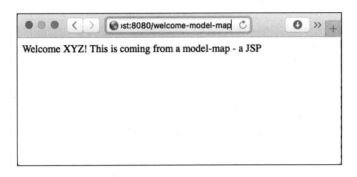

3. 单元测试

在此单元测试中，我们希望设置 BasicModelMapController，向 /welcome-model-map 提出 GET 请求，并检查模型是否包含所需属性，以及是否返回了指定视图名称。

- 设置要测试的控制器

这一步与上个流中的步骤非常相似。使用 BasicModelMapController 对 Mock MVC 进行初始化：

```
this.mockMvc = MockMvcBuilders.standaloneSetup
    (new BasicModelMapController())
    .setViewResolvers(viewResolver()).build();
```

- 编写 Test 方法

完整的 Test 方法如下：

```
@Test
public void basicTest() throws Exception {
  this.mockMvc
   .perform(
   get("/welcome-model-map")
   .accept(MediaType.parseMediaType
   ("application/html;charset=UTF-8")))
   .andExpect(model().attribute("name", "XYZ"))
   .andExpect(view().name("welcome-model-map"));
}
```

需要注意的重要事项如下。

- `get("/welcome-model-map")`：向指定 URL 提出 GET 请求。
- `model().attribute("name", "XYZ")`：ResultMatcher 检查模型是否包含指定属性 `name`，且该属性具有指定值 `XYZ`。
- `view().name("welcome-model-map")`：ResultMatcher 检查返回的视图名称是否为指定名称。

3.2.5 流 4——控制器通过 `ModelAndView` 重定向到视图

在上一个流中，我们返回了视图名称，并把要在视图中使用的属性填入了模型中。Spring MVC 提供了一种备选方案——使用 `ModelAndView`。控制器方法可以返回一个 `ModelAndView` 对象，在模型中填入视图名称和相应属性。在这个流中，我们将介绍此备选方案。

1. Spring MVC 控制器

请看下面的控制器：

```
@Controller
public class BasicModelViewController {
  @RequestMapping(value = "/welcome-model-view")
   public ModelAndView welcome(ModelMap model) {
      model.put("name", "XYZ");
      return new ModelAndView("welcome-model-view", model);
   }
}
```

需要注意的重要事项如下。

- `@RequestMapping(value = "/welcome-model-view")`：被映射的 URL 为/welcome-model-view。
- `public ModelAndView welcome(ModelMap model)`：请注意，返回值不再是字符串，而是 `ModelAndView`。
- `return new ModelAndView("welcome-model-view", model)`：用适当的视图名称和模型创建一个 `ModelAndView` 对象。

2. 创建视图

下面在控制器中使用在模型中设置的 `name` 模型属性创建一个视图，然后在/WEB-INF/views/welcome-model-view.jsp 路径中创建一个简单的 JSP：

```
Welcome ${name}! This is coming from a model-view - a JSP
```

点击 URL 时，所显示的内容如下图所示。

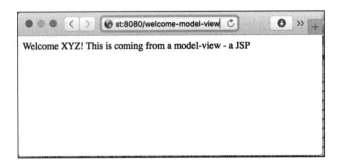

3. 单元测试

这个流的单元测试与上一个流类似，需要检查是否返回了指定的视图名称。

3.2.6　流 5——重定向到包含表单的视图的控制器

现在来创建一个简单的表单，以获取用户输入。

需要执行以下步骤。

- 创建一个简单的 POJO。需要创建一个用户和一个 POJO 用户。
- 创建两个控制器方法，一个用于显示表单，另一个用于获取在表单中输入的详细信息。
- 创建一个包含表单的简单视图。

1. 创建一个命令或表单支持对象

POJO 指简单 Java 对象。通常，它用于表示遵循常规 Java bean 约定的 bean。一般情况下，它包含私有成员变量（带有 getter、setter）以及没有参数的构造函数。

我们将创建一个简单的 POJO 来充当命令对象。这个类的重要组件如下：

```
public class User {
  private String guid;
  private String name;
  private String userId;
  private String password;
  private String password2;
  // Constructor
  // getter 和 setter
  // toString
}
```

需注意的重要事项如下。

- 这个类未使用任何注解或与 Spring 相关的映射。任何 bean 都可以充当表单支持对象（form-backing object）。

- 我们将获取表单中的 `name`、`user ID` 和 `password`。我们有密码确认字段 `password2` 和唯一标识符字段 `guid`。
- 为简单起见，未显示 `Constructor`、`getter`、`setter` 和 `toString` 方法。

2. 用于显示表单的控制器方法

首先创建一个包含记录器的简单控制器：

```
@Controller
public class UserController {
  private Log logger = LogFactory.getLog
  (UserController.class);
}
```

然后在控制器中添加以下方法。

```
@RequestMapping(value = "/create-user",
method = RequestMethod.GET)
public String showCreateUserPage(ModelMap model) {
  model.addAttribute("user", new User());
  return "user";
}
```

需要注意的重要事项如下。

- `@RequestMapping(value = "/create-user", method = RequestMethod.GET)`：映射的是/create-user URI。首先，使用方法属性指定 Request 方法。此方法会仅针对 HTTP GET 请求（通常，HTTP GET 请求用于显示表单）调用，不会针对其他类型的 HTTP 请求（如 POST）调用此方法。
- `public String showCreateUserPage(ModelMap model)`：这是典型的控件方法。
- `model.addAttribute("user", new User())`：这用于通过空白表单支持对象设置模型。

3. 创建包含表单的视图

Java Server Pages 是 Spring Framework 支持的视图技术之一。在 Spring Framework 中，可以通过提供标记库，使用 JSP 轻松创建视图。此库包含各种表单元素、绑定、验证、设置主题和消息国际化所需的标记。此示例会使用 Spring MVC 标记库和标准 JSTL 标记库中的标记来创建视图。

下面创建/WEB-INF/views/user.jsp 文件。

首先引用要使用的标记库：

```
<%@ taglib uri="http://java.sun.com/jsp/jstl/core" prefix="c"%>
<%@ taglib uri="http://java.sun.com/jsp/jstl/fmt" prefix="fmt"%>
<%@ taglib uri="http://www.springframework.org/tags/form"
  prefix="form"%>
<%@ taglib uri="http://www.springframework.org/tags"
  prefix="spring"%>
```

前两个条目用于引用 JSTL 核心和格式化标记库。我们会大量使用 Spring 表单标记，并提供 `prefix` 来充当引用标记的快捷键。

下面先创建包含一个字段的表单：

```
<form:form method="post" modelAttribute="user">
 <fieldset>
   <form:label path="name">Name</form:label>
   <form:input path="name"
   type="text" required="required" />
 </fieldset>
</form:form>
```

需要注意的重要事项如下。

- `<form:form method="post" modelAttribute="user">`：这是来自 Spring 表单标记库中的 `form` 标记。这里指定了两个属性。表单中的数据使用 POST 方法发送。第二个属性 `modelAttribute` 指定模型中充当表单支持对象的属性。我们在模型中添加了名为 `user` 的属性，并将该属性用作 `modelAttribute`。
- `<fieldset>`：这是对一组相关控件——标签、表单字段和验证消息——进行分组的 HTML 元素。
- `<form:label path="name">Name</form:label>`：这是用于显示标签的 Spring 表单标记。`path` 属性指定要应用此标签的字段名称（来自 bean）。
- `<form:input path="name" type="text" required="required" />`：这是用于创建文本输入字段的 Spring 表单标记。`path` 属性指定这个输入字段必须映射到的 bean 中的字段名称。`required` 属性表示这是一个 required 字段。

使用 Spring 表单标记时，会将表单支持对象（`modelAttribute="user"`）中的值自动绑定到表单；提交表单时，会将表单中的值自动绑定到表单支持对象。

包括姓名和用户 ID 字段的表单标记的更完整清单如下。

```
<form:form method="post" modelAttribute="user">
<form:hidden path="guid" />
<fieldset>
  <form:label path="name">Name</form:label>
  <form:input path="name"
   type="text" required="required" />
</fieldset>
<fieldset>
  <form:label path="userId">User Id</form:label>
  <form:input path="userId"
   type="text" required="required" />
</fieldset>
<!-password and password2 fields not shown for brewity-->
<input class="btn btn-success" type="submit" value="Submit" />
</form:form>
```

4. 处理表单提交的控制器 GET 方法

用户提交表单时,浏览器发送了 HTTP POST 请求。现在创建一个方法来处理此操作。为了简化,我们将记录表单对象的内容。此方法的完整清单如下:

```
@RequestMapping(value = "/create-user", method = 
RequestMethod.POST)
public String addTodo(User user) {
  logger.info("user details " + user);
  return "redirect:list-users";
}
```

一些重要的细节如下。

- `@RequestMapping(value = "/create-user", method = RequestMethod.POST)`:由于要处理表单提交,因此使用 `RequestMethod.POST` 方法。
- `public String addTodo(User user)`:我们将表单支持对象用作参数。Spring MVC 会自动将表单中的值绑定到表单支持对象。
- `logger.info("user details" + user)`:记录用户的详细信息。
- `return "redirect:list-users"`:通常,在提交表单时,我们会保存数据库的详细信息,并将用户重定向到不同的页面。这里,我们将用户重定向到/list-users。使用 `redirect` 时,Spring MVC 会发送状态为 `302` 的 HTTP 响应。也就是说,重定向到新 URL。处理 302 响应时,浏览器会将用户重定向到新 URL。虽然 POST/REDIRECT/GET 模式不是重复提交表单问题的完美解决办法,但它确实降低了问题发生的概率,特别是那些在渲染视图后发生的问题。

列举用户的代码相当简单:

```
@RequestMapping(value = "/list-users",
method = RequestMethod.GET)
public String showAllUsers() {
  return "list-users";
}
```

5. 单元测试

我们将在下一个流中添加验证功能时讨论单元测试。

3.2.7 流 6——在上一个流中添加验证功能

我们在上一个流中添加了表单,但并未验证表单中的值。虽然可以编写 JavaScript 来验证表单内容,但在服务器上进行验证才能始终确保安全。在这个流中,我们使用 Spring MVC,为之前在服务器端创建的表单添加验证功能。

Spring MVC 全面集成了 Bean Validation API。JSR 303 和 JSR 349 为 Bean Validation API

（分别为版本 1.0 和 1.1）定义了规范，Hibernate Validator 充当引用实现。

1. Hibernate Validator 依赖项

首先将 Hibernate Validator 添加到项目 pom.xml 中：

```
<dependency>
  <groupId>org.hibernate</groupId>
  <artifactId>hibernate-validator</artifactId>
  <version>5.0.2.Final</version>
</dependency>
```

2. 简单的 bean 验证

Bean Validation API 提供了许多验证功能，可以在 bean 属性上指定这些功能。请看下面的代码清单。

```
@Size(min = 6, message = "Enter at least 6 characters")
private String name;
@Size(min = 6, message = "Enter at least 6 characters")
private String userId;
@Size(min = 8, message = "Enter at least 8 characters")
private String password;
@Size(min = 8, message = "Enter at least 8 characters")
private String password2;
```

需要注意的重要事项如下。

- `@Size(min = 6, message = "Enter at least 6 characters")`：这规定了字段应至少包含 6 个字符。如果验证未通过，则将 `message` 属性中的文本作为验证错误消息。

使用 Bean Validation 可以执行的其他验证功能如下。

- `@NotNull`：不得为 `null`。
- `@Size(min =5, max = 50)`：最多 50 个字符，最少 5 个字符。
- `@Past`：应为过去日期。
- `@Future`：应为将来日期。
- `@Pattern`：应与提供的正则表达式相匹配。
- `@Max`：字段的最大值。
- `@Min`：字段的最小值。

下面重点说明如何获取控制器方法，以在提交时验证表单。完整的方法代码清单如下：

```
@RequestMapping(value = "/create-user-with-validation",
method = RequestMethod.POST)
public String addTodo(@Valid User user, BindingResult result) {
  if (result.hasErrors()) {
    return "user";
```

```
    }
    logger.info("user details " + user);
    return "redirect:list-users";
}
```

一些需要注意的重要事项如下。

- `public String addTodo(@Valid User user, BindingResult result)`：使用`@Valid`注解时，Spring MVC 验证 bean。验证结果在 `BindingResult` 实例结果中可用。
- `if (result.hasErrors())`：检查是否存在验证错误。
- `return "user"`：如果出现验证错误，就会将用户送回到 user 页面。

需要优化 user.jsp，以在出现验证错误时显示验证消息。其中一个字段的完整清单如下，其他字段也必须相应地更新。

```
<fieldset>
  <form:label path="name">Name</form:label>
  <form:input path="name" type="text" required="required" />
  <form:errors path="name" cssClass="text-warning"/>
</fieldset>
```

`<form:errors path="name" cssClass="text-warning"/>`：这是 Spring 表单标记，用于显示与在路径中指定的字段名称有关的错误，还可以指定用于显示验证错误的 CSS 类。

3. 自定义验证

使用`@AssertTrue`注解可以实现更加复杂的自定义验证。下面列出了添加到 User 类中的示例方法。

```
@AssertTrue(message = "Password fields don't match")
private boolean isValid() {
    return this.password.equals(this.password2);
}
```

`@AssertTrue(message = "Password fields don't match")`是在验证失败时将显示的消息。

可以在这些方法中通过多个字段实现任何复杂的验证逻辑。

4. 单元测试

这一部分的单元测试重点检查验证错误。我们将为空白表单（它会触发 4 个验证错误）编写一个测试。

- 控制器设置

控制器设置非常简单：

```
this.mockMvc = MockMvcBuilders.standaloneSetup(
new UserValidationController()).build();
```

- **Test 方法**

完整的 Test 方法如下：

```
@Test
public void basicTest_WithAllValidationErrors() throws Exception {
  this.mockMvc
    .perform(
      post("/create-user-with-validation")
      .accept(MediaType.parseMediaType(
      "application/html;charset=UTF-8")))
      .andExpect(status().isOk())
      .andExpect(model().errorCount(4))
      .andExpect(model().attributeHasFieldErrorCode
      ("user", "name", "Size"));
}
```

需要注意的重要事项如下。

- `post("/create-user-with-validation")`：创建向指定 URI 提出的 HTTP POST 请求。由于未传递任何请求参数，所有属性均为 null，这将触发验证错误。
- `model().errorCount(4)`：检查模型中是否出现 4 个验证错误。
- `model().attributeHasFieldErrorCode("user", "name", "Size")`：检查 user 属性是否包含验证错误名为 Size 的 name 字段。

3.3 Spring MVC 概述

使用 Spring MVC 创建一些基本流后，下面来了解这些流的工作机制。如何使用 Spring MVC 运行各种流呢？

3.3.1 重要特性

创建不同的流时，我们了解了 Spring MVC 框架的一些重要特性，如下所示。

- 松散耦合的架构，每个对象有定义明确的独立职责。
- 高度灵活的控制器方法定义。控制器方法可以有一系列不同的参数和返回值。这使程序员能够灵活选择满足他们需求的定义。
- 允许重复使用域对象，将其作为表单支持对象，因此不需要单独创建表单对象。
- 内置支持本地化的标记库（Spring、spring-form）。
- 模型使用包含键值对的 HashMap，允许集成多种视图技术。

- 灵活绑定。如果绑定时出现类型不匹配的情况，可以将其作为验证错误而非运行时错误处理。
- Mock MVC 框架用于对控制器进行单元测试。

3.3.2 工作机制

Spring MVC 框架中的关键组件如下图所示。

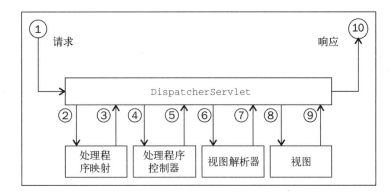

下面来看一个示例流，并了解执行此流的过程中所采用的各个步骤。我们将以返回 `ModelAndView` 的流 4 为例。流 4 的 URL 为 http://localhost:8080/welcome-model-view。具体步骤如下。

(1) 浏览器向特定 URL 提出请求。`DispatcherServlet` 是处理所有请求的前端控制器，因此，它收到该请求。

(2) `DispatcherServlet` 将分析 URI（此例中为/welcome-model-view），并需要确定处理该 URI 所需的相应控制器。为帮助找到正确的控制器，它与处理程序映射进行交互。

(3) 处理程序映射返回特定处理程序方法（此例中为 `BasicModelViewController` 中的 `welcome` 方法）来处理请求。

(4) `DispatcherServlet` 调用特定处理程序方法（`public ModelAndView welcome(ModelMap model)`）。

(5) 处理程序方法返回模型和视图。本例中将返回 `ModelAndView` 对象。

(6) `DispatcherServlet` 有逻辑视图名称（来自 `ModelAndView`。本例中为 welcome-model-view）。它因为需要了解如何确定物理视图名称，所以检查是否有任何可用的视图解析器，结果找到配置的视图解析器（`org.springframework.web.servlet.view.InternalResourceViewResolver`），并调用此视图解析器，提供逻辑视图名称（本例中为 welcome-model-view）作为输入。

(7) 视图解析器执行逻辑，将逻辑视图名称映射为物理视图名称。本例中 welcome-model-view 被转换为/WEB-INF/views/welcome-model-view.jsp。

(8) `DispatcherServlet` 执行视图，还使模型对视图可用。
(9) 视图返回要送回给 `DispatcherServlet` 的内容。
(10) `DispatcherServlet` 将响应返回给浏览器。

3.4 Spring MVC 背后的重要概念

学习了用 Spring MVC 创建的示例后，下面来了解 Spring MVC 背后的重要概念。

3.4.1 RequestMapping

如前面的示例中所述，RequestMapping 用于将 URI 映射为控制器或控制器方法。可以在类或方法级别执行此操作。使用可选的方法参数，可以将相关方法映射为特定请求方法（GET、POST 等）。

1. 请求映射示例

下面几节中的示例将说明各种变化情况。

- 示例 1

在下例中，showPage 方法中只有一个 RequestMapping。showPage 方法将映射为向 URI /show-page 提出的 GET、POST 和其他任何类型的请求。

```
@Controller
public class UserController {
  @RequestMapping(value = "/show-page")
  public String showPage() {
    /* 一些代码 */
  }
}
```

- 示例 2

在下例中，在 RequestMapping 上定义了一个方法——RequestMethod.GET。showPage 方法仅映射为向 URI /show-page 提出的 GET 请求。所有其他类型的请求方法将导致"方法不受支持"。

```
@Controller
public class UserController {
  @RequestMapping(value = "/show-page" , method =
  RequestMethod.GET)
  public String showPage() {
    /* 一些代码 */
  }
}
```

3.4 Spring MVC 背后的重要概念

- **示例 3**

下例中有两个 `RequestMapping` 方法——一个位于类中,另一个位于方法中。这两个 `RequestMapping` 方法用于确定 URI。`showPage` 方法仅映射为向 URI /user/show-page 提出的 GET 请求。

```
@Controller
@RequestMapping("/user")
public class UserController {
  @RequestMapping(value = "/show-page" , method =
   RequestMethod.GET)
  public String showPage() {
    /* 一些代码 */
  }
}
```

2. 请求映射方法——支持的方法参数

下表是执行请求映射的控制器方法支持的一些参数类型。

参数类型/注解	用途
java.util.Map / org.springframework.ui.Model / org.springframework.ui.ModelMap	充当模型(MVC),将作为传送给视图的值的容器
命令或表单对象	用于将请求参数绑定到 bean 并支持验证
org.springframework.validation.Errors / org.springframework.validation.BindingResult	命令或表单对象的验证结果(表单对象应为前一个方法参数)
@PreDestroy	可以对任何 Spring bean 使用 `@PreDestroy` 注解,来提供一个在销毁前调用的方法 只会在从容器中删除 bean 时调用此方法。此方法可用于释放任何由 bean 保留的资源
@RequestParam	此注解用于访问特定 HTTP 请求参数
@RequestHeader	此注解用于访问特定 HTTP 请求标头
@SessionAttribute	此注解用于访问 HTTP 会话中的属性
@RequestAttribute	此注解用于访问特定 HTTP 请求属性
@PathVariable	此注解用于访问 URI 模板/owner/{ownerId}中的变量,我们将在讨论微服务时详细介绍此注解

3. `RequestMapping` 方法——支持的返回类型

`RequestMapping` 方法支持各种不同的返回类型。从概念上讲,请求映射方法应解决以下两个问题。

- 什么是视图?
- 视图需要哪个模型?

不过，在使用 Spring MVC 时，无论何时都不需要显式声明视图和模型。

- 如果视图未显式定义为返回类型的一部分，则进行隐式定义。
- 类似地，一切模型对象都始终充实，详细规则如下文所述。

Spring MVC 使用简单的规则来确定实际视图和模型。一些重要的规则如下所示。

- **隐式充实模型**：如果模型是返回类型的一部分，那么它由命令对象（包括命令对象的验证结果）来充实。此外，还会在模型中添加使用 `@ModelAttribute` 注解的方法的调用结果。
- **隐式确定视图**：如果返回类型中不包括视图名称，将使用 `DefaultRequestToViewNameTranslator` 确定该名称。默认情况下，`DefaultRequestToViewNameTranslator` 会删除 URI 中的前导和尾部反斜杠以及文件扩展名；例如，display.html 将变成 display。

下表是执行请求映射的控制器方法支持的一些返回类型。

返回类型	结　　果
`ModelAndView`	对象包括对模型和视图名称的引用
`Model`	仅返回模型。使用 `DefaultRequestToViewNameTranslator` 确定视图名称
`Map`	用于公开模型的简单映射
`View`	具有隐式定义模型的视图
`String`	引用视图名称

3.4.2　视图解析

Spring MVC 拥有非常灵活的视图解析能力，提供了多种视图选项。

- 集成 JSP、Freemarker。
- 多种视图解析策略，其中一些策略如下。
  - `XmlViewResolver`：视图解析基于外部 XML 配置。
  - `ResourceBundleViewResolver`：视图解析基于属性文件。
  - `UrlBasedViewResolver`：将逻辑视图名称直接映射为 URL。
  - `ContentNegotiatingViewResolver`：根据 Accept 请求标头委任给其他视图解析器。
- 支持用明确定义的优先次序链接视图解析器。
- 使用内容协商（Content Negotiation）直接生成 XML、JSON 和 Atom。

1. 配置 JSP 视图解析器

以下示例说明了使用 `InternalResourceViewResolver` 配置 JSP 视图解析器的常用方法。物理视图名称通过使用 `JstlView` 为逻辑视图名称配置的前缀和后缀来确定。

```xml
<bean id="jspViewResolver" class=
 "org.springframework.web.servlet.view.
 InternalResourceViewResolver">
  <property name="viewClass"
    value="org.springframework.web.servlet.view.JstlView"/>
  <property name="prefix" value="/WEB-INF/jsp/"/>
  <property name="suffix" value=".jsp"/>
</bean>
```

存在其他使用属性和 XML 文件来实现映射的方法。

2. 配置 `Freemarker`

以下示例提供了用于配置 `Freemarker` 视图解析器的典型方法。

首先，使用 `freemarkerConfig` bean 加载 `Freemarker` 模板：

```xml
<bean id="freemarkerConfig"
  class="org.springframework.web.servlet.view.
  freemarker.FreeMarkerConfigurer">
  <property name="templateLoaderPath" value="/WEB-
  INF/freemarker/"/>
</bean>
```

以下 bean 定义展示了如何配置 `Freemarker` 视图解析器。

```xml
<bean id="freemarkerViewResolver"
 class="org.springframework.web.servlet.view.
 freemarker.FreeMarkerViewResolver">
   <property name="cache" value="true"/>
   <property name="prefix" value=""/>
   <property name="suffix" value=".ftl"/>
</bean>
```

与 JSP 一样，视图解析可以使用属性或 XML 文件进行定义。

3.4.3 处理程序映射和拦截器

在 Spring 2.5 以前（支持注解之前）的版本中，URL 与控制器（也称为处理程序）之间的映射用处理程序映射来表示。今天，这种做法几乎已成为历史。使用注解后，就不需要显式处理程序映射。

`HandlerInterceptor` 可用于拦截向处理程序（或**控制器**）提出的请求。有时，你可能希望在提出请求之前和之后做一些处理。你可能希望记录请求和响应的内容，或了解处理特定请求花费了多少时间。

创建 `HandlerInterceptor` 时有两个步骤。

(1) 定义 `HandlerInterceptor`。
(2) 将 `HandlerInterceptor` 映射到要拦截的特定处理程序。

1. 定义 `HandlerInterceptor`

你可以改写 `HandlerInterceptorAdapter` 中的以下方法。

- `public boolean preHandle(HttpServletRequest request, HttpServletResponse response, Object handler)`：在调用处理程序方法之前调用。
- `public void postHandle(HttpServletRequest request, HttpServletResponse response, Object handler, ModelAndView modelAndView)`：在调用处理程序方法之后调用。
- `public void afterCompletion(HttpServletRequest request, HttpServlet-Response response, Object handler, Exception ex)`：在处理完请求后调用。

以下示例说明了如何创建 `HandlerInterceptor`。首先新建一个扩展 `HandlerInterceptorAdapter` 的类：

```
public class HandlerTimeLoggingInterceptor extends HandlerInterceptorAdapter {
```

`preHandle` 方法在调用处理程序之前调用。下面在请求中放置一个属性，指明调用处理程序的起始时间：

```
@Override
public boolean preHandle(HttpServletRequest request,
  HttpServletResponse response, Object handler) throws Exception {
  request.setAttribute(
  "startTime", System.currentTimeMillis());
  return true;
}
```

`postHandle` 方法在调用处理程序之后调用。下面在请求中放置一个属性，指明调用处理程序的结束时间：

```
@Override
public void postHandle(HttpServletRequest request,
HttpServletResponse response, Object handler,
ModelAndView modelAndView) throws Exception {
    request.setAttribute(
    "endTime", System.currentTimeMillis());
  }
```

`afterCompletion` 方法在处理完请求之后调用。我们将使用此前在请求中设置的属性确定处理程序花费的时间：

```
@Override
public void afterCompletion(HttpServletRequest request,
HttpServletResponse response, Object handler, Exception ex)
throws Exception {
  long startTime = (Long) request.getAttribute("startTime");
```

```
long endTime = (Long) request.getAttribute("endTime");
logger.info("Time Spent in Handler in ms : "
  + (endTime - startTime));
}
```

2. 将 `HandlerInterceptor` 映射到处理程序

可以将 `HandlerInterceptor` 映射到你想要拦截的特定 URL。以下示例提供了示例 XML 上下文配置。默认情况下，拦截器会拦截所有处理程序（**控制器**）。

```xml
<mvc:interceptors>
  <bean class="com.mastering.spring.springmvc.
  controller.interceptor.HandlerTimeLoggingInterceptor" />
</mvc:interceptors>
```

可以配置要拦截的准确 URI。在下例中，除了那些以 /secure/ 开头的 URI 映射的处理程序外，所有的处理程序都被拦截。

```xml
<mvc:interceptors>
  <mapping path="/**"/>
  <exclude-mapping path="/secure/**"/>
  <bean class="com.mastering.spring.springmvc.
    controller.interceptor.HandlerTimeLoggingInterceptor" />
</mvc:interceptors>
```

3.4.4 模型属性

常用的 Web 表单包含大量下拉列表值——州/省列表、国家/地区列表等。这些值列表需要在模型中可用，以便视图显示列表。通常使用带有 `@ModelAttribute` 注解的方法在模型中填入这类通用项目。

存在两种可能的变化情况。下例中的方法将返回需要填入模型中的对象。

```java
@ModelAttribute
public List<State> populateStateList() {
  return stateService.findStates();
}
```

此例中的方法用于在模型中添加多个属性：

```java
@ModelAttribute
public void populateStateAndCountryList() {
  model.addAttribute(stateService.findStates());
  model.addAttribute(countryService.findCountries());
}
```

需要注意的是，可以用 `@ModelAttribute` 注解标注的方法的数量没有限制。

使用 Controller Advice，可以使模型属性成为多个控制器中的通用属性。本节稍后会介绍 Controller Advice。

3.4.5 会话属性

我们将在单个请求中使用到目前为止介绍的所有属性和值。不过有些值（如特定的 Web 用户配置）可能无法跨请求做出更改，这类值通常存储在 HTTP 会话中。Spring MVC 提供了一个简单的类型级别（类级别）注解@SessionAttributes，用于指定将存储在会话中的属性。

请看下面的示例：

```
@Controller
@SessionAttributes("exampleSessionAttribute")
public class LoginController {
```

1. 在会话中加入属性

在@SessionAttributes 注解中定义属性后，如果同一属性已添加到模型中，则会将它自动添加到会话中。

在上例中，如果在模型中加入名为 exampleSessionAttribute 的属性，则会将它自动存储到会话对话状态中：

```
model.put("exampleSessionAttribute", sessionValue);
```

2. 从会话中读取属性

通过首先在类型级别指定@SessionAttributes 注解，可以在其他控制器中访问此值：

```
@Controller
@SessionAttributes("exampleSessionAttribute")
public class SomeOtherController {
```

所有模型对象将可以直接使用会话属性值，因此，可以从模型中访问此值：

```
Value sessionValue =(Value)model.get("exampleSessionAttribute");
```

3. 从会话中删除属性

如果不再需要一些值，就必须从会话中删除这些值。可以通过两种方式删除会话对话状态中的值。以下代码片段展示了第一种方式，它用到了可在 WebRequest 类中使用的 removeAttribute 方法。

```
@RequestMapping(value="/some-method",method = RequestMethod.GET)
public String someMethod(/*Other Parameters*/
WebRequest request, SessionStatus status) {
    status.setComplete();
    request.removeAttribute("exampleSessionAttribute",
    WebRequest.SCOPE_SESSION);
    // 其他逻辑
}
```

第二种方式如下例所示——在 `SessionAttributeStore` 中使用 `cleanUpAttribute` 方法：

```
@RequestMapping(value = "/some-other-method",
method = RequestMethod.GET)
public String someOtherMethod(/*Other Parameters*/
SessionAttributeStore store, SessionStatus status) {
  status.setComplete();
  store.cleanupAttribute(request, "exampleSessionAttribute");
  // 其他逻辑
}
```

3.4.6 `@InitBinder` 注解

典型的 Web 表单包含日期、币种和数额。表单中的值需要与表单支持对象绑定在一起。使用 `@InitBinder` 注解可以自定义绑定方式。

可以使用 Handler Advice，在特定控制器或一组控制器中实现自定义绑定。下例展示了如何设置用于表单绑定的默认日期格式：

```
@InitBinder
protected void initBinder(WebDataBinder binder) {
  SimpleDateFormat dateFormat = new SimpleDateFormat("dd/MM/yyyy");
  binder.registerCustomEditor(Date.class, new CustomDateEditor(
  dateFormat, false));
}
```

3.4.7 `@ControllerAdvice` 注解

在控制器级别定义的一些功能可以作为整个应用程序的通用功能。例如，我们可能希望在整个应用程序中使用相同的日期格式。因此，上文定义的`@InitBinder`可以适用于整个应用程序。如何实现这一点呢？`@ControllerAdvice` 有助于我们使相关功能成为所有请求映射默认的通用功能。

以这里列出的 Controller Advice 为例。我们对这个类使用了`@ControllerAdvice`注解，并在类中用`@InitBinder`定义了一个方法。默认情况下，在此方法中定义的绑定将适用于所有请求映射：

```
@ControllerAdvice
public class DateBindingControllerAdvice {
  @InitBinder
  protected void initBinder(WebDataBinder binder) {
    SimpleDateFormat dateFormat = new
    SimpleDateFormat("dd/MM/yyyy");
    binder.registerCustomEditor(Date.class,
    new CustomDateEditor(
      dateFormat, false));
  }
}
```

Controller Advice 还可用于定义通用模型属性（@ModelAttribute）和通用异常处理（@ExceptionHandler），只需要创建用相应注解标记的方法即可。下一节将介绍异常处理。

3.5 Spring MVC——高级功能

这一节将介绍 Spring MVC 相关的高级功能，如下所示。

- 如何实现 Web 应用程序的通用异常处理？
- 如何使消息国际化？
- 如何编写集成测试？
- 如何发布静态内容并集成 Bootstrap 等前端框架？
- 如何通过 Spring Security 保障 Web 应用程序的安全？

3.5.1 异常处理

异常处理是所有应用程序的关键组件之一。因此，整个应用程序采用一致的异常处理策略至关重要。一个常见的误解是只有糟糕的应用程序才需要异常处理，然而事实远非如此，即使精心设计、编写合理的应用程序也需要适当的异常处理。

在推出 Spring Framework 之前，由于广泛使用受检异常，整个应用程序代码都需要异常处理代码。例如，大多数 JDBC 方法会引发受检异常，因此需要在每个方法中通过 try catch 来处理异常（除非你希望声称该方法会引发 JDBC 异常）。使用 Spring Framework 时，大多数异常转换成了非受检异常。这确保了除非需要特定异常处理，否则整个应用程序都将以常规方式处理异常。

这一节将介绍一些实现异常处理的示例，如下所示。

- 所有控制器通用的异常处理。
- 特定于控制器的异常处理。

1. 所有控制器通用的异常处理

Controller Advice 还可用于实现所有控制器通用的异常处理。

请看下面的代码。

```
@ControllerAdvice
public class ExceptionController {
  private Log logger =
  LogFactory.getLog(ExceptionController.class);
  @ExceptionHandler(value = Exception.class)
  public ModelAndView handleException
  (HttpServletRequest request, Exception ex) {
     logger.error("Request " + request.getRequestURL()
```

```
        + " Threw an Exception", ex);
    ModelAndView mav = new ModelAndView();
    mav.addObject("exception", ex);
    mav.addObject("url", request.getRequestURL());
    mav.setViewName("common/spring-mvc-error");
    return mav;
    }
}
```

需要注意的事项如下。

- `@ControllerAdvice`：默认情况下，Controller Advice 适用于所有控制器。
- `@ExceptionHandler(value = Exception.class)`：控制器中引发指定类（`Exception.class`）的类型或子类型的异常时，将调用任何使用此注解的方法。
- `public ModelAndView handleException (HttpServletRequest request, Exception ex)`：引发的异常将注入 `Exception` 变量中。此方法用 `ModelAndView` 返回类型声明，以便返回包含异常详情的模型和异常视图。
- `mav.addObject("exception", ex)`：将异常添加到模型中，以便在视图中显示异常详情。
- `mav.setViewName("common/spring-mvc-error")`：异常视图。

● 错误视图

发生异常时，在将异常详情填入模型后，ExceptionController 会将用户重定向到 ExceptionController spring-mvc-error 视图。以下代码片段展示了完整的 jsp 以下/WEB-INF/views/common/spring-mvc-error.jsp。

```
<%@ taglib prefix="c" uri="http://java.sun.com/jsp/jstl/core"%>
<%@page isErrorPage="true"%>
<h1>Error Page</h1>
 URL: ${url}
<BR />
Exception: ${exception.message}
<c:forEach items="${exception.stackTrace}"
   var="exceptionStackTrace">
    ${exceptionStackTrace}
</c:forEach>
```

需要注意的重要事项如下。

- `URL: ${url}`：显示模型中的 URL。
- `Exception: ${exception.message}`：显示异常消息。异常将填入 ExceptionController 中的模型中。
- `forEach around ${exceptionStackTrace}`：显示特定于 ExceptionController 的异常处理中的栈跟踪。

2. 特定于控制器的异常处理

某些情况下，可能需要特定于控制器的异常处理。通过实现使用`@ExceptionHandler(value = Exception.class)`注解的方法，可以轻松处理这种情况。

如果只需要对特定异常执行特定异常处理，可以提供特定异常类，将其作为注解的 `value` 属性的值。

3.5.2 国际化

开发应用程序时，我们希望它们可以用在多种区域设置中。你希望根据用户所在的地点和所使用的语言定制向用户显示的文本。这称为**国际化**（internationalization）。国际化（i18n）也称为**本地化**（localization）。

国际化可以通过以下两种途径实现：

- `SessionLocaleResolver`
- `CookieLocaleResolver`

使用 `SessionLocaleResolver` 时，用户选择的区域设置将存储在用户会话中，因此仅对用户会话有效，但是，使用 `CookieLocaleResolver` 时，选择的区域设置存储为 cookie。

1. 消息捆绑包设置

首先设置消息捆绑程序。Spring 上下文中的代码片段如下。

```xml
<bean id="messageSource" class=
  "org.springframework.context.support.
  ReloadableResourceBundleMessageSource">
    <property name="basename" value="classpath:messages" />
    <property name="defaultEncoding" value="UTF-8" />
</bean>
```

需要注意的重要事项如下。

- `class="org.springframework.context.support.ReloadableResourceBundleMessageSource"`：我们将配置一个可重载的资源捆绑包。支持通过 `cacheSeconds` 设置重载属性。
- `<property name="basename" value="classpath:messages" />`：配置为从 messages.properties 和 messages_{locale}.properties 文件中加载属性。我们很快会讨论区域设置。

下面配置一些属性文件，并使它们在 src/main/resources 文件夹中可用。

```
message_en.properties
welcome.caption=Welcome in English
```

```
message_fr.properties
welcome.caption=Bienvenue - Welcome in French
```

可以使用 spring:message 标记在视图中显示消息捆绑包中的消息：

```
<spring:message code="welcome.caption" />
```

2. 配置 SessionLocaleResolver

配置 SessionLocaleResolver 的过程分为两个部分：第一部分是配置 localeResolver；第二部分是配置拦截器来处理区域设置变更（如以下代码所示）。

```
<bean id="springMVCLocaleResolver"
  class="org.springframework.web.servlet.i18n.
  SessionLocaleResolver">
    <property name="defaultLocale" value="en" />
</bean>
<mvc:interceptors>
  <bean id="springMVCLocaleChangeInterceptor"
  class="org.springframework.web.servlet.
  i18n.LocaleChangeInterceptor">
    <property name="paramName" value="language" />
  </bean>
</mvc:interceptors>
```

需要注意的重要事项如下。

- `<property name="defaultLocale" value="en" />`：默认情况下使用 en 区域设置。
- `<mvc:interceptors>`：将 LocaleChangeInterceptor 配置为 HandlerInterceptor。它会拦截所有处理程序请求并检查区域设置。
- `<property name="paramName" value="language" />`：LocaleChangeInterceptor 配置为使用请求参数名称 language 来指示区域设置。因此，任何 http://server/uri?language={locale} 格式的 URL 都会触发区域设置变更。
- 如果在任何 URL 末尾追加 language=en，那么会在会话期间使用 en 区域。如果在任何 URL 末尾追加 language=fr，那么会使用法语区域设置。

3. 配置 CookieLocaleResolver

我们将在下例中使用 CookieLocaleResolver。

```
<bean id="localeResolver"
 class="org.springframework.web.servlet.
 i18n.CookieLocaleResolver">
    <property name="defaultLocale" value="en" />
    <property name="cookieName" value="userLocaleCookie"/>
    <property name="cookieMaxAge" value="7200"/>
</bean>
```

需要注意的重要事项如下。

- `<property name="cookieName" value="userLocaleCookie"/>`：存储在浏览器中的 cookie 名称为 userLocaleCookie。
- `<property name="cookieMaxAge" value="7200"/>`：cookie 的使用期限为 2 小时（7200 秒）。
- 由于使用的是上一个示例中的 `LocaleChangeInterceptor`，因此，如果在任何 URL 末尾追加 language=en，那么会在 2 小时的期限内（或在更改区域设置之前）使用 en 区域设置。如果在任何 URL 末尾追加 language=fr，那么会在 2 小时内（或在更改区域设置之前）使用法语区域设置。

3.5.3 对 Spring 控制器进行集成测试

在前面讨论的流中，我们分析了如何使用真实的单元测试——那些仅加载所测试的特定控制器的测试。

另一种可能是加载整个 Spring 上下文，但是，这更像是集成测试，因为加载的是整个上下文。以下代码展示了如何完全启动 Spring 上下文，进而启动所有控制器。

```
@RunWith(SpringRunner.class)
@WebAppConfiguration
@ContextConfiguration("file:src/main/webapp/
WEB-INF/user-web-context.xml")
public class BasicControllerSpringConfigurationIT {
  private MockMvc mockMvc;
  @Autowired
  private WebApplicationContext wac;
  @Before
  public void setup() {
    this.mockMvc =
    MockMvcBuilders.webAppContextSetup
     (this.wac).build();
  }
   @Test
   public void basicTest() throws Exception {
    this.mockMvc
    .perform(
      get("/welcome")
      .accept(MediaType.parseMediaType
      ("application/html;charset=UTF-8")))
      .andExpect(status().isOk())
      .andExpect(content().string
      ("Welcome to Spring MVC"));
   }
 }
```

需要注意的重要事项如下。

- `@RunWith(SpringRunner.class)`:SpringRunner 有助于我们启动 Spring 上下文。
- `@WebAppConfiguration`:用于通过 Spring MVC 启动 Web 应用程序上下文。
- `@ContextConfiguration("file:src/main/webapp/WEB-INF/user-web-context.xml")`:指定 Spring 上下文 XML 的位置。
- `this.mockMvc = MockMvcBuilders.webAppContextSetup(this.wac).build()`:前面的示例使用的是独立设置,但此例希望启动整个 Web 应用程序,因此会使用 `webAppContextSetup`。
- 执行测试的过程与前面的测试非常相似。

3.5.4 提供静态资源

如今,大多数团队安排了独立团队来交付前端和后端内容。前端使用现代 JavaScript 框架开发,这些框架包括 AngularJs、Backbone 等;后端则通过 Web 应用程序或 REST 服务基于 Spring MVC 等框架构建。

由于前端框架不断发展,因此,找到适当的解决方案来交付前端静态内容并对其进行版本控制非常重要。

Spring MVC 框架提供的一些重要功能如下:

- 发布 Web 应用程序根目录文件夹中的静态内容;
- 启用缓存;
- 启用静态内容 GZip 压缩。

1. 发布静态内容

Web 应用程序通常包含大量静态内容。Spring MVC 提供了一些选项来发布 Web 应用程序根目录文件夹以及类路径位置上的静态内容。以下代码片段展示了如何以静态内容的形式发布 WAR 中的内容。

```
<mvc:resources
mapping="/resources/**"
location="/static-resources/"/>
```

需要注意的重要事项如下。

- `location="/static-resources/"`:此位置指定 WAR 或类路径中希望以静态内容发布的文件夹。在此例中,我们希望以静态内容发布 WAR 根目录中 static-resources 文件夹中的所有内容。可以指定多个以逗号分隔的值,发布面向外部的同一 URI 下的多个文件夹。
- `mapping="/resources/**"`:此映射指定面向外部的 URI 路径。因此,可以使用 /resources/app.css URI 访问 static-resources 文件夹中名为 app.css 的 CSS 文件。

同一配置的完整 Java 配置如下：

```java
@Configuration
@EnableWebMvc
public class WebConfig extends WebMvcConfigurerAdapter {
  @Override
  public void addResourceHandlers
 (ResourceHandlerRegistry registry) {
    registry
    .addResourceHandler("/static-resources/**")
    .addResourceLocations("/static-resources/");
  }
}
```

2. 缓存静态内容

可以启用缓存静态内容，以提高性能。浏览器会在指定时间期限内缓存所提供的资源。`cache-period` 属性或 `setCachePeriod` 方法可用于根据所使用配置的类型指定缓存时间间隔（秒）。以下代码片段展示了详细示例。

下面是 Java 配置。

```java
 registry
.addResourceHandler("/resources/**")
.addResourceLocations("/static-resources/")
.setCachePeriod(365 * 24 * 60 * 60);
```

下面是 XML 配置。

```xml
<mvc:resources
 mapping="/resources/**"
 location="/static-resources/"
 cache-period="365 * 24 * 60 * 60"/>
```

`Cache-Control: max-age={specified-max-age}` 响应标头会被发送到浏览器。

3. 启用静态内容 GZip 压缩

压缩响应是加快 Web 应用程序运行速度的一种简单方法。所有现代浏览器均支持 GZip 压缩。不必发送整个静态内容文件，可以通过响应发送压缩文件。浏览器会执行解压并使用静态内容。

浏览器可以通过请求标头表明它可以接受压缩内容。如果服务器支持，它就可以提供压缩内容——再次用响应标头标注。

浏览器发送的请求标头如下。

```
Accept-Encoding: gzip, deflate
```

Web 应用程序发送的响应标头如下。

```
Content-Encoding: gzip
```

以下代码片段展示了如何添加 Gzip 解析器来交付经过压缩的静态内容。

```
registry
  .addResourceHandler("/resources/**")
  .addResourceLocations("/static-resources/")
  .setCachePeriod(365 * 24 * 60 * 60)
  .resourceChain(true)
  .addResolver(new GzipResourceResolver())
  .addResolver(new PathResourceResolver());
```

需要注意的重要事项如下。

- resourceChain(true)：我们希望启用 Gzip 压缩，但如果请求的是整个文件，则希望回退为交付整个文件。因此，我们会使用资源链（资源解析器的链接）。
- addResolver(new PathResourceResolver())：PathResourceResolver：这是默认解析器。它根据配置的资源处理程序和位置执行解析操作。
- addResolver(new GzipResourceResolver())：GzipResourceResolver：这会应要求启用 Gzip 压缩。

3.5.5 集成 Spring MVC 与 Bootstrap

要在 Web 应用程序中使用 Bootstrap，一种方法是下载 JavaScript 和 CSS 文件，并使它们在各自文件夹中可用。不过这意味着每次推出新版本的 Bootstrap 时，都需要下载新版本并将它作为源代码的一部分。问题在于，是否有办法使用 Maven 等依赖管理工具引入 Bootstrap 或任何其他静态（JavaScript 或 CSS）库？

WebJars 可以解决这个问题。WebJars 是打包成 JAR 文件的 JS 或 CSS 库。可以使用 Java 构建工具（Maven 或 Gradle）下载这些库，并使它们对应用程序可用。最大的好处在于，WebJars 是解析传递依赖项（resolve transitive dependency）。

下面使用 Bootstrap WebJars 并将它包含在 Web 应用程序中，所需步骤如下。

- 添加 Bootstrap WebJars 作为 Maven 依赖项。
- 配置 Spring MVC 资源处理程序，以通过 WebJars 交付静态内容。
- 在 JSP 中使用 Bootstrap 资源（CSS 和 JavaScript）。

1. Bootstrap WebJars 作为 Maven 依赖项

将下面这段代码添加到 pom.xml 文件中。

```xml
<dependency>
  <groupId>org.webjars</groupId>
  <artifactId>bootstrap</artifactId>
  <version>3.3.6</version>
</dependency>
```

2. 配置 Spring MVC 资源处理程序以交付 WebJars 静态内容

这非常简单，需要在 Spring 上下文中添加以下映射。

```
<mvc:resources mapping="/webjars/**" location="/webjars/"/>
```

通过该配置，`ResourceHttpRequestHandler` 使 WebJars 中的内容可用作静态内容。

如有关静态内容的章节所述，如果需要缓存某些内容，可以专门将其缓存一段时间。

3. 在 JSP 中使用 Bootstrap 资源

可以在 JSP 中添加 Bootstrap 资源，就像它们是其他静态资源一样：

```
<script src=
 "webjars/bootstrap/3.3.6/js/bootstrap.min.js">
</script>
<link
 href="webjars/bootstrap/3.3.6/css/bootstrap.min.css"
 rel="stylesheet">
```

3.6 Spring Security

Web 应用程序的一个关键部分是身份验证和授权。身份验证指确定用户的身份，确认他是自己所声称的用户的过程；授权指检查用户是否有权执行特定的操作。授权指定了用户具有的访问权限。用户是否可以查看页面？用户是否可以编辑页面？用户是否可以删除页面？

最佳做法是在应用程序的每个页面实施身份验证和授权。应在向 Web 应用程序提出任何请求之前验证用户凭据和授权。

Spring Security 为 Java EE 企业级应用程序提供了全面的安全解决方案。虽然它完全支持基于 Spring（和基于 Spring MVC）的应用程序，但也可以与其他架构进行集成。

下面的列表详细介绍了 Spring Security 支持的一些身份验证机制。

- **基于表单的身份验证**：面向基本应用程序的简单集成机制。
- **LDAP**：通常用在大多数企业级应用程序中。
- **Java 身份验证和授权服务（JAAS）**：身份验证和授权标准；Java EE 标准规范的一部分。
- 容器托管的身份验证。
- 定制身份验证系统。

下面举例说明如何在简单的 Web 应用程序上启用 Spring Security。我们会使用内存中配置。

所需步骤如下。

(1) 添加 Spring Security 依赖项。

(2) 配置拦截所有请求。
(3) 配置 Spring Security。
(4) 添加注销功能。

3.6.1 添加 Spring Security 依赖项

首先将 Spring Security 依赖项添加到 pom.xml：

```xml
<dependency>
  <groupId>org.springframework.security</groupId>
  <artifactId>spring-security-web</artifactId>
</dependency>
<dependency>
  <groupId>org.springframework.security</groupId>
  <artifactId>spring-security-config</artifactId>
</dependency>
```

添加的依赖项为 `spring-security-web` 和 `spring-security-config`。

3.6.2 配置过滤器以拦截所有请求

实施安全功能时，最佳做法是验证所有传入请求。我们希望安全框架接收所有传入请求，对用户进行身份验证，并且只有在用户有所需权限时才允许其进行相关操作。我们会利用过滤器来拦截并验证请求。以下示例展示了更多详细信息。

需要配置 Spring Security，以拦截向 Web 应用程序提出的所有请求。我们会使用过滤器 `DelegatingFilterProxy`，该过滤器委托给 Spring 托管 bean `FilterChainProxy`：

```xml
<filter>
  <filter-name>springSecurityFilterChain</filter-name>
  <filter-class>
    org.springframework.web.filter.DelegatingFilterProxy
  </filter-class>
</filter>
<filter-mapping>
  <filter-name>springSecurityFilterChain</filter-name>
  <url-pattern>/*</url-pattern>
</filter-mapping>
```

现在，向 Web 应用程序提出的所有请求都将通过过滤器，但是，我们尚未配置任何与安全相关的功能。下面以一个简单的 Java 配置为例。

```java
@Configuration
@EnableWebSecurity
public class SecurityConfiguration extends
WebSecurityConfigurerAdapter {
  @Autowired
  public void configureGlobalSecurity
  (AuthenticationManagerBuilder auth) throws Exception {
    auth
```

```
      .inMemoryAuthentication()
      .withUser("firstuser").password("password1")
      .roles("USER", "ADMIN");
}
@Override
protected void configure(HttpSecurity http)
throws Exception {
  http
   .authorizeRequests()
   .antMatchers("/login").permitAll()
   .antMatchers("/*secure*/**")
   .access("hasRole('USER')")
   .and().formLogin();
  }
}
```

需要注意的重要事项如下。

- ❑ `@EnableWebSecurity`：此注解使任何配置类包含 Spring 配置定义。这个特例中改写了几个方法，以提供具体的 Spring MVC 配置。
- ❑ `WebSecurityConfigurerAdapter`：这个类提供了一个基类来创建 Spring 配置（`WebSecurityConfigurer`）。
- ❑ `protected void configure(HttpSecurity http)`：这个方法为不同的 URL 提供了安全需求。
- ❑ `antMatchers("/*secure*/**").access("hasRole('USER')")`：你需要 USER 角色来访问包含子字符串 secure 的任何 URL。
- ❑ `antMatchers("/login").permitAll()`：允许所有用户访问登录页面。
- ❑ `public void configureGlobalSecurity(AuthenticationManagerBuilder auth)`：此例中使用的是内存中身份验证。这可用于连接到数据库（`auth.jdbcAuthentication()`）、LDAP（`auth.ldapAuthentication()`），或定制身份验证提供程序（通过扩展 `AuthenticationProvider` 来创建）。
- ❑ `withUser("firstuser").password("password1")`：配置在内存中有效的用户 ID 和密码组合。
- ❑ `.roles("USER", "ADMIN")`：为用户分配角色。

尝试访问任何安全的 URL 时，我们会被重定向到登录页面。Spring Security 提供了一些途径来定制登录页面和重定向。只有拥有正确角色、通过身份验证的用户才能访问受到安全保护的应用程序页面。

3.6.3 注销

Spring Security 提供了一些功能，允许用户注销并重定向到指定页面。`LogoutController` 的 URI 通常映射到 UI 中的 Logout 链接。`LogoutController` 的完整代码清单如下：

```
@Controller
public class LogoutController {
  @RequestMapping(value = "/secure/logout",
  method = RequestMethod.GET)
  public String logout(HttpServletRequest request,
  HttpServletResponse response) {
    Authentication auth =
    SecurityContextHolder.getContext()
    .getAuthentication();
    if (auth != null) {
       new SecurityContextLogoutHandler()
      .logout(request, response, auth);
       request.getSession().invalidate();
    }
    return "redirect:/secure/welcome";
  }
}
```

需要注意的重要事项如下。

- `if (auth != null)`：如果身份验证有效，则结束会话。
- `new SecurityContextLogoutHandler().logout(request, response, auth)`：`SecurityContextLogoutHandler` 通过从 `SecurityContextHolder` 中删除身份验证信息来执行注销。
- `return "redirect:/secure/welcome"`：重定向到安全的欢迎页面。

3.7 小结

本章介绍了使用 Spring MVC 开发 Web 应用程序的基础知识，讨论了如何使用 Spring Security 实现异常处理、国际化以及确保应用程序的安全。

Spring MVC 还可用于构建 REST 服务。后续章节会讨论该话题以及更多与 REST 服务相关的内容。

下一章将介绍微服务。我们将尝试了解为什么整个世界都在密切关注微服务，还将说明应用程序做到"云原生"的重要性。

第 4 章 向微服务和云原生应用程序进化

在过去的 16 年中，Spring Framework 已发展为开发 Java 企业级应用程序的最常用框架之一。使用 Spring Framework 可以轻松开发松散耦合、可测试的应用程序。它简化了实现横切关注点的过程。

但是，与 16 年前相比，如今的世界发生了翻天覆地的变化。一段时间以来，应用程序发展成为单体应用，变得难以管理。由于存在这类问题，逐步出现了一些新的架构。近期出现的热门词语包括 RESTful 服务、微服务和云原生应用程序。

本章将首先回顾 Spring Framework 在过去 16 年里帮助解决的问题，然后梳理**单体应用**（monolithic application）的问题，并介绍小型、可独立部署的组件。

本章将探讨为什么整个世界正转向微服务和云原生应用程序，最后会介绍 Spring Framework 和 Spring 项目将如何进化以解决当前面临的问题。

本章涵盖以下话题。

- 基于 Spring 的典型应用程序的架构。
- Spring Framework 在过去 16 年里帮助解决的问题。
- 开发应用程序时的目标是什么？
- 单体应用面临哪些挑战？
- 什么是微服务？
- 微服务有哪些优势？
- 微服务面临哪些挑战？
- 有哪些好的做法有助于在云端部署微服务？
- 有哪些 Spring 项目可帮助我们开发微服务和云原生应用程序？

4.1 使用 Spring 的典型 Web 应用程序架构

过去 16 年中，Spring 一直是装配 Java 企业级应用程序的首选架构。这些应用程序采用分层架构，并使用面向切面编程来管理所有横切关注点。下图展示了使用 Spring 开发的 Web 应用程序的典型架构。

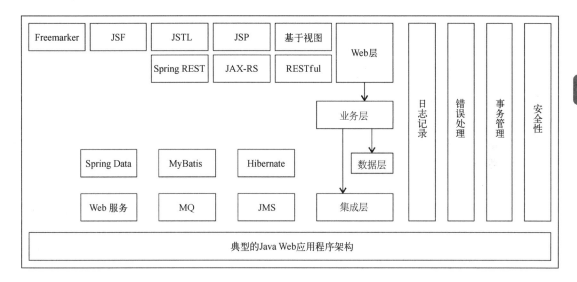

下面列出了此类应用程序中的典型层。我们将横切关注点作为一个单独层列出，但实际上，它们适用于所有层。

- **Web 层**：这一层通常负责控制 Web 应用程序流（控制器或前端控制器）并渲染视图。
- **业务层**：所有业务逻辑都是在这一层编写的。大多数应用程序从业务层开始进行事务管理。
- **数据层**：这一层负责检索 Java 对象中的数据并将它们持久化到数据库表中。此外，它还负责与数据库进行交互。
- **集成层**：应用程序需要通过队列或通过调用 Web 服务与其他应用程序交互。集成层负责与其他应用程序建立此类连接。
- **横切关注点**：这些是横跨不同层的关注点，如日志记录、安全性、事务管理等。由于 Spring IoC 容器负责管理 bean，它可以通过**面向切面编程（AOP）**将这些关注点织入 bean。

下面详细介绍每个层以及所使用的框架。

4.1.1 Web 层

Web 层取决于你希望如何向最终用户公开业务逻辑。它是 Web 应用程序，还是你正发布 RESTful Web 服务？

1. Web 应用程序——渲染 HTML 视图

这些 Web 应用程序使用 Web MVC 架构，如 Spring MVC 或 Struts。视图可以通过 JSP、JSF 或基于模板的框架（如 Freemarker）渲染出来。

2. RESTful 服务

可以通过以下两种常用方法开发 RESTful Web 服务。

- JAX-RS：REST 服务的 Java API。这是 Java EE 规范中的标准。Jersey 作为参考实现。
- Spring MVC 或 Spring REST：Restful 服务也可以使用 Spring MVC 开发。

Spring MVC 不实现 JAX-RS，因此操作起来比较棘手。JAX-RS 是一种 Java EE 标准，但是 Spring MVC 更具创新性，更有可能帮助你快速构建新功能。

4.1.2 业务层

业务层通常包含应用程序中的所有业务逻辑。在这一层中，Spring Framework 用于将 bean 装配在一起。

这一层也是开始事务管理的地方。事务管理可以使用 Spring AOP 或 AspectJ 来实现。16 年前，Enterprise Java Beans（EJB）是实现业务层最常用的方法。作为一种轻量级框架，Spring 现在是实现业务层的首选框架。

EJB3 比 EJB2 简单得多，但是 EJB3 似乎很难收复被 Spring 夺走的失地。

4.1.3 数据层

大多数应用程序需要与数据库交互。数据层负责将 Java 对象中的数据存储到数据库中，反过来也一样。构建数据层的最常用方法如下。

- JPA：Java Persistence API 可帮助在 Java 对象（POJO）与数据库表之间建立映射。Hibernate 是实现 JPA 的最常用方式之一。通常，所有事务型应用程序都首选 JPA。对批处理或报告应用程序来说，JPA 并非最佳选择。
- MyBatis：MyBatis（前身为 iBatis）是一个简单的数据映射框架。正如其网站所说：MyBatis 是一款优秀的持久层框架，它支持定制化 SQL、存储过程以及高级映射。MyBatis 避免了几乎所有的 JDBC 代码和手动设置参数以及获取结果集。经常使用 SQL 和存储过程的批处理和报告应用程序可以考虑选择 MyBatis。
- Spring JDBC：JDBC 和 Spring JDBC 已经不再常用。

第 8 章会详细介绍 JDBC、Spring JDBC、MyBatis 和 JPA 的优势和劣势。

4.1.4 集成层

通常，我们在集成层与其他应用程序进行交互。可能有其他应用程序通过 HTTP（Web）或 MQ 发布 SOAP 或 RESTful 服务。

- Spring JMS 常用于在队列或服务总线上发送或接收消息。
- Spring MVC `RestTemplate` 可用于调用 RESTful 服务。
- Spring WS 可用于调用基于 SOAP 的 Web 服务。
- Spring Integration 提供了更高级别的抽象层来构建企业级集成解决方案。通过在应用程序与集成代码之间清楚分离关注点，它实现了可测试性。它支持所有常用的企业集成模式。第 10 章会详细介绍 Spring Integration。

4.1.5 横切关注点

横切关注点指在应用程序多个层中通用的关注点，如日志记录、安全性和事务管理等。下面简要介绍这些关注点。

- 日志记录：可以使用面向切面编程（Spring AOP 或 AspectJ）在多个层上实现审计日志。
- 安全性：通常使用 Spring Security 架构来实现安全性。如上一章所述，Spring Security 可以非常轻松地实现安全性。
- 事务管理：Spring Framework 提供了一致的抽象层来进行事务管理。更重要的是，Spring Framework 全面支持声明式事务管理。Spring Framework 支持的一些事务 API 如下。
  - Java Transaction API（JTA）是一种事务管理标准，也是 Java EE 规范的一部分。
  - JDBC。
  - JPA（包括 Hibernate）。
- 错误处理：由于 Spring 提供的大多数抽象层使用未受检异常，因此，除非业务逻辑需要，否则在向客户（用户或其他应用程序）公开的层中实现错误处理就足够了。Spring MVC 通过 Controller Advice 在整个应用程序中实现一致的错误处理。

Spring Framework 在应用程序架构中扮演着重要角色。Spring IoC 用于将来自不同层的 bean 装配在一起。Spring AOP 用于将横切关注点织入 bean。Spring 还可全面集成不同层中的框架。

下一节将快速回顾 Spring 在过去的十几年中帮助解决的一些重要问题。

4.2 Spring 解决的问题

Spring 是用于装配 Java 企业级应用程序的首选框架。它解决了 Java 企业级应用程序由于与 EJB2 相关的复杂性而面临的一些问题。其中一些问题如下：

- 松散耦合和可测试性；
- 衔接代码；
- 轻量级架构；
- 架构灵活性；
- 简化横切关注点的实现过程；
- 免费的最佳设计模式。

4.2.1 松散耦合和可测试性

通过依赖注入，Spring实现了类之间的松散耦合。虽然长期来看，松散耦合有利于提高应用程序的可维护性，但它带来的第一个好处是可测试性。

在Spring之前，实现可测试性并非Java EE（当时称为J2EE）的专长。对EJB2进行测试的唯一方法，是在容器中运行它们。因此，对它们进行单元测试极其困难。

这正是Spring Framework旨在解决的问题。如前几章所述，如果使用Spring装配对象，就可以轻松地编写单元测试。可以轻松创建依赖项的存根或模拟对象，然后将它们装配到对象中。

4.2.2 衔接代码

20世纪90年代末和2005年左右的开发人员清楚地知道，为了通过JDBC执行简单的查询并在Java对象中填入结果，必须编写大量衔接代码。你必须执行**Java命名和目录接口（JNDI）**查询、建立连接并填入结果。这会导致重复代码。通常，每个方法中的异常处理代码都会重复出现问题，而且，这类问题并不仅限于JDBC。

Spring Framework解决的其中一个问题，是消除了所有衔接代码。有了Spring JDBC、Spring JMS和其他抽象技术，开发人员可以集中精力编写业务逻辑，因为Spring Framework处理了细节问题。

4.2.3 轻量级架构

使用EJB使应用程序变得复杂，但这种复杂程度并非对所有应用程序都有利。Spring提供了一个经过简化的轻量级架构来开发应用程序。如果需要分布式组件，可以在稍后再添加。

4.2.4 架构灵活性

Spring Framework用于在应用程序的不同层之间装配对象。它虽然越来越普及，但并未限制应用程序架构师和开发人员的灵活性或他们可选择的框架。下面提供了一些示例。

- Spring Framework 在 Web 层实现了极高的灵活性。如果希望使用 Struts 或 Struts 2，而不是 Spring MVC，也可以进行配置。你可以选择集成更广泛的视图和模板框架。
- 另一个范例是数据层，在这里，你可以连接 JPA、JDBC 和映射框架，如 MyBatis。

4.2.5 简化横切关注点的实现过程

使用 Spring Framework 来管理 bean 时，Spring IoC 容器将管理 bean 的整个生命周期——创建、使用、自动装配和销毁。它可以简化 bean 与其他功能（如横切关注点）的织入过程。

4.2.6 免费的设计模式

默认情况下，Spring Framework 支持使用大量设计模式。下面提供了一些示例。

- **依赖注入或控制反转**：这是 Spring Framework 支持的基本设计模式。它可以实现松散耦合和可测试性。
- **单例**：默认情况下，所有 Spring bean 均为单例 bean。
- **工厂模式**：使用 bean 工厂对 bean 进行实例化是工厂模式的典型示例。
- **前端控制器**：Spring MVC 将 `DispatcherServlet` 用作前端控制器。因此，在使用 Spring MVC 开发应用程序时，将采用前端控制器模式。
- **模板方法**：帮助我们避免样板代码。许多基于 Spring 的类——`JdbcTemplate` 和 `JmsTemplate`——实现了这种模式。

4.3 应用程序开发目标

在学习 REST 服务、微服务和云原生应用程序等概念之前，我们先来理解在开发应用程序时制定的一些共同目标。理解这些目标将有助于我们理解为什么应用程序正向微服务架构迁移。

首先，应该记住，软件行业还是一个相对年轻的行业。根据我 16 年来开发、设计和构建软件的经验，始终不变的一点是事物总是在持续变化。用户需求日益转变，技术也在不断进化。虽然可以尝试着预测未来，但我们的预测往往是错误的。

在软件开发的前几十年，我们做的其中一项工作是构建面向未来的软件系统。在准备满足未来需求的过程中，设计和架构变得愈加复杂。

过去 10 年中，随着**敏捷**（agile）和**极限编程**（extreme programming）的兴起，人们的关注点转向**精益**（lean）设计和构建足够强大的系统，同时遵循基本的设计原则。由此人们的关注点转向演进式设计。我们的思考过程如下：如果系统设计合理，可满足当前的需求，并且不断进化，经过全面测试，那么就可以轻松地对它进行重构，以满足未来的需求。

虽然不知道未来的发展方向，但我们清楚地知道，在开发应用程序时，我们的大多数目标并未改变。

对大部分应用程序来说，软件开发的主要目标可描述为**速度**、**安全性**和**可扩展性**。

下一节将详细说明每一个目标。

4.3.1 速度

满足新需求和交付创新的速度正日渐成为一种关键优势。迅速完成开发工作（编码和测试）是不够的，还要快速交付（到生产环境）。众所周知，世界上非常优秀的软件公司每天都会多次交付软件产品，将其投入生产。

技术和业务环境在不断变化。关键问题是，应用程序适应这些变化的速度有多快？下面详细说明了技术和业务环境面临的一些重要变化。

- 新编程语言
  - Go
  - Scala
  - Closure
- 新编程范式
  - 函数式编程
  - 反应式编程
- 新框架
- 新工具
  - 开发
  - 代码质量
  - 自动化测试
  - 部署
  - 容器化
- 新流程和做法
  - 敏捷
  - 测试驱动开发
  - 行为驱动开发
  - 持续集成
  - 持续交付
  - DevOps

- 新设备和新机会
  - 移动
  - 云

4.3.2 安全保障

如果没有安全保障，提高速度有什么用呢？有谁愿意驾驶一辆时速 300 英里[①]，但没有严密安全防护的汽车呢？

下面介绍安全的应用程序的一些特点。

1. 可靠性

可靠性评估应用程序功能的准确性。应提出的关键问题如下。

- 系统是否满足其功能要求？
- 在不同的发布阶段出现了多少缺陷？

2. 可用性

大多数面向客户的外部应用程序需要全天候可用。可用性评估应用程序对最终用户可用的时间百分比。

3. 安全性

应用程序和数据的安全性对企业的成功至关重要。为此，应有明确的程序进行身份验证（你是否是自己所声称的用户？）、授权（用户具有哪些访问权限？）和数据保护（接收或发送的数据是否准确？数据是否安全，并且未被未授权用户拦截？）。

第 6 章会详细介绍如何通过 Spring Security 确保安全性。

4. 性能

如果 Web 应用程序未在几秒内做出响应，该应用程序的用户很可能会感到失望。通常，性能是指系统在约定的时间内对指定数量的用户做出响应的能力。

5. 高弹性

随着应用程序的分散程度提高，发生故障的概率也随之增加。如果出现本地故障或中断，应用程序将如何响应？它能否提供基本的操作，而不会完全崩溃？

应用程序在出现意外故障时提供最低限度的服务水平的行为称为弹性。

[①] 1 英里约等于 1.7 千米。——编者注

随着越来越多的应用程序迁移到云端，应用程序的弹性水平变得愈加重要。

第 9 章和第 10 章会介绍如何使用 Spring Cloud 和 Spring Data Flow 构建高弹性的微服务。

4.3.3 可扩展性

可扩展性评估当可配置的资源纵向扩展时，应用程序会如何响应。如果应用程序在给定基础架构内可支持 10 000 名用户，那么，当基础架构的规模翻倍时，它能够至少支持 20 000 名用户吗？

在云端，应用程序的可扩展性更加重要。人们很难预测，一家创业公司会取得多大成功。在创立之初，人们可能没有想到，Twitter 或 Facebook 会取得如此巨大的成功。在很大程度上，他们的成功取决于他们如何适应用户群体的多倍增长，同时不影响性能。

第 9 章和第 10 章会讨论如何使用 Spring Cloud 和 Spring Data Flow 构建可扩展的微服务。

4.4 单体应用面临的挑战

过去几年中，在使用一些小型应用程序的同时，我有机会运行了 4 个来自不同领域（保险、银行和医疗保健）的单体应用。所有这些应用程序都面临非常相似的挑战。这一节将首先分析单体应用的特点，然后介绍它们带来的挑战。

首先，什么是单体应用？是指包含大量代码（可能超过 10 万行代码）的应用程序吗？是的。

对我来说，单体应用指那些发布到生产环境是一项巨大挑战的应用程序。这种类型的应用程序需要立即满足大量用户需求，但它们每隔几个月才发布一次新功能。其中一些应用程序甚至一季度才推出一次新功能，有时甚至半年都不发布新功能。

通常，所有单体应用都有以下特点。

- **大规模**：大多数这类应用包含 10 万行以上的代码。一些应用程序的代码库甚至有超过 100 万行的代码。
- **大型团队**：团队的规模在 20~300 人。
- **以多种方式做同一件事**：由于团队规模庞大，因此存在沟通障碍。这导致在应用程序的不同部分开发多个解决方案来解决相同的问题。
- **缺乏自动化测试**：大多数这类应用程序极少进行单元测试，并且完全不执行集成测试。这些应用程序在很大程度上依赖手动测试。

由于上述特点，这些单体应用都面临着诸多挑战。

4.4.1 漫长的发布周期

更改单体应用某个部分的代码可能会影响其他部分。大多数代码变更需要一个完整的回归周期,这导致需要很长时间才能完成发布周期。

由于缺乏自动化测试,这类应用程序依赖于手动测试来查找缺陷。因此,即使实现功能也面临巨大挑战。

4.4.2 难以扩展

通常,大多数单体应用并非云原生应用,这意味着很难将它们部署到云端。它们依赖于手动安装和手动配置。在将新应用程序实例添加到集群中之前,运营团队往往需要做大量工作。这导致向上和向下扩展都会面临巨大挑战。

同时,大型数据库会带来另一个重大挑战。一般情况下,单体应用运行着存储容量高达数万亿字节(TB)的数据库。进行向上扩展时,数据库就成为了瓶颈。

4.4.3 适应新技术

大多数单体应用采用的是过时的技术。在单体应用中添加新技术只会提高维护复杂性。因此,架构师和开发人员不愿意采用任何新技术。

4.4.4 适应新方法

新方法(如**敏捷方法**)需要小型(4~7名团队成员)独立团队来运行。单体应用面临的重大问题包括:如何避免团队之间相互制约,如何建立使团队独立工作的氛围?这些都是急需解决的难题。

4.4.5 适应现代化开发实践

测试驱动开发(TDD)和**行为驱动开发**(BDD)等现代化开发实践需要松散耦合、可测试的架构。如果单体应用包含紧密耦合的层和框架,就很难进行单元测试。因此,适应现代化开发实践也是一种挑战。

4.5 了解微服务

由于单体应用面临诸多挑战,于是,企业开始寄希望于银弹。如何更频繁地推出新功能呢?许多企业尝试通过采用不同的架构和做法来找到解决方案。

近几年，所有成功找到解决方案的企业都开始采用一种通用模式。由此，一种称为**微服务架构**（microservices architecture）的架构风格应运而生。

Sam Newman 在《微服务设计》①一书中写道：许多企业发现，通过采用细粒度的微服务架构，他们可以更快地交付软件并适应新技术。

4.5.1 什么是微服务

我赞同的一个软件开发原则是**尽量精简**（keep it small）。这个原则几乎适用于我们讨论的任何话题——变量的作用域，以及方法、类、包或组件的大小。我们希望所有这些要素都尽可能地精简。

微服务就是这个原则的简单延伸。它是一种专注于构建基于能力、可独立部署的小型服务的架构风格。

关于微服务，并不存在公认的单一定义。下面是一些常见的定义：

"微服务是指协作式的小型自主服务。"

——Sam Newman，Thoughtworks

"微服务是采用界限上下文、松散耦合、面向服务的架构。"

——Adrian Cockcroft，Battery Ventures

"微服务是一种作用范围有限、可独立部署的组件，它通过基于消息的通信实现互操作。微服务架构是一种高度自动化、可进化的软件系统（由能力一致的微服务构成）的设计模式。"

——Irakli Nadareishvili，Ronnie Mitra，Matt McLarty，*Microservice Architecture*

虽然没有公认的定义，但所有的微服务定义都有一些共同的特点。在介绍微服务的特点前，我们将试着介绍基本概况——对不包含微服务的架构与使用微服务的架构进行比较。

4.5.2 微服务架构

单体应用，即使是那些模块化的单体应用，都有单一可部署单元。下图展示了一个单体应用示例，它有 3 个模块——模块 1、模块 2 和模块 3。这些模块可以作为单体应用的一部分提供业务能力。在购物应用程序中，其中一个模块可能用于推荐产品。

---

① 此书已由人民邮电出版社出版，详见 https://www.ituring.com.cn/book/1573。——编者注

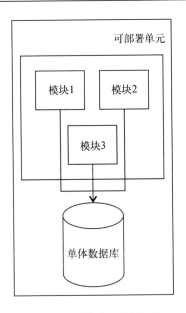

下图展示了使用微服务架构开发前面的单体应用的情形。

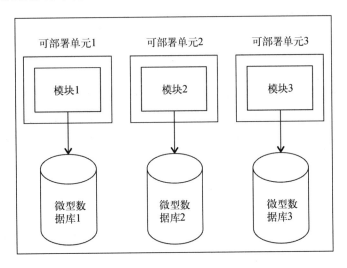

需要注意的重要事项如下。

- 根据业务能力识别模块。也就是说，模块提供了哪种功能。
- 每个模块都独立部署。在下面的示例中，模块1、模块2和模块3属于独立的可部署单元。如果模块3的业务功能发生变化，可以单独构建并部署模块3。

4.5.3 微服务的特点

上一节提供了一个微服务架构示例。成功采用微服务架构风格的企业获取的经验表明,微服务团队和架构有一些共同的特点。下面介绍其中一些特点,如下图所示。

1. 小型轻量级微服务

有效的微服务提供了业务能力。理想情况下,微服务应遵循**单一职责原则**(single responsibility principle)。因此,一般情况下,微服务的规模较小。通常,我采用的经验法则是,应该可以在5分钟内构建和部署微服务。如果构建和部署微服务花费了更多时间,那么你构建的微服务的规模很可能比建议的规模要大。

小型轻量级微服务的一些示例如下:

- 产品推荐服务
- 电子邮件通知服务
- 购物车服务

2. 与基于消息的通信进行互操作

微服务的关键是互操作性——使用各种技术在系统间进行通信。实现互操作的最佳途径是使用基于消息的通信。

3. 能力一致的微服务

微服务具有清晰的边界至关重要。通常,每个微服务都能非常高效地提供一种业务能力。一些团队已成功采用了 Eric Evans 在《领域驱动设计》[①]一书中提出的"界限上下文"概念。

基本上，对大型系统来说，创建领域模型很难。Evans 介绍了如何将系统划分为不同的界限上下文。确定适当的界限上下文是微服务架构成功的关键。

4. 可独立部署的单元

每个微服务都可以单独构建和部署。在上面讨论的示例中，模块 1、模块 2 和模块 3 都可以独立构建和部署。

5. 无状态

理想的微服务没有状态，不会在请求之间存储任何信息。创建响应所需的所有信息均存放在请求中。

6. 自动化构建和发布流程

微服务采用自动化构建和发布流程。下图展示了一个简单的微服务构建和发布流程。

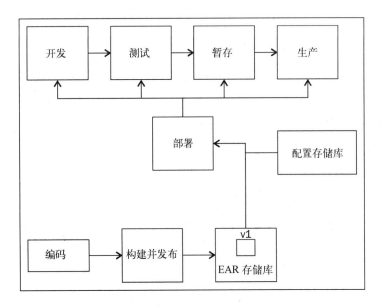

构建并发布微服务时，某个版本的微服务是保存在存储库中的。部署工具能够从存储库中选择适当版本的微服务，将它与特定环境所需的配置（来自配置存储库）进行匹配，然后将微服务部署到该环境。

一些团队则更进一步，将微服务包与运行微服务所需的底层基础架构组合起来。部署工具将

---

① 此书已由人民邮电出版社出版，详见 https://www.ituring.com.cn/book/106。——编者注

复制此映像,并将它与特定于环境的配置相匹配,以创建某个环境。

7. 事件驱动的架构

通常,用户使用事件驱动的架构来构建微服务。下面来看一个简单示例。任何时候有新客户注册,都需要执行3项操作:

- 将客户信息存储到数据库;
- 邮寄欢迎套件;
- 发送电子邮件通知。

下面来看设计此微服务的两种方法。

- **方法1——顺序法**

我们考虑设计3个服务——`CustomerInformationService`、`MailService`和`EmailService`,它们可以执行上述功能。可以通过以下步骤创建`NewCustomerService`。

(1) 调用`CustomerInformationService`将客户信息保存到数据库。
(2) 调用`MailService`邮寄欢迎套件。
(3) 调用`EmailService`发送电子邮件通知。

`NewCustomerService`将作为执行所有业务逻辑的中央位置。想想如果在创建新客户时需要执行更多操作,会出现什么情况。所有逻辑将开始累积,使`NewCustomerService`变得臃肿庞大。

- **方法2——事件驱动的方法**

在这个方法中,我们将用到消息代理。`NewCustomerService`将创建一个新事件,并将其发送给消息代理。下图简要展示了整个过程。

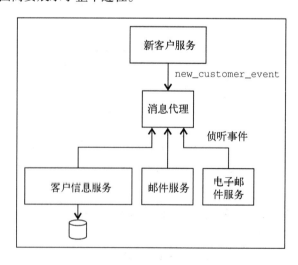

3 个服务——`CustomerInformationService`、`MailService` 和 `EmailService`——将侦听消息代理中的新事件。发现新客户事件时，它们会处理此事件，并执行该服务的功能。

事件驱动方法的主要优势在于，并没有中央位置来管理所有业务逻辑。可以更轻松地添加新功能。可以创建一个新服务来侦听消息代理中的事件。另外，需要注意的是不需要对现有服务做出任何更改。

8. 独立团队

通常，微服务由独立的团队开发。该团队掌握开发、测试和部署微服务所需的各种技能。此外，它还负责在生产环境中为微服务提供支持。

4.5.4 微服务的优势

微服务有一些优势。它们有助于紧跟技术发展趋势，更快地向客户提供解决方案。

1. 更快上市

更快上市是确定企业是否成功的关键因素之一。

微服务架构包括创建可独立部署的小型组件。由于每个微服务都专注于提供一项业务能力，因此，你可以更轻松、更高效地增强微服务的功能。整个过程中的所有步骤——构建、发布、部署、测试、配置管理和监视——都将自动完成。由于微服务设定了职责边界，因此可以编写出强大的自动化单元和集成测试。

所有这些因素都有助于应用程序更快地响应客户需求。

2. 技术进化

新的语言、框架、做法和自动化功能不断地涌现。应用程序架构应具有灵活性，能够适应新的技术趋势，这很重要。下图说明了如何用不同的技术来开发各种服务。

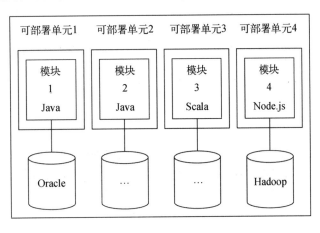

微服务架构需要创建小型服务。在某些边界内，大多数企业向各个团队授予了权限，使他们可以做出某些技术决策。在此基础上，这些团队就可以尝试新技术，从而更快开展创新。这有助于应用程序采用新技术，并紧跟技术发展趋势。

3. 可用性和扩展性

通常，应用程序的不同组件所承担的工作量也截然不同。例如，就航班预订应用程序来说，在决定是否预订航班前，客户往往进行多次搜索。这时，搜索模块的工作量就要比预订模块大许多倍。微服务架构提供了所需的灵活性，以便设置多个搜索服务实例，同时设置少数预订服务实例。

下图说明了如何根据工作量对特定微服务进行纵向扩展。

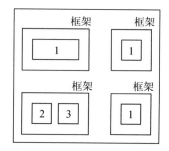

微服务 2 和微服务 3 共用一个框架（部署环境）。由于工作量更大，微服务 1 被部署到多个框架中。

创业公司的需求提供了另一个示例。在开始运营时，这类公司通常无法预料自己将来的发展规模。如果应用程序需求以极快的速度增长，会出现什么情况呢？因此，采用微服务架构将有助于它们在需求增长时更有效地扩展。

4. 团队动态

敏捷开发等开发方法提倡组建小型独立团队。因为微服务本身规模较小，所以可以围绕它们组建小型团队。这些团队属于跨职能团队，对特定微服务拥有端到端所有权。

微服务架构非常适合采用敏捷和其他现代开发方法。

4.5.5 微服务面临的挑战

微服务架构拥有显著的优势，但是，它们也面临着重大的挑战。确定微服务的边界不仅是一项挑战，而且也是一项重大决策。由于微服务规模较小，并且大型企业通常会构建数百个微服务，因此，提高自动化程度和可见性至关重要。

1. 自动化需求日益增长

使用微服务架构时，会将大型应用程序划分为多个微服务，这时，内部版本的数量、发布和部署工作量会成倍增加。手动执行这些步骤的效率极低。

因此，测试自动化对加快上市至关重要。团队应集中精力发现并把握自动化的机会。

2. 定义子系统的边界

微服务应实现智能化。它们不是功能弱化的 CRUD 服务；它们应塑造系统的业务能力；它们拥有界限上下文中的所有业务逻辑。尽管如此，微服务的规模不能太大。确定微服务的边界并非易事。首先，发现正确的边界可能很难。随着团队进一步加深对业务环境的了解，他们应该确定微服务架构和新的边界，这很重要。一般来说，为微服务确定适当的边界是一个渐进的过程。

需要注意的重要事项如下。

- 松散耦合与高度内聚是所有编程和架构决策的关键要素。如果系统是松散耦合的，在更改一个组件时，就不需要更改其他组件。
- 界限上下文代表提供特定业务能力的自主业务模块。

Sam Newman 在《微服务设计》一书中指出"明确的边界有助于实施具体的职责"。
应始终考虑："我们将为领域的其他部分提供哪些功能？"

3. 可见性和监视

使用微服务时，一个应用程序将划分为数个微服务。为了降低与多个微服务和基于异步事件的协作关联的复杂性，必须增强可见性。

确保高可用性意味着应监视每个微服务。这时，就需要自动管理微服务的运行状况。

解决问题需要了解多个服务背后发生了哪些事件。通常，需要汇总不同微服务中的日志和度量，采用集中式日志管理。同时，需要使用关联 ID（correlation ID）之类的机制来隔离并解决各种问题。

4. 容错

假设我们在构建一个购物应用程序。如果推荐产品的微服务中断，会出现什么情况呢？应用程序会如何响应？它会完全崩溃吗？或者，它会允许客户购物吗？在我们采用微服务架构时，这些情况会更加频繁地出现。

在我们减小服务规模的同时，服务的中断概率随之增加。这时，应用程序如何响应这类情况就成为一个重要问题。在上例中，具有容错能力的应用程序将推荐某些默认产品，并允许客户购物。

在我转向微服务架构时,应提高应用程序的容错能力。在服务中断时,应用程序应能够采取协调机制。

5. 最终一致性

企业的微服务之间必须保持相当程度的一致性。微服务之间的一致性有助于在企业范围内采用类似的开发、测试、发布、部署和运营流程。这样,不同开发人员和测试人员就可以在跨团队工作时保持高效率。工作方式不应过于死板僵化,应在实施限制的同时提供一定的灵活性,以免遏制创新,这一点很重要。

- **共享功能(企业级)**

下面来看一些必须在企业级别实现标准化的功能。

- **硬件**:使用哪些硬件?使用云服务吗?
- **代码管理**:使用哪种版本控制系统?在代码分支和提交代码方面,我们做了什么?
- **构建和部署**:如何构建服务?使用哪些工具来实现部署自动化?
- **数据存储**:使用哪种数据存储?
- **服务编排**:如何编排服务?使用哪种消息代理?
- **安全性与身份管理**:如何进行身份验证并为用户和服务提供授权?
- **系统可见性和监视**:如何监视服务?如何在系统范围内提供故障隔离?

6. 运营团队的需求增加

在转向微服务时,运营团队的职责发生了明显转变。他们的职责由发布和部署等手动任务转向发现自动化机会。

由于部署了多个微服务,且系统不同组件之间的通信不断增加,运营团队变得重要起来。从初始阶段就将运营作为团队工作的一部分是很重要的,这样他们可以确定运营方案,从而使操作更容易。

4.6 云原生应用程序

云正在颠覆整个世界。它实现了许多以前根本无法实现的可能性。企业能够按需提供计算、网络和存储设备。在许多行业,这为降低成本创造了机会。

以零售业为例,该行业具有多个高需求阶段(黑色星期五、假日季等)。既然可以按需提供,那他们为什么要一整年都支付硬件成本呢?

虽然我们可以从云实现的可能性中受益,但是这些可能性由于架构和应用程序的性质而受到限制。

如何构建可以轻松部署到云端的应用程序呢？云原生应用程序应运而生。

云原生应用程序指那些可以轻松部署到云端的应用程序。这些应用程序有一些共同的特点。下面先来介绍 Twelve-Factor App——云原生应用程序采用的通用模式组合。

Twelve-Factor App

Twelve-Factor App 基于 Heroku 平台上的工程师的经验发展而来。它列出了云原生应用程序架构所采用的一组模式。

需要注意的是，这里的应用程序指可部署的单一单元。基本上，每个微服务都是一个应用程序（因为它们都可以独立部署）。

1. 维护一份基准代码

每个应用程序都有一份执行版本控制的基准代码。可能存在多个可部署应用程序的环境。但是，所有这些环境都使用单一基准代码库中的代码。一种反模式是通过多个代码库构建一个可部署的应用程序。

2. 依赖项

必须显式声明并隔离所有依赖项。典型的 Java 应用程序使用 Maven 和 Gradle 等构建管理工具来隔离并跟踪依赖项。

下图说明了典型的 Java 应用程序如何使用 Maven 来管理依赖项。

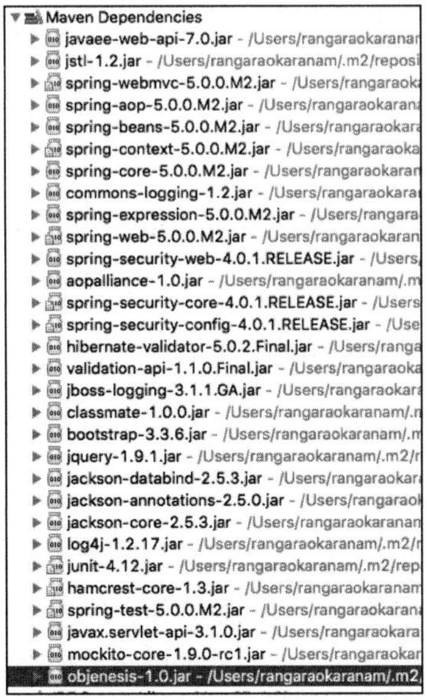

下图展示了为 Java 应用程序管理依赖项的 pom.xml。

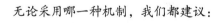

3. 配置

应用程序的配置因环境而异。配置位于多个位置，包括应用程序代码、属性文件、数据库、环境变量、JNDI 和系统变量等。

- **Twelve-Factor App**

应将配置存储在环境中。虽然建议通过环境变量来管理 Twelve-Factor App 中的配置，但更加复杂的系统应考虑其他替代方案，如使用集中式存储库来保存应用程序配置。

 无论采用哪一种机制，我们都建议：
在应用程序代码以外管理配置（独立于应用程序的可部署单元）；
使用标准化配置。

4. 后端服务

应用程序依赖于其他可用的服务，如数据存储和外部服务等。Twelve-Factor App 将后端服务视为附加资源。一般情况下，后端服务是通过外部配置声明的。

采用松散耦合的后端服务拥有诸多优势，包括能够妥善处理后端服务中断。

5. 构建、发布、运行

下面介绍构建、发布和运行阶段。应该清楚地区分这 3 个阶段。

- 构建：通过代码创建可执行的捆绑包（EAR、WAR 或 JAR），以及可部署到多个环境的依赖项。
- 发布：将可执行捆绑包与特定环境配置相结合，以部署到相应环境中。
- 运行：在使用特定版本的执行环境中运行应用程序。

下图重点介绍了构建和发布阶段。

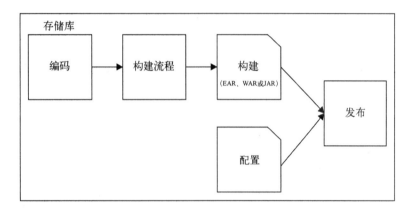

一种反模式是构建特定于每个环境的独立可执行捆绑包。

6. 无状态

Twelve-Factor App 没有状态。所需的所有数据都存储在持久性存储器中。

粘性会话是一种反模式。

7. 端口绑定

Twelve-Factor App 使用端口绑定公布所有服务。虽然可以通过其他机制来公布服务，但这些机制应视具体的实现而定。无论应用程序部署到什么地方，都可以通过端口绑定全面控制消息的接收和处理方式。

8. 并发

Twelve-Factor App 能够通过横向扩展提高并发性。纵向扩展存在一些限制。横向扩展提供了无限扩展机会。

9. 易弃置

Twelve-Factor App 应促进弹性扩展。因此,它们应易于弃置。它们可以根据需要启动和停止。

Twelve-Factor App 应具备以下特征:

- 有最短启动时间,启动时间较长意味着应用程序在接受请求前有较长延迟;
- 可正常关闭;
- 妥善处理硬件故障。

10. 环境奇偶校验

所有环境——开发、测试、暂存和生产——应相似。它们应采用相同的流程和工具。通过持续部署,它们应经常保持类似的代码。这有助于更轻松地查明并解决问题。

11. 日志即事件流

对 Twelve-Factor App 来说,可见性至关重要。由于应用程序部署在云端并且自动扩展,因此,你必须全面了解不同应用程序实例上发生的事件。

将所有日志视为事件流有助于将日志流传送到不同目标位置,以便查看和归档。这类流可用于调试问题、执行分析以及根据错误模式创建警报系统。

12. 不区分管理进程

Twelve-Factor App 处理管理任务(迁移、脚本)的方式与处理普通应用程序进程类似。

4.7 Spring 项目

随着云原生应用程序和微服务日渐普及,Spring 项目也开始受到欢迎。一些新出现的 Spring 项目,如 Spring Boot、Spring Cloud 等,有助于解决新兴领域的问题。

4.7.1 Spring Boot

在单体应用时代,可以花时间为应用程序设置框架,但是,在微服务时代,需要更快地创建各个组件。Spring Boot 项目旨在解决这个问题。

> 如官网所述,使用 Spring Boot,你可以轻松创建可直接运行、独立、基于 Spring 的生产级应用程序。我们提供了一组固定的 Spring 平台和第三方库设置,以便你轻松构建应用程序。

Spring Boot 旨在以固有方式来开发基于 Spring 的项目——基本上,它为你做出了一些决定。

后面几章将介绍 Spring Boot 以及可以帮助我们更快地创建生产级应用程序的不同功能。

4.7.2 Spring Cloud

Spring Cloud 旨在为在云端构建系统时常见的一些模式提供解决方案。

- **配置管理**：如 4.6 节所述，管理配置是开发云原生应用程序时的一项重要工作。Spring Cloud 为微服务提供了集中式配置管理解决方案——Spring Cloud Config。
- **服务发现**：服务发现强化了服务之间的松散耦合。Spring Cloud 集成了一些常用的服务发现选项，如 Eureka、ZooKeeper 和 Consul。
- **熔断机制**：云原生应用程序必须有容错能力。它们应能够妥善处理后端服务故障。出现故障时，熔断机制在提供默认的最低限度服务方面发挥了关键作用。Spring Cloud 集成了 Netflix Hystrix 容错库。
- **API 网关**：API 网关提供了集中式聚合、路由和缓存服务。Spring Cloud 集成了 API 网关库 Netflix Zuul。

4.8 小结

本章介绍了整个世界如何向微服务和云原生应用程序进化。我们了解了 Spring Framework 和 Spring 项目如何进行进化，以通过 Spring Boot、Spring Cloud 和 Spring Data 等项目来满足当前的需求。

下一章将重点介绍 Spring Boot。我们将看看 Spring Boot 如何帮助简化微服务开发。

第 5 章 使用 Spring Boot 构建微服务

如上一章所述，我们正转向采用小型、可独立部署的微服务架构。这意味着会有大量小型微服务被开发出来。

一个重要后果是，我们需要能够快速起步并使用新组件运行服务。

Spring Boot 旨在解决使用新组件快速运行服务的问题。本章将首先介绍 Spring Boot 提供的功能，并回答以下问题。

- 为什么选择 Spring Boot？
- Spring Boot 提供了哪些功能？
- 什么是自动配置？
- Spring Boot 不支持哪些功能？
- 使用 Spring Boot 时，后台会发生什么？
- 如何使用 Spring Initializr 创建新的 Spring Boot 项目？
- 如何使用 Spring Boot 创建基本的 RESTful 服务？

5.1 什么是 Spring Boot

首先，我们来澄清一些对 Spring Boot 的误解。

- Spring Boot 不是一个生成代码的框架，它也不生成任何代码。
- Spring Boot 既不是应用程序服务器，也不是 Web 服务器。它可以很好地集成不同类型的应用程序和 Web 服务器。
- Spring Boot 不实现任何特定的框架或规范。

以下问题仍然存在。

- 什么是 Spring Boot？
- 它为什么在近几年变得如此流行？

要回答这些问题，我们来看一个简单的示例———一个你希望作为原型的应用程序。

5.1.1 快速构建微服务器原型

假设我们希望使用 Spring MVC 构建一个微服务，并使用 JPA（通过 Hibernate 实现）连接到数据库。

设置这样的应用程序需要以下步骤。

(1) 确定要使用的 Spring MVC、JPA 和 Hibernate 版本。
(2) 设置 Spring 上下文并将所有不同的层装配在一起。
(3) 使用 Spring MVC（包括 Spring MVC 配置）设置 Web 层：为 `DispatcherServlet`、处理程序、解析器、视图解析器等配置 bean。
(4) 在数据层中设置 Hibernate：为 `SessionFactory`、数据源等配置 bean。
(5) 确定如何存储应用程序配置并实现此目标，具体因环境而异。
(6) 确定如何进行单元测试。
(7) 确定事务管理策略并实现此策略。
(8) 确定如何实施安全性并实现此目标。
(9) 设置日志记录框架。
(10) 确定如何在生产环境中监视应用程序并实现此目标。
(11) 确定并实现度量管理系统，以提供有关应用程序的统计数据。
(12) 确定如何将应用程序部署到 Web 或应用程序服务器，并实现此目标。

在开始构建业务逻辑前，必须至少完成上面提到的一些步骤。这可能至少需要几周时间。

构建微服务时，我们希望快速开始。考虑到要执行上述所有步骤，因此，构建微服务并非易事。这正是 Spring Boot 希望解决的问题。

以下内容摘自 Spring Boot 网站：

  使用 Spring Boot，可以轻松创建可"直接运行"的、独立的、基于 Spring 的生产级应用程序。我们提供了一组固定的 Spring 平台和第三方库设置，以便轻松构建应用程序。大多数 Spring Boot 应用程序只需要很少的 Spring 配置。

Spring Boot 使开发人员能够专注于编写微服务背后的业务逻辑。它负责在开发微服务的过程中处理技术细节。

5.1.2 主要目标

使用 Spring Boot 的主要目标如下。

- 使用基于 Spring 的项目快速开始构建微服务。
- 采用固定设置。基于常见用法做出默认假设，并提供配置选项来处理偏离默认设置的情况。

- 开箱即提供一系列非功能性特性。
- 不生成代码并避免大量使用 XML 配置。

5.1.3 非功能性特性

Spring Boot 提供的一些非功能性特性如下。

- 默认对一系列框架、服务器和规范进行版本控制并提供配置。
- 默认应用程序安全选项。
- 默认应用程序度量（可进行扩展）。
- 使用运行状况检查执行基本的应用程序监视功能。
- 多种配置外部化选项。

5.2 Spring Boot Hello World

本章会构建第一个 Spring Boot 应用程序。我们会使用 Maven 来管理依赖项。

构建 Spring Boot 应用程序包括以下步骤。

(1) 在 pom.xml 文件中配置 `spring-boot-starter-parent`。
(2) 用所需的 starter 项目配置 pom.xml 文件。
(3) 配置 `spring-boot-maven-plugin` 以运行应用程序。
(4) 创建第一个 Spring Boot 启动类。

下面开始第(1)步：配置 starter 项目。

5.2.1 配置 `spring-boot-starter-parent`

首先来看一个包含 `spring-boot-starter-parent` 的简单 pom.xml 文件：

```xml
<project xmlns="http://maven.apache.org/POM/4.0.0"
 xmlns:xsi="http://www.w3.org/2001/XMLSchema-instance"
 xsi:schemaLocation="http://maven.apache.org/POM/4.0.0
 http://maven.apache.org/xsd/maven-4.0.0.xsd">
<modelVersion>4.0.0</modelVersion>
<groupId>com.mastering.spring</groupId>
<artifactId>springboot-example</artifactId>
<version>0.0.1-SNAPSHOT</version>
<name>First Spring Boot Example</name>
<packaging>war</packaging>
<parent>
  <groupId>org.springframework.boot</groupId>
  <artifactId>spring-boot-starter-parent</artifactId>
  <version>2.0.0.M1</version>
</parent>
```

```xml
<properties>
  <java.version>1.8</java.version>
</properties>
   <repositories>
    <repository>
      <id>spring-milestones</id>
      <name>Spring Milestones</name>
      <url>https://repo.spring.io/milestone</url>
      <snapshots>
        <enabled>false</enabled>
      </snapshots>
    </repository>
   </repositories>

   <pluginRepositories>
    <pluginRepository>
      <id>spring-milestones</id>
      <name>Spring Milestones</name>
      <url>https://repo.spring.io/milestone</url>
      <snapshots>
        <enabled>false</enabled>
      </snapshots>
    </pluginRepository>
   </pluginRepositories>

</project>
```

问题在于，为什么需要 spring-boot-starter-parent？

spring-boot-starter-parent 依赖项包含要使用的默认 Java 版本、Spring Boot 使用的依赖项的默认版本，以及 Maven 插件的默认配置。

 spring-boot-starter-parent 依赖项是一个父级 POM，它为基于 Spring Boot 的应用程序提供了依赖项和插件管理。

下面来看 spring-boot-starter-parent 中的一些代码，以深入了解 spring-boot-starter-parent。

spring-boot-starter-parent

spring-boot-starter-parent 依赖项继承自 spring-boot-dependencies，该依赖项在 POM 的顶部定义。以下代码片段摘自 spring-boot-starter-parent。

```xml
<parent>
  <groupId>org.springframework.boot</groupId>
  <artifactId>spring-boot-dependencies</artifactId>
  <version>2.0.0.M1</version>
  <relativePath>../../spring-boot-dependencies</relativePath>
</parent>
```

spring-boot-dependencies 为 Spring Boot 使用的所有依赖项提供了默认依赖项管理。

以下代码展示了在 spring-boot-dependencies 中配置的各种不同版本的依赖项。

```
<activemq.version>5.13.4</activemq.version>
<aspectj.version>1.8.9</aspectj.version>
<ehcache.version>2.10.2.2.21</ehcache.version>
<elasticsearch.version>2.3.4</elasticsearch.version>
<gson.version>2.7</gson.version>
<h2.version>1.4.192</h2.version>
<hazelcast.version>3.6.4</hazelcast.version>
<hibernate.version>5.0.9.Final</hibernate.version>
<hibernate-validator.version>5.2.4.Final</hibernate-
   validator.version>
<hsqldb.version>2.3.3</hsqldb.version>
<htmlunit.version>2.21</htmlunit.version>
<jackson.version>2.8.1</jackson.version>
<jersey.version>2.23.1</jersey.version>
<jetty.version>9.3.11.v20160721</jetty.version>
<junit.version>4.12</junit.version>
<mockito.version>1.10.19</mockito.version>
<selenium.version>2.53.1</selenium.version>
<servlet-api.version>3.1.0</servlet-api.version>
<spring.version>4.3.2.RELEASE</spring.version>
<spring-amqp.version>1.6.1.RELEASE</spring-amqp.version>
<spring-batch.version>3.0.7.RELEASE</spring-batch.version>
<spring-data-releasetrain.version>Hopper-SR2</spring-
   data-releasetrain.version>
<spring-hateoas.version>0.20.0.RELEASE</spring-hateoas.version>
<spring-restdocs.version>1.1.1.RELEASE</spring-restdocs.version>
<spring-security.version>4.1.1.RELEASE</spring-security.version>
<spring-session.version>1.2.1.RELEASE</spring-session.version>
<spring-ws.version>2.3.0.RELEASE</spring-ws.version>
<thymeleaf.version>2.1.5.RELEASE</thymeleaf.version>
<tomcat.version>8.5.4</tomcat.version>
<xml-apis.version>1.4.01</xml-apis.version>
```

如果要改写特定版本的依赖项，可以在应用程序的 pom.xml 文件中提供相应名称的属性。以下代码片段展示了一个示例，说明如何将应用程序配置为使用 1.10.20 版本的 Mockito。

```
<properties>
  <mockito.version>1.10.20</mockito.version>
</properties>
```

以下是在 spring-boot-starter-parent 中定义的其他一些事项。

- 默认 Java 版本`<java.version>1.8</java.version>`
- Maven 插件的默认配置：
  - `maven-failsafe-plugin`
  - `maven-surefire-plugin`
  - `git-commit-id-plugin`

不同版本的框架之间的兼容性是开发人员面临的主要问题之一。如何找到与特定 Spring 版本兼容的最新 Spring Session 版本？通常，查阅文档资料就可以找到答案。

但是，如果使用 Spring Boot，通过配置 `spring-boot-starter-parent` 就可以解决问题。如果要升级到较新的 Spring 版本，只需找到该 Spring 版本的 `spring-boot-starter-parent` 依赖项即可。升级应用程序以使用该特定版本的 `spring-boot-starter-parent` 后，所有其他依赖项将升级到与新版 Spring 兼容的版本。开发人员可以非常轻松地解决此问题。

5.2.2 用所需的 starter 项目配置 pom.xml

无论什么时候，要在 Spring Boot 中构建应用程序，都需要开始寻找 starter 项目。下面重点介绍 starter 项目。

了解 starter 项目

starter 项目是专为不同目的而定制的简化版依赖项描述符。例如，`spring-boot-starter-web` 是使用 Spring MVC 构建 Web 应用程序（包括 RESTful）所需的 starter，它将 Tomcat 作为默认的嵌入式容器。如果要使用 Spring MVC 开发 Web 应用程序，只需要在依赖项中包含 `spring-boot-starter-web`，然后，系统会自动对以下项目进行预配置：

- Spring MVC
- 兼容版本的 `jackson-databind`（用于绑定）和 `hibernate-validator`（用于表单验证）
- `spring-boot-starter-tomcat`（Tomcat 的 starter 项目）

以下代码片段展示了在 `spring-boot-starter-web` 中配置的一些依赖项。

```xml
<dependencies>
    <dependency>
        <groupId>org.springframework.boot</groupId>
        <artifactId>spring-boot-starter</artifactId>
    </dependency>
    <dependency>
        <groupId>org.springframework.boot</groupId>
        <artifactId>spring-boot-starter-tomcat</artifactId>
    </dependency>
    <dependency>
        <groupId>org.hibernate</groupId>
        <artifactId>hibernate-validator</artifactId>
    </dependency>
    <dependency>
        <groupId>com.fasterxml.jackson.core</groupId>
        <artifactId>jackson-databind</artifactId>
    </dependency>
    <dependency>
        <groupId>org.springframework</groupId>
        <artifactId>spring-web</artifactId>
    </dependency>
    <dependency>
        <groupId>org.springframework</groupId>
```

```
    <artifactId>spring-webmvc</artifactId>
  </dependency>
</dependencies>
```

如上述代码，使用 `spring-boot-starter-web` 时，许多框架会自动配置。

对于要构建的 Web 应用程序，我们还希望进行一些相应的单元测试并将它部署到 Tomcat 上。以下代码片段展示了我们将需要的不同 starter 依赖项。我们需要将这段代码添加到 pom.xml 文件中。

```
<dependencies>
  <dependency>
    <groupId>org.springframework.boot</groupId>
    <artifactId>spring-boot-starter-web</artifactId>
  </dependency>
  <dependency>
    <groupId>org.springframework.boot</groupId>
    <artifactId>spring-boot-starter-test</artifactId>
    <scope>test</scope>
  </dependency>
  <dependency>
    <groupId>org.springframework.boot</groupId>
    <artifactId>spring-boot-starter-tomcat</artifactId>
    <scope>provided</scope>
  </dependency>
</dependencies>
```

我们将添加 3 个 starter 项目。

- 上文介绍的 `spring-boot-starter-web`。它提供了使用 Spring MVC 构建 Web 应用程序所需的框架。
- `spring-boot-starter-test` 依赖项提供单元测试所需的如下测试框架。
  - **JUnit**：基本单元测试框架。
  - **Mockito**：用于实现模拟。
  - **Hamcrest**、**AssertJ**：用于可读资产。
  - **Spring Test**：面向基于 spring-context 的应用程序的单元测试框架。
- `spring-boot-starter-tomcat` 是运行 Web 应用程序所需的默认依赖项。介绍它是为了清楚说明 starter 项目。`spring-boot-starter-tomcat` 是将 Tomcat 作为嵌入式 Servlet 容器所需的 starter。

现在，我们已经用父级 starter 和所需的 starter 项目配置了 pom.xml 文件。下面添加 `spring-boot-maven-plugin`，它将帮助我们运行 Spring Boot 应用程序。

5.2.3 配置 `spring-boot-maven-plugin`

使用 Spring Boot 构建应用程序时，可能会出现各种情况。

- 我们希望运行应用程序，而无须构建 JAR 或 WAR。
- 我们希望构建 JAR 和 WAR 以便稍后部署。

`spring-boot-maven-plugin` 依赖项可满足上述两种情况下的要求。以下代码片段展示了如何在应用程序中配置 `spring-boot-maven-plugin`。

```xml
<build>
 <plugins>
  <plugin>
    <groupId>org.springframework.boot</groupId>
    <artifactId>spring-boot-maven-plugin</artifactId>
  </plugin>
 </plugins>
</build>
```

`spring-boot-maven-plugin` 依赖项为 Spring Boot 应用程序设定了一些目标。最常见的目标是运行（可以在项目根文件夹中的命令提示符后执行 `mvn spring-boot:run`）。

5.2.4 创建第一个 Spring Boot 启动类

以下类说明了如何创建一个简单的 Spring Boot 启动类。它用到了 `SpringApplication` 类中的静态 `run` 方法：

```java
package com.mastering.spring.springboot;
import org.springframework.boot.SpringApplication;
import org.springframework.boot.autoconfigure.SpringBootApplication;
import org.springframework.context.ApplicationContext;
@SpringBootApplication public class Application {
  public static void main(String[] args)
    {
    ApplicationContext ctx = SpringApplication.run
    (Application.class,args);
    }
}
```

以上代码是一个简单的 Java main 方法，它在 `SpringApplication` 类中执行了静态 `run` 方法。

1. `SpringApplication` 类

`SpringApplication` 类可用于从 Java main 方法中引导和启动 Spring 应用程序。

引导 Spring Boot 应用程序时通常会执行以下步骤。

(1) 创建 Spring `ApplicationContext` 的实例。
(2) 启用相关功能，以接受命令行参数，并将它们公布为 Spring 属性。
(3) 根据配置加载所有 Spring bean。

2. @SpringBootApplication 注解

@SpringBootApplication 注解是以下 3 个注解的缩写。

- @Configuration：指出这是一个 Spring 应用程序上下文配置文件。
- @EnableAutoConfiguration：启用自动配置——Spring Boot 的重要特性。我们将独辟一章介绍自动配置。
- @ComponentScan：在这个类的包和所有子包中扫描 Spring bean。

5.2.5 运行 Hello World 应用程序

可以通过多种方式运行 Hello World 应用程序。下面用最简单的选项运行此程序——作为 Java 应用程序运行。在 IDE 中右键单击应用程序 class（类），然后将其作为 Java Application（Java 应用程序）运行。运行 Hello World 应用程序生成的一些日志，如下图所示。

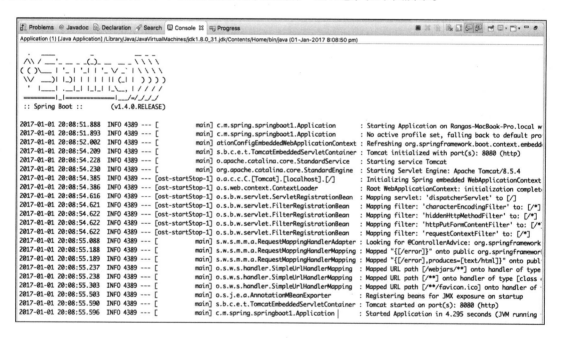

需要注意的重要事项如下。

- 在端口 8080 上启动 Tomcat 服务器——Tomcat started on port(s): 8080 (http)。
- 已配置 DispatcherServlet。这意味着 Spring MVC 框架已准备就绪，可以接受请求——Mapping servlet: 'dispatcherServlet' to [/]。
- 默认启用了 4 个过滤器——characterEncodingFilter、hiddenHttpMethodFilter、httpPutFormContentFilter 和 requestContextFilter。

- 已配置默认错误页面——`Mapped "{[/error]}" onto public org.springframework. http.ResponseEntity<java.util.Map<java.lang.String, java.lang.Object>> org.springframework.boot.autoconfigure.web.BasicErrorController.error (javax.servlet.http.HttpServletRequest)`。
- 已自动配置 WebJars。如第 3 章所述，WebJars 将为静态依赖项（如 Bootstrap）启用依赖项管理和查询——`Mapped URL path [/webjars/**] onto handler of type [class org.springframework.web.servlet.resource.ResourceHttpRequestHan dler]`。

下图展示了到目前为止的应用程序布局。我们只有两个文件：pom.xml 和 Application.java。

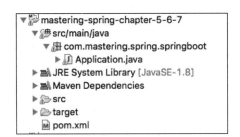

使用简单的 pom.xml 文件和一个 Java 类，就可以启动 Spring MVC 应用程序，实现上文介绍的所有功能。关于 Spring Boot，最重要的是要了解后台发生的事件。首先应了解前面的启动日志。下面看看 Maven 依赖项，以做进一步了解。

下图展示了使用 pom.xml 文件中创建的基本配置来进行配置的一些依赖项。

Spring Boot 执行了许多操作。配置并运行应用程序后，建议你全面试用一下，以便加深理解，这对调试问题有好处。

正如蜘蛛侠所说："**能力越大，责任越大**。"对 Spring Boot 而言，这种说法再正确不过了。在不久的将来，最擅长使用 Spring Boot 的开发人员将最能了解后台事件——依赖项和自动配置。

5.2.6 自动配置

为便于进一步理解自动配置，我们对上面的应用程序类进行了扩展，加入了更多的代码：

```
ApplicationContext ctx = SpringApplication.run(Application.class, args);
String[] beanNames = ctx.getBeanDefinitionNames();
 Arrays.sort(beanNames);

for (String beanName : beanNames) {
  System.out.println(beanName);
 }
```

我们在 Spring 应用程序上下文中定义了所有 bean，并显示了它们的名称。作为 Java 程序运行时，Application.java 将显示 bean 的列表，如以下输出所示：

```
application
basicErrorController
beanNameHandlerMapping
beanNameViewResolver
characterEncodingFilter
conventionErrorViewResolver
defaultServletHandlerMapping
defaultViewResolver
dispatcherServlet
dispatcherServletRegistration
duplicateServerPropertiesDetector
embeddedServletContainerCustomizerBeanPostProcessor
error
errorAttributes
errorPageCustomizer
errorPageRegistrarBeanPostProcessor
faviconHandlerMapping
faviconRequestHandler
handlerExceptionResolver
hiddenHttpMethodFilter
httpPutFormContentFilter
httpRequestHandlerAdapter
jacksonObjectMapper
jacksonObjectMapperBuilder
jsonComponentModule
localeCharsetMappingsCustomizer
mappingJackson2HttpMessageConverter
mbeanExporter
mbeanServer
messageConverters
```

```
multipartConfigElement
multipartResolver
mvcContentNegotiationManager
mvcConversionService
mvcPathMatcher
mvcResourceUrlProvider
mvcUriComponentsContributor
mvcUrlPathHelper
mvcValidator
mvcViewResolver
objectNamingStrategy
autoconfigure.AutoConfigurationPackages
autoconfigure.PropertyPlaceholderAutoConfiguration
autoconfigure.condition.BeanTypeRegistry
autoconfigure.context.ConfigurationPropertiesAutoConfiguration
autoconfigure.info.ProjectInfoAutoConfiguration
autoconfigure.internalCachingMetadataReaderFactory
autoconfigure.jackson.JacksonAutoConfiguration
autoconfigure.jackson.JacksonAutoConfiguration$Jackson2ObjectMapperBuilder
CustomizerConfiguration
autoconfigure.jackson.JacksonAutoConfiguration$JacksonObjectMapperBuilder
Configuration
autoconfigure.jackson.JacksonAutoConfiguration$JacksonObjectMapperConfigur
ation
autoconfigure.jmx.JmxAutoConfiguration
autoconfigure.web.DispatcherServletAutoConfiguration
autoconfigure.web.DispatcherServletAutoConfiguration$DispatcherServletConfi
guration
autoconfigure.web.DispatcherServletAutoConfiguration$DispatcherServletRegis
trationConfiguration
autoconfigure.web.EmbeddedServletContainerAutoConfiguration
autoconfigure.web.EmbeddedServletContainerAutoConfiguration$EmbeddedTomcat
autoconfigure.web.ErrorMvcAutoConfiguration
autoconfigure.web.ErrorMvcAutoConfiguration$WhitelabelErrorViewConfiguration
autoconfigure.web.HttpEncodingAutoConfiguration
autoconfigure.web.HttpMessageConvertersAutoConfiguration
autoconfigure.web.HttpMessageConvertersAutoConfiguration$StringHttpMessage
ConverterConfiguration
autoconfigure.web.JacksonHttpMessageConvertersConfiguration
autoconfigure.web.JacksonHttpMessageConvertersConfiguration$MappingJackson2
HttpMessageConverterConfiguration
autoconfigure.web.MultipartAutoConfiguration
autoconfigure.web.ServerPropertiesAutoConfiguration
autoconfigure.web.WebClientAutoConfiguration
autoconfigure.web.WebClientAutoConfiguration$RestTemplateConfiguration
autoconfigure.web.WebMvcAutoConfiguration
autoconfigure.web.WebMvcAutoConfiguration$EnableWebMvcConfiguration
autoconfigure.web.WebMvcAutoConfiguration$WebMvcAutoConfigurationAdapter
autoconfigure.web.WebMvcAutoConfiguration$WebMvcAutoConfigurationAdapter$
FaviconConfiguration
autoconfigure.websocket.WebSocketAutoConfiguration
autoconfigure.websocket.WebSocketAutoConfiguration$TomcatWebSocketConfigur
ation
context.properties.ConfigurationPropertiesBindingPostProcessor
context.properties.ConfigurationPropertiesBindingPostProcessor.store
```

```
annotation.ConfigurationClassPostProcessor.enhancedConfigurationProcessor
annotation.ConfigurationClassPostProcessor.importAwareProcessor
annotation.internalAutowiredAnnotationProcessor
annotation.internalCommonAnnotationProcessor
annotation.internalConfigurationAnnotationProcessor
annotation.internalRequiredAnnotationProcessor
event.internalEventListenerFactory
event.internalEventListenerProcessor
preserveErrorControllerTargetClassPostProcessor
propertySourcesPlaceholderConfigurer
requestContextFilter
requestMappingHandlerAdapter
requestMappingHandlerMapping
resourceHandlerMapping
restTemplateBuilder
serverProperties
simpleControllerHandlerAdapter
spring.http.encoding-autoconfigure.web.HttpEncodingProperties
spring.http.multipart-autoconfigure.web.MultipartProperties
spring.info-autoconfigure.info.ProjectInfoProperties
spring.jackson-autoconfigure.jackson.JacksonProperties
spring.mvc-autoconfigure.web.WebMvcProperties
spring.resources-autoconfigure.web.ResourceProperties
standardJacksonObjectMapperBuilderCustomizer
stringHttpMessageConverter
tomcatEmbeddedServletContainerFactory
viewControllerHandlerMapping
viewResolver
websocketContainerCustomizer
```

需要考虑的要点如下。

❑ 这些 bean 是在什么地方定义的？
❑ 如何创建这些 bean？

这是 Spring 自动配置发挥的作用。

无论何时在 Spring Boot 项目中添加新依赖项，Spring Boot 自动配置都会尝试根据依赖项自动配置 bean。

例如，在 `spring-boot-starter-web` 中添加依赖项时，会自动配置以下 bean。

❑ `basicErrorController`、`handlerExceptionResolver`：基本异常处理。出现异常时显示默认错误页面。
❑ `beanNameHandlerMapping`：用于将路径解析为处理程序（控制器）。
❑ `characterEncodingFilter`：提供默认字符编码 UTF-8。
❑ `dispatcherServlet`：DispatcherServlet 是 Spring MVC 应用程序中的前端控制器。
❑ `jacksonObjectMapper`：将对象转换为 JSON 以及将 JSON 转换为 REST 服务中的对象。
❑ `messageConverters`：默认消息转换器，用于将对象转换为 XML 或 JSON，反之也一样。

- `multipartResolver`：支持在 Web 应用程序中上传文件。
- `mvcValidator`：支持验证 HTTP 请求。
- `viewResolver`：将逻辑视图名称解析为物理视图。
- `propertySourcesPlaceholderConfigurer`：支持应用程序配置外部化。
- `requestContextFilter`：默认请求过滤器。
- `restTemplateBuilder`：用于调用 REST 服务。
- `tomcatEmbeddedServletContainerFactory`：Tomcat 是基于 Spring Boot 的 Web 应用程序的默认嵌入式 Servlet 容器。

下一节将介绍一些 starter 项目以及它们提供的自动配置。

5.2.7 starter 项目

下表列出了 Spring Boot 提供的一些重要 starter 项目。

starter	说明
spring-boot-starter-web-services	此项目用于开发基于 XML 的 Web 服务
spring-boot-starter-web	此项目用于构建基于 Spring MVC 的 Web 应用程序或 RESTful 应用程序。它将 Tomcat 作为默认的嵌入式 Servlet 容器
spring-boot-starter-activemq	此项目支持在 ActiveMQ 上使用 JMS 进行基于消息的通信
spring-boot-starter-integration	此项目支持 Spring Integration 框架，后者实现了企业集成模式
spring-boot-starter-test	此项目支持各种单元测试框架，如 JUnit、Mockito 和 Hamcrest 匹配器
spring-boot-starter-jdbc	此项目为使用 Spring JDBC 提供支持。默认情况下，它配置 Tomcat JDBC 连接池
spring-boot-starter-validation	此项目为 Java bean Validation API 提供支持。它的默认实现是 hibernate-validator
spring-boot-starter-hateoas	HATEOAS 表示超媒体即应用状态引擎。除数据以外，使用 HATEOAS 的 RESTful 服务还会返回与当前上下文相关的附加资源链接
spring-boot-starter-jersey	JAX-RS 是用于开发 REST API 的 Java EE 标准。Jersey 是默认实现。此 starter 项目为构建基于 JAX-RS 的 REST API 提供支持
spring-boot-starter-websocket	HTTP 无状态。WebSockets 可帮助你维护服务器与浏览器之间的连接。此 starter 项目为 Spring WebSockets 提供支持
spring-boot-starter-aop	此项目支持面向切面编程。它还支持 AspectJ，以实现高级面向切面编程
spring-boot-starter-amqp	以 RabbitMQ 为默认系统，此 starter 项目通过 AMQP 提供消息传递
spring-boot-starter-security	此 starter 项目为 Spring Security 启用自动配置
spring-boot-starter-data-jpa	此项目为 Spring Data JPA 提供支持。它的默认实现为 Hibernate
spring-boot-starter	这是 Spring Boot 应用程序的基本 starter。它支持自动配置和日志记录
spring-boot-starter-batch	此项目支持使用 Spring Batch 开发批处理应用程序
spring-boot-starter-cache	此项目在使用 Spring Framework 时提供基本缓存支持
spring-boot-starter-data-rest	此项目支持使用 Spring Data REST 发布 REST 服务

到目前为止，我们已经设置了一个基本的 Web 应用程序，并学习了与 Spring Boot 相关的一些重要概念：

- 自动配置
- starter 项目
- spring-boot-maven-plugin
- spring-boot-starter-parent
- @SpringBootApplication 注解

下面介绍什么是 REST 以及如何构建 REST 服务。

5.3 什么是 REST

基本上，**表述性状态转移**（REST）是一种 Web 架构样式。REST 指定了一组约束条件，这些约束条件确保了客户端（服务消费者和浏览器）能够灵活地与服务器交互。

下面先了解一些常用的术语。

- **服务器**：服务提供方。提供可由客户端消费的服务。
- **客户端**：服务消费方。可以是浏览器或其他系统。
- **资源**：任何信息都可以作为资源，如个人、图像、视图或想要购买的产品等。
- **表示法**：可以表示资源的特定方法。例如，产品资源可以用 JSON、XML 或 HTML 表示。不同客户端可能需要采用不同的资源表示法。

下面列出了一些重要的 REST 约束条件。

- **客户端–服务器**：应该有服务器（服务提供方）和客户端（服务消费方）。在新技术出现时，这有助于实现服务器与客户端的松散耦合和独立进化。
- **无状态**：每个服务都不应有状态。随后的请求不得依赖于暂时存储的上一个请求中的某些数据。消息应具有自描述性。
- **统一接口**：每种资源都有资源标识符。对于 Web 服务，我们来看 URI 示例：/users/Jack/todos/1。在此例中，URI Jack 是用户名称，1 是我们想要检索的待办事项的 ID。
- **可缓存**：服务响应应可以存入缓存。每个响应应指明是否可缓存。
- **分层系统**：服务消费方不应假定与服务提供方建立了直接连接。由于请求可以存入缓存，因此，客户端也许会从中间层获取缓存的响应。
- **通过表示法操作资源**：资源可以有多种表示法。资源应该可以通过消息（采用其中的任何表示法）来修改。
- **HATEOAS**：RESTful 应用程序的消费方应只知道一个固定服务 URL。随后的所有资源应可以从资源表示法中的链接发现。

下面展示了一个包含 HATEOAS 链接的示例响应。它是对检索所有待办事项的请求做出的响应。

```
{
"_embedded":{
"todos":[
        {
            "user":"Jill",
            "desc":"Learn Hibernate",
            "done":false,
            "_links":{
              "self":{
                    "href":"http://localhost:8080/todos/1"
                },
                "todo":{
                    "href":"http://localhost:8080/todos/1"
                }
            }
        }
    ]
},
"_links":{
    "self":{
        "href":"http://localhost:8080/todos"
    },
    "profile":{
        "href":"http://localhost:8080/profile/todos"
    },
    "search":{
        "href":"http://localhost:8080/todos/search"
    }
  }
}
```

前面的响应包含指向以下项目的链接。

- 特定待办事项（http://localhost:8080/todos/1）
- 搜索资源（http://localhost:8080/todos/search）

如果服务消费方希望执行搜索，它可以选择采用响应中的搜索 URL，并向其发送搜索请求。这会降低服务提供方与服务消费方之间的耦合度。

我们最初开发的服务将不遵循所有这些约束条件。下一章会详细介绍这些约束条件，以及如何将它们添加到服务中，以强化 RESTful 特性。

5.4 首个 REST 服务

我们首先创建一个返回欢迎消息的简单 REST 服务。我们将使用成员字段 message 和一个参数构造函数创建一个简单的 POJO WelcomeBean 类：

```
package com.mastering.spring.springboot.bean;

public class WelcomeBean {
  private String message;

  public WelcomeBean(String message) {
    super();
    this.message = message;
  }

  public String getMessage() {
    return message;
  }
}
```

5.4.1 返回字符串的简单方法

首先创建一个返回字符串的简单 REST 控制器方法：

```
@RestController
public class BasicController {
  @GetMapping("/welcome")
  public String welcome() {
    return "Hello World";
  }
}
```

需要注意的重要事项如下。

- @RestController：@RestController 注解是@ResponseBody 与@Controller 注解的组合。它常用于创建 REST 控制器。
- @GetMapping("welcome")：@GetMapping 是@RequestMapping(method = RequestMethod.GET)的缩写。此注解是一个可读替代项。使用此注解的方法将处理指向 welcome URI 的 GET 请求。

如果将 Application.java 作为 Java 应用程序运行，它将启动嵌入式 Tomcat 容器。可以在浏览器中启动 URL，如下图所示。

1. 单元测试

下面快速编写一个单元测试来测试上面的方法。

```
@RunWith(SpringRunner.class)
@WebMvcTest(BasicController.class)
public class BasicControllerTest {

  @Autowired
  private MockMvc mvc;
  @Test
  public void welcome() throws Exception {
    mvc.perform(
    MockMvcRequestBuilders.get("/welcome")
    .accept(MediaType.APPLICATION_JSON))
    .andExpect(status().isOk())
    .andExpect(content().string(
    equalTo("Hello World")));
  }
}
```

在前面的单元测试中，我们通过 `BasicController` 来启动 Mock MVC 实例。需要注意的重要事项如下。

- `@RunWith(SpringRunner.class)`：`SpringRunner` 是 `SpringJUnit4ClassRunner` 注解的缩写。此注解会启动一个简单的 Spring 上下文以进行单元测试。
- `@WebMvcTest(BasicController.class)`：此注解可以与 `SpringRunner` 结合起来使用，以便为 Spring MVC 控制器编写简单的测试。它只会加载带有 Spring-MVC 相关注解的 bean。在此例中，我们将启动 Web MVC Test 上下文，接受测试的类为 BasicController。
- `@Autowired private MockMvc mvc`：自动装配可用于提出请求的 MockMvc bean。
- `mvc.perform(MockMvcRequestBuilders.get("/welcome").accept(Media Type.APPLICATION_JSON))`：用 Accept 标头值 application/json 向 /welcome 提出请求。
- `andExpect(status().isOk())`：希望响应的状态为 200（success）。
- `andExpect(content().string(equalTo("Hello World")))`：希望响应的内容为 "Hello World"。

2. 集成测试

进行集成测试时，我们希望通过配置的所有控制器和 bean 来启动嵌入式服务器。以下代码片段展示了如何创建一个简单的集成测试。

```
@RunWith(SpringRunner.class)
@SpringBootTest(classes = Application.class,
webEnvironment = SpringBootTest.WebEnvironment.RANDOM_PORT)
public class BasicControllerIT {
  private static final String LOCAL_HOST =
  "http://localhost:";

  @LocalServerPort
  private int port;

  private TestRestTemplate template = new TestRestTemplate();
```

```
    @Test
    public void welcome() throws Exception {
      ResponseEntity<String> response = template
      .getForEntity(createURL("/welcome"), String.class);
      assertThat(response.getBody(), equalTo("Hello World"));
    }

    private String createURL(String uri) {
      return LOCAL_HOST + port + uri;
    }
}
```

需要注意的重要事项如下。

- `@SpringBootTest(classes = Application.class, webEnvironment = Spring-BootTest.WebEnvironment.RANDOM_PORT)`：在 Spring TestContext 的基础上提供附加功能。它提供相关支持，以便为正常运行的容器和 `TestRestTemplate`（用于执行请求）配置端口。
- `@LocalServerPort private int port`：SpringBootTest 确保将运行容器的端口自动装配到端口变量。
- `private String createURL(String uri)`：此方法将本地主机 URL 和端口附加到 URI 后面，以创建完整的 URL。
- `private TestRestTemplate template = new TestRestTemplate()`：TestRest-Template 通常用在集成测试中。它在 `RestTemplate` 的基础上提供了附加功能，在集成测试上下文中特别有用。它不跟随重定向，因此可以断言响应位置。
- `template.getForEntity(createURL("/welcome"), String.class)`：对给定 URI 执行 GET 请求。
- `assertThat(response.getBody(), equalTo("Hello World"))`：断言响应正文内容为"Hello World"。

5.4.2 返回对象的简单 REST 方法

上一个方法中返回了一个字符串。下面创建一个返回正确 JSON 响应的方法。请看下面的方法。

```
@GetMapping("/welcome-with-object")
public WelcomeBean welcomeWithObject() {
  return new WelcomeBean("Hello World");
}
```

这个方法将返回一个用消息（"Hello World"）初始化的简单 WelcomeBean。

1. 执行请求

下面发送一个测试请求，看看会收到什么响应。输出结果如下图所示。

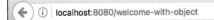

http://localhost:8080/welcome-with-object URL 的响应如下所示。

`{"message":"Hello World"}`

需要解决的问题是，如何将返回的 `WelcomeBean` 对象转换为 JSON？

这时同样需要 Spring 自动配置发挥作用。如果 Jackson 在应用程序的类路径上，Spring Boot 会自动配置默认对象实例与 JSON 之间的相互转换。

2. 单元测试

下面快速编写一个单元测试来检查 JSON 响应，把该测试添加到 `BasicControllerTest` 中：

```
@Test
public void welcomeWithObject() throws Exception {
  mvc.perform(
    MockMvcRequestBuilders.get("/welcome-with-object"))
   .accept(MediaType.APPLICATION_JSON))
   .andExpect(status().isOk())
   .andExpect(content().string(containsString("Hello World")));
}
```

除了使用 `containsString` 来检查内容是否包含 `"Hello World"` 子字符串以外，此测试与前面的单元测试非常相似。稍后会介绍如何编写正确的 JSON 测试。

3. 集成测试

下面介绍如何编写集成测试。在 `BasicControllerIT` 中添加一个方法：

```
@Test
public void welcomeWithObject() throws Exception {
  ResponseEntity<String> response =
    template.getForEntity(createURL("/welcome-with-object"),
    String.class);
  assertThat(response.getBody(),
    containsString("Hello World"));
}
```

除了使用 `String` 方法断言子字符串外，此方法与前面的集成测试相似。

5.4.3 包含路径变量的 GET 方法

下面来看路径变量。路径变量用于将 URL 中的值与控制器方法中的变量绑定在一起。在下例中，我们希望对名称进行参数化，以便使用名称来自定义欢迎消息。

```
private static final String helloWorldTemplate = "Hello World, %s!";
@GetMapping("/welcome-with-parameter/name/{name}")
public WelcomeBean welcomeWithParameter(@PathVariable String name)
{
    return new WelcomeBean(String.format(helloWorldTemplate, name));
}
```

需要注意的重要事项如下。

- `@GetMapping("/welcome-with-parameter/name/{name}")`：`{name}`表示此值将作为变量。我们可以在 URI 中包含多个变量模板。
- `welcomeWithParameter(@PathVariable String name)`：`@PathVariable`确保将 URI 中的变量值绑定到变量名称。
- `String.format(helloWorldTemplate, name)`：一种简单的字符串格式式，用 name 替代模板中的`%s`。

1. 执行请求

下面发送一个测试请求，看看会收到什么响应。响应内容如下图所示。

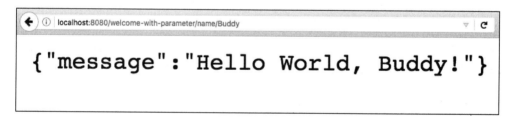

http://localhost:8080/welcome-with-parameter/name/Buddy URL 的响应如下所示。

`{"message":"Hello World, Buddy!"}`

正如所料，URI 中的名称用于生成响应中的消息。

2. 单元测试

下面我们为上面的方法快速编写一个单元测试。我们希望在 URI 中传递一个名称，然后检查响应中是否包含该名称，其代码实现如下：

```
@Test
public void welcomeWithParameter() throws Exception {
    mvc.perform(
```

```
    MockMvcRequestBuilders.get("/welcome-with-parameter/name/Buddy")
    .accept(MediaType.APPLICATION_JSON))
    .andExpect(status().isOk())
    .andExpect(
    content().string(containsString("Hello World, Buddy")));
}
```

需要注意的重要事项如下。

- MockMvcRequestBuilders.get("/welcome-with-parameter/name/Buddy")：这与 URI 中的变量模板相匹配。我们将在名称 Buddy 中进行传递。
- .andExpect(content().string(containsString("Hello World, Buddy")))：我们希望响应包含带有名称的消息。

3. 集成测试

上面方法的集成测试非常简单。请看下面的测试方法。

```
@Test
public void welcomeWithParameter() throws Exception {
  ResponseEntity<String> response =
  template.getForEntity(
  createURL("/welcome-with-parameter/name/Buddy"), String.class);
  assertThat(response.getBody(),
  containsString("Hello World, Buddy"));
}
```

需要注意的重要事项如下。

- createURL("/welcome-with-parameter/name/Buddy")：这与 URI 中的变量模板相匹配。我们将在名称 Buddy 中进行传递。
- assertThat(response.getBody(), containsString("Hello World, Buddy"))：我们希望响应包含带有名称的消息。

这一节介绍了使用 Spring Boot 创建简单 REST 服务的基本知识，还确保进行了正常的单元测试和集成测试。虽然这些是基本的内容，但它们为下一节构建更加复杂的 REST 服务奠定了基础。

如果是比较 JSON 而不是比较简单的子字符串，那么单元测试和集成测试可能会得到更有效的结果。为下面几节创建的 REST 服务编写测试时，我们会主要比较 JSON。

5.5　创建待办事项资源

下面重点介绍如何为基本的待办事项管理系统创建 REST 服务。我们将创建以下用途的服务：

- 检索给定用户的待办事项列表；

- 检索特定待办事项的详细信息；
- 为用户创建待办事项。

5.5.1 请求方法、操作和 URI

REST 服务的最佳做法之一，是根据执行的操作采用适当的 HTTP 请求方法。我们在目前公布的服务中用到了 GET 方法，因为主要开发的是读取数据的服务。

下表列出了与执行的操作相对应的 HTTP 请求方法。

HTTP 请求方法	操作
GET	读取——检索资源的详细信息
POST	创建——创建新项目或资源
PUT	更新/替换
PATCH	更新/修改资源的某个部分
DELETE	删除

下面将要创建的服务映射到相应的请求方法。

- **检索给定用户的待办事项列表**：这是读取操作。我们将使用 GET 和 URI /users/{name}/todos。更好的做法是在 URI 中使用静态事物（用户、待办事项等）的复数形式。这可以提高 URI 的可读性。
- **检索特定待办事项的详细信息**：我们将再次使用 GET 和 URI /users/{name}/todos/{id}。可以看到，这与前面用于确定待办事项列表的 URI 相一致。
- **为用户创建待办事项**：对于创建操作，建议使用 HTTP 请求方法 POST。要创建新的待办事项，我们将向 URI /users/{name}/todos 提出 POST 请求。

5.5.2 bean 和服务

为了检索和存储待办事项的详细信息，需要 `Todo bean` 和一个服务来检索并存储详细信息。

下面创建 `Todo bean`。

```
public class Todo {
  private int id;
  private String user;

  private String desc;

  private Date targetDate;
  private boolean isDone;

  public Todo() {}
```

```java
public Todo(int id, String user, String desc,
Date targetDate, boolean isDone) {
  super();
  this.id = id;
  this.user = user;
  this.desc = desc;
  this.targetDate = targetDate;
  this.isDone = isDone;
}

  // 所有getter
}
```

我们创建了一个简单的Todo bean,其中包含ID、用户名称、待办事项说明、待办事项目标日期和完成状态指示符,并为所有字段添加了构造函数和getter。

现在添加TodoService。

```java
@Service
public class TodoService {
  private static List<Todo> todos = new ArrayList<Todo>();
  private static int todoCount = 3;

  static {
    todos.add(new Todo(1, "Jack", "Learn Spring MVC",
    new Date(), false));
    todos.add(new Todo(2, "Jack", "Learn Struts", new Date(),
    false));
    todos.add(new Todo(3, "Jill", "Learn Hibernate", new Date(),
    false));
  }

  public List<Todo> retrieveTodos(String user) {
    List<Todo> filteredTodos = new ArrayList<Todo>();
    for (Todo todo : todos) {
      if (todo.getUser().equals(user))
      filteredTodos.add(todo);
    }
    return filteredTodos;
  }

  public Todo addTodo(String name, String desc,
  Date targetDate, boolean isDone) {
    Todo todo = new Todo(++todoCount, name, desc, targetDate,
    isDone);
    todos.add(todo);
    return todo;
  }

  public Todo retrieveTodo(int id) {
    for (Todo todo : todos) {
      if (todo.getId() == id)
      return todo;
```

```
        }
        return null;
    }
}
```

需要注意的重要事项如下。

- 为简单起见，本服务不与数据库进行交互。它在内存中维护有待办事项的数组列表。此列表使用静态初始化值初始化。
- 我们将公布几个简单的检索方法和一个添加待办事项的方法。

准备好服务和 bean 后，就可以创建首个服务来检索用户的待办事项列表。

5.5.3 检索待办事项列表

我们将新建一个称为 `TodoController` 的 `RestController` 注解。检索待办事项的方法如下所示：

```
@RestController
public class TodoController {
 @Autowired
 private TodoService todoService;

 @GetMapping("/users/{name}/todos")
 public List<Todo> retrieveTodos(@PathVariable String name) {
   return todoService.retrieveTodos(name);
 }
}
```

需要注意的重要事项如下：

- 使用@Autowired 注解自动装配待办事项服务；
- 使用@GetMapping 注解将"/users/{name}/todos" URI 的 GET 请求映射到 retrieveTodos 方法。

1. 执行服务

下面发送一个测试请求，看看会收到什么响应。输出结果如下图所示。

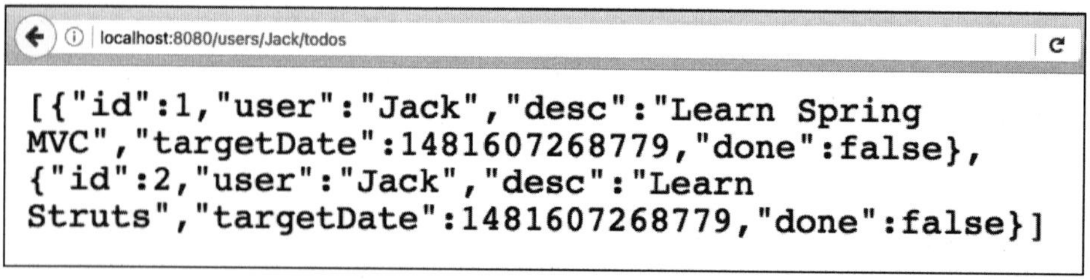

```
localhost:8080/users/Jack/todos

[{"id":1,"user":"Jack","desc":"Learn Spring
MVC","targetDate":1481607268779,"done":false},
{"id":2,"user":"Jack","desc":"Learn
Struts","targetDate":1481607268779,"done":false}]
```

http://localhost:8080/users/Jack/todos URL 的响应如下所示。

```
[
 {"id":1,"user":"Jack","desc":"Learn Spring
 MVC","targetDate":1481607268779,"done":false},
 {"id":2,"user":"Jack","desc":"Learn
 Struts","targetDate":1481607268779, "done":false}
]
```

2. 单元测试

对 `TodoController` 类进行单元测试的代码如下所示。

```
@RunWith(SpringRunner.class)
@WebMvcTest(TodoController.class)
public class TodoControllerTest {

 @Autowired
 private MockMvc mvc;

 @MockBean
 private TodoService service;

 @Test
 public void retrieveTodos() throws Exception {
  List<Todo> mockList = Arrays.asList(new Todo(1, "Jack",
  "Learn Spring MVC", new Date(), false), new Todo(2, "Jack",
  "Learn Struts", new Date(), false));

  when(service.retrieveTodos(anyString())).thenReturn(mockList);
  MvcResult result = mvc
  .perform(MockMvcRequestBuilders.get("/users
  /Jack/todos").accept(MediaType.APPLICATION_JSON))
  .andExpect(status().isOk()).andReturn();
  String expected = "["
  + "{id:1,user:Jack,desc:\"Learn Spring MVC\",done:false}" +","
  + "{id:2,user:Jack,desc:\"Learn Struts\",done:false}" + "]";

  JSONAssert.assertEquals(expected, result.getResponse()
   .getContentAsString(), false);
 }
}
```

需要注意的重要事项如下。

- 我们编写的是单元测试，因此只希望测试 `TodoController` 类中的逻辑。我们仅通过 `TodoController` 类，使用`@WebMvcTest(TodoController.class)`对 Mock MVC 框架进行了初始化。
- `@MockBean private TodoService service`：我们使用`@MockBean`注解模拟`TodoService`。在`SpringRunner`运行的测试类中，`@MockBean`定义的 bean 会由使用 Mockito 框架创建的模拟对象替代。

- when(service.retrieveTodos(anyString())).thenReturn(mockList)：我们将模拟 retrieveTodos 服务方法以返回模拟对象列表。
- MvcResult result = ..：我们将在 MvcResult 变量中接受请求结果，以便执行响应断言。
- JSONAssert.assertEquals(expected, result.getResponse().getContentAsString(), false)：JSONAssert 是一个非常有用的框架，可用于执行 JSON 断言。它将响应文本与预期值进行比较。JSONAssert 非常智能，可以忽略未指定的值。它的另一项优势是，如果断言失败，它会提供明确的故障消息。最后一个参数 false 表示使用的是非严格模式。如果将其更改为 true，则预期值应与结果完全匹配。

3. 集成测试

对 TodoController 类进行集成测试的代码如下所示。它启动整个 Spring 上下文，并定义所有控制器和 bean。

```
@RunWith(SpringJUnit4ClassRunner.class)
@SpringBootTest(classes = Application.class, webEnvironment =
SpringBootTest.WebEnvironment.RANDOM_PORT)
public class TodoControllerIT {

 @LocalServerPort
 private int port;

 private TestRestTemplate template = new TestRestTemplate();

 @Test
 public void retrieveTodos() throws Exception {
  String expected = "["
  + "{id:1,user:Jack,desc:\"Learn Spring MVC\",done:false}" + ","
  + "{id:2,user:Jack,desc:\"Learn Struts\",done:false}" + "]";

  String uri = "/users/Jack/todos";

  ResponseEntity<String> response =
  template.getForEntity(createUrl(uri), String.class);

  JSONAssert.assertEquals(expected, response.getBody(), false);
 }

 private String createUrl(String uri) {
  return "http://localhost:" + port + uri;
 }
}
```

除了使用 JSONAssert 来断言响应以外，此测试与 BasicController 的集成测试非常相似。

5.5.4 检索特定待办事项的详细信息

现在添加检索特定待办事项的详细信息所需的方法。

```
@GetMapping(path = "/users/{name}/todos/{id}")
public Todo retrieveTodo(@PathVariable String name, @PathVariable int id) {
    return todoService.retrieveTodo(id);
}
```

需要注意的重要事项如下。

- 映射的 URI 为/users/{name}/todos/{id}；
- 我们为 name 和 id 定义了两个路径变量。

1. 执行服务

下面发送一个测试请求，看看会收到什么响应，如下图所示。

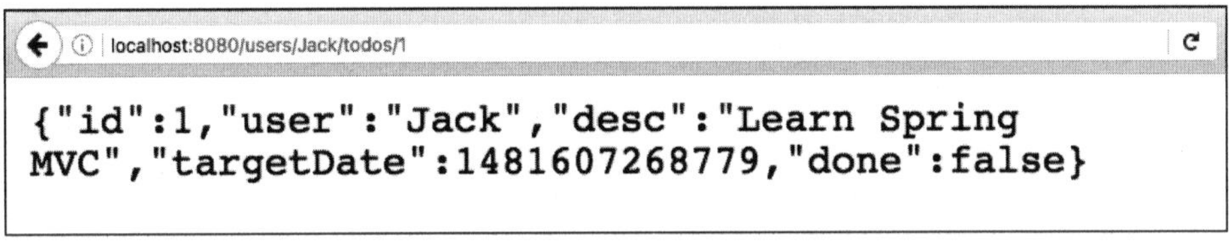

```
{"id":1,"user":"Jack","desc":"Learn Spring
MVC","targetDate":1481607268779,"done":false}
```

http://localhost:8080/users/Jack/todos/1 URL 的响应如下所示。

```
{"id":1,"user":"Jack","desc":"Learn Spring MVC",
"targetDate":1481607268779,"done":false}
```

2. 单元测试

retrieveTodo 的单元测试代码如下所示。

```
@Test
public void retrieveTodo() throws Exception {
    Todo mockTodo = new Todo(1, "Jack", "Learn Spring MVC",
    new Date(), false);

    when(service.retrieveTodo(anyInt())).thenReturn(mockTodo);

    MvcResult result = mvc.perform(
    MockMvcRequestBuilders.get("/users/Jack/todos/1")
    .accept(MediaType.APPLICATION_JSON))
    .andExpect(status().isOk()).andReturn();

    String expected = "{id:1,user:Jack,desc:\"Learn Spring
    MVC\",done:false}";

    JSONAssert.assertEquals(expected,
    result.getResponse().getContentAsString(), false);

}
```

需要注意的重要事项如下。

- when(service.retrieveTodo(anyInt())).thenReturn(mockTodo)：我们将模拟 retrieveTodo 服务方法以返回模拟的待办事项。
- MvcResult result =..：我们将在 MvcResult 变量中接受请求结果，以便执行响应断言。
- JSONAssert.assertEquals(expected, result.getResponse().getContentAsString(), false)：断言结果是否为预期结果。

3. 集成测试

对 TodoController 中的 retrieveTodos 执行集成测试的代码如下所示。这些代码将被添加到 TodoControllerIT 类中。

```
@Test
public void retrieveTodo() throws Exception {
  String expected = "{id:1,user:Jack,desc:\"Learn Spring
  MVC\",done:false}";
  ResponseEntity<String> response = template.getForEntity(
  createUrl("/users/Jack/todos/1"), String.class);
  JSONAssert.assertEquals(expected, response.getBody(), false);
}
```

5.5.5 添加待办事项

现在添加方法来创建新的待办事项。创建待办事项的 HTTP 方法是 POST。我们将向 "/users/{name}/todos" URI 提出 POST 请求：

```
@PostMapping("/users/{name}/todos")
ResponseEntity<?> add(@PathVariable String name,
@RequestBody Todo todo) {
  Todo createdTodo = todoService.addTodo(name, todo.getDesc(),
  todo.getTargetDate(), todo.isDone());
  if (createdTodo == null) {
     return ResponseEntity.noContent().build();
  }

 URI location = ServletUriComponentsBuilder.fromCurrentRequest()

.path("/{id}").buildAndExpand(createdTodo.getId()).toUri();
 return ResponseEntity.created(location).build();
}
```

需要注意的重要事项如下。

- @PostMapping("/users/{name}/todos")：@PostMapping 注解将 add() 方法映射到使用 POST 方法的 HTTP 请求。
- ResponseEntity<?> add(@PathVariable String name, @RequestBody Todo todo)：理想情况下，HTTP POST 请求应返回所创建资源的 URI。我们使用 ResourceEntity 来执行此操作。@RequestBody 将请求正文直接绑定到 bean。

- `ResponseEntity.noContent().build()`：用于返回消息，指出未能创建资源。
- `ServletUriComponentsBuilder.fromCurrentRequest().path("/{id}").buildAndExpand(createdTodo.getId()).toUri()`：建立所创建资源的 URI，可在响应中返回此资源。
- `ResponseEntity.created(location).build()`：返回状态 `201(CREATED)`，并包含所创建资源的链接。

1. Postman

如果使用的是 Mac 系统，你可能还希望试用 Paw 应用程序。

下面发送一个测试请求，看看会收到什么响应。响应内容如下图所示。

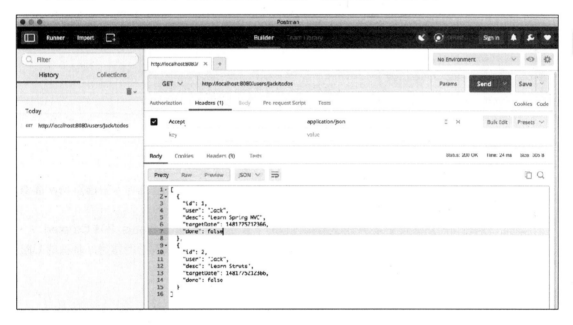

我们将使用 Postman 应用程序与 REST 服务进行交互。可以从 POSTMAN 网站安装此应用程序。它可用于 Windows 和 Mac 系统。我们也可以使用 Google Chrome 插件。

2. 执行 POST 服务

要使用 POST 新建待办事项，需要在请求正文中包含待办事项的 JSON。下图展示了如何使用 Postman 应用程序创建请求，以及在执行请求后创建响应。

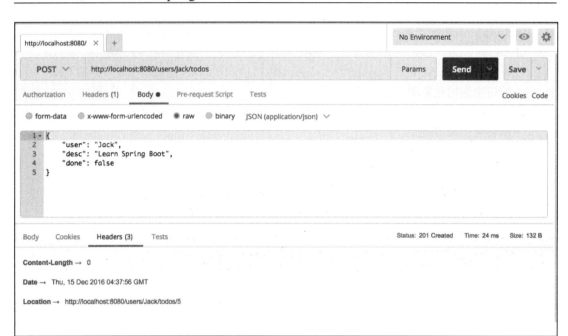

需要注意的重要事项如下。

- 我们将发送 POST 请求。因此，从左上的下拉列表中选择 POST。
- 要在请求正文中发送 Todo JSON，应在 Body（用蓝点突出显示）选项卡中选择 raw 选项。我们选择 JSON 作为内容类型（application/json）。
- 成功执行请求后，即可在屏幕中间的状态栏中看到请求的状态 Status: 201 Created。
- 位置是 http://localhost:8080/users/Jack/todos/5。这是在响应中收到的新建待办事项的 URI。

向 http://localhost:8080/users/Jack/todos 提出请求的完整详细信息如下：

```
Header
Content-Type:application/json

Body
 {
   "user": "Jack",
   "desc": "Learn Spring Boot",
    "done": false
  }
```

3. 单元测试

对创建的待办事项进行单元测试的代码如下。

```
@Test
public void createTodo() throws Exception {
 Todo mockTodo = new Todo(CREATED_TODO_ID, "Jack",
```

```
    "Learn Spring MVC", new Date(), false);
    String todo = "{"user":"Jack","desc":"Learn Spring MVC",
    "done":false}";

  when(service.addTodo(anyString(), anyString(),
  isNull(),anyBoolean()))
  .thenReturn(mockTodo);

mvc
 .perform(MockMvcRequestBuilders.post("/users/Jack/todos")
 .content(todo)
 .contentType(MediaType.APPLICATION_JSON)
 )
 .andExpect(status().isCreated())
 .andExpect(
   header().string("location",containsString("/users/Jack/todos/"
   + CREATED_TODO_ID)));
}
```

需要注意的重要事项如下所示。

- `String todo = "{"user":"Jack","desc":"Learn Spring MVC","done":false}"`：传送给创建待办事项的服务的待办事项内容。
- `when(service.addTodo(anyString(), anyString(), isNull(), anyBoolean())).thenReturn(mockTodo)`：模拟服务以返回虚拟待办事项。
- `MockMvcRequestBuilders.post("/users/Jack/todos").content(todo).contentType(MediaType.APPLICATION_JSON))`：以给定内容类型创建向给定 URI 提出的 POST 请求。
- `andExpect(status().isCreated())`：希望已创建状态。
- `andExpect(header().string("location",containsString("/users/Jack/todos/" + CREATED_TODO_ID)))`：希望标头包含 location，其中有所创建资源的 URI。

4. 集成测试

对在 `TodoController` 中创建的待办事项进行单元测试的代码如下所示。在 `TodoControllerIT` 类中添加以下代码。

```
@Test
public void addTodo() throws Exception {
  Todo todo = new Todo(-1, "Jill", "Learn Hibernate", new Date(),
  false);
  URI location = template
  .postForLocation(createUrl("/users/Jill/todos"),todo);
  assertThat(location.getPath(),
  containsString("/users/Jill/todos/4"));
}
```

需要注意的重要事项如下。

- URI location = template.postForLocation(createUrl("/users/Jill/todos"), todo)：postForLocation 是一个实用工具方法，在测试新建资源时特别有用。我们将待办事项发送到给定 URI，并从标头中获取位置。
- assertThat(location.getPath(), containsString("/users/Jill/todos/4"))：断言位置中包含新建资源的路径。

5.6 Spring Initializr

想要自动生成 Spring Boot 项目吗？想要快速开发应用程序吗？Spring Initializr 为你提供了解决方案。

Spring Initializr 的下载地址为 Spring Initializr 网站。下图展示了该网站的情况。

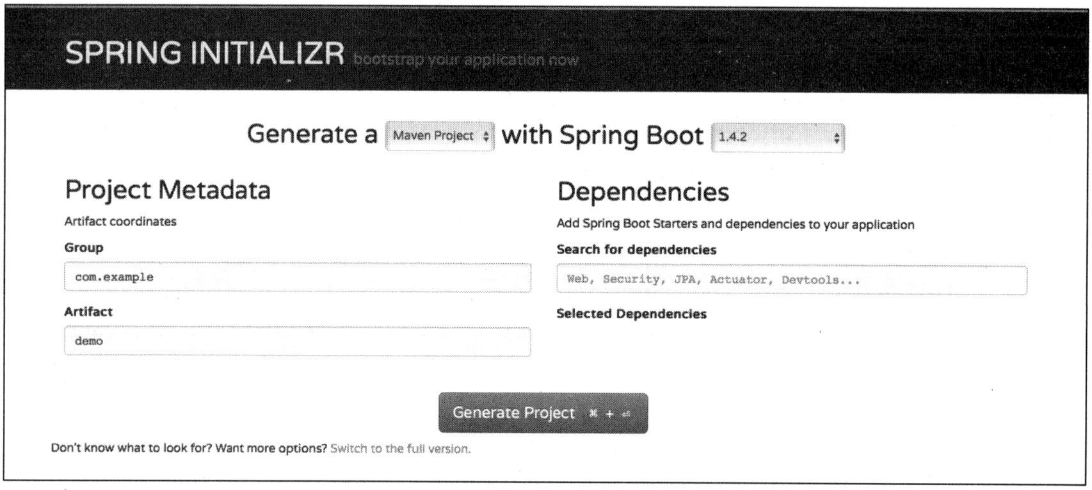

在创建项目时，Spring Initializr 有极高的灵活性。它提供了以下选项。

- 选择构建工具：Maven 或 Gradle。
- 选择要使用的 Spring Boot 版本。
- 为组件配置 Group ID 和 Artifact ID。
- 选择项目所需的 starter（依赖项）。可以单击屏幕底部的 Switch to the full version 链接，查看可选择的所有 starter 项目。
- 选择如何打包组件：JAR 或 WAR。
- 选择要使用的 Java 版本。
- 选择要使用的 JVM 语言。

下图展示了在切换到完整版本（单击链接）后 Spring Initializr 提供的一些选项。

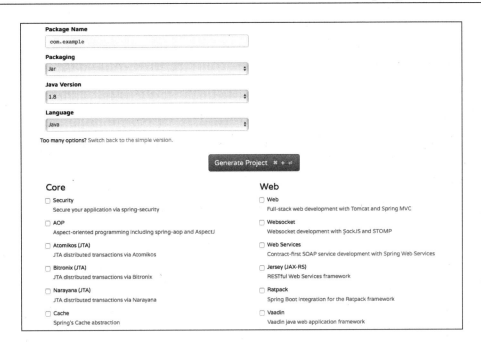

创建首个 Spring Initializr 项目

我们将使用完整版本并输入一些值,如下图所示。

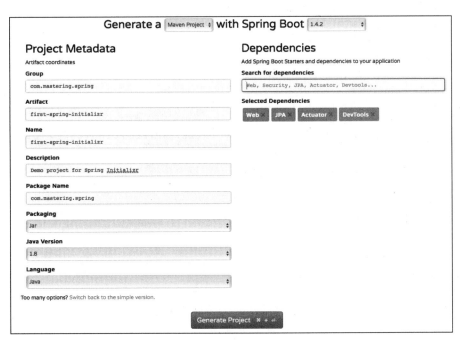

需要注意的重要事项如下。

- **构建工具**：Maven。
- **Spring Boot 版本**：选择可用的最新版本。
- **组**：com.mastering.spring。
- **Artifact**：first-spring-initializr。
- **所选依赖项**：选择 Web、JPA、Actuator 和 DevTools。在所有文本框中输入内容，然后按 Enter 确认选择。下一节将详细介绍 Actuator 和 DevTools。
- **Java 版本**：1.8。

继续单击 Generate Project 按钮。这会创建一个可以下载到计算机上的 .zip 文件。

下图展示了所创建的项目的结构。

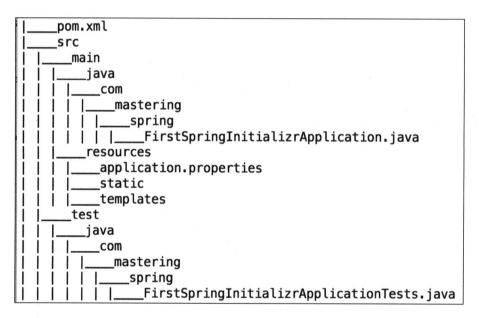

现在将此项目导入 IDE 中。可以在 Eclipse 中执行以下步骤。

(1) 启动 Eclipse。
(2) 导航到 File | Import。
(3) 选择现有的 Maven 项目。
(4) 浏览并选择 Maven 项目根目录所在的文件夹（包含 pom.xml 文件的文件夹）。
(5) 使用后续默认值，然后单击 Finish。

这会将项目导入 Eclipse。下图展示了 Eclipse 中的项目的结构。

```
▼ first-spring-initializr
    ▼ src/main/java
        ▼ com.mastering.spring
            ▶ FirstSpringInitializrApplication.java
    ▼ src/main/resources
        static
        templates
        application.properties
    ▼ src/test/java
        ▼ com.mastering.spring
            ▶ FirstSpringInitializrApplicationTests.java
    ▶ JRE System Library [JavaSE-1.8]
    ▶ Maven Dependencies
    ▶ src
        target
        mvnw
        mvnw.cmd
        pom.xml
```

下面介绍生成的项目中的一些重要文件。

1. pom.xml

以下代码片段展示了声明的依赖项。

```
<dependencies> <dependency> <groupId>org.springframework.boot</groupId>
<artifactId>spring-boot-starter-web</artifactId> </dependency> <dependency>
<groupId>org.springframework.boot</groupId> <artifactId>spring-boot-
starter-data-jpa</artifactId> </dependency> <dependency>
<groupId>org.springframework.boot</groupId> <artifactId>spring-boot-
starter-actuator</artifactId> </dependency> <dependency>
<groupId>org.springframework.boot</groupId> <artifactId>spring-boot-
devtools</artifactId> <scope>runtime</scope> </dependency> <dependency>
<groupId>org.springframework.boot</groupId> <artifactId>spring-boot-
starter-test</artifactId> <scope>test</scope> </dependency> </dependencies>
```

其他一些重要的细节如下。

- 此组件打包为.jar 文件。
- `org.springframework.boot:spring-boot-starter-parent` 被声明为父级 POM。
- `<java.version>1.8</java.version>`：Java 版本是 1.8。
- Spring Boot Maven 插件（`org.springframework.boot:spring-boot-maven-plugin`）配置为插件。

2. `FirstSpringInitializrApplication.java` 类

`FirstSpringInitializrApplication.java` 是 Spring Boot 的启动程序：

```
package com.mastering.spring;
import org.springframework.boot.SpringApplication;
import org.springframework.boot.autoconfigure
.SpringBootApplication;

@SpringBootApplication
public class FirstSpringInitializrApplication {
    public static void main(String[] args) {
        SpringApplication.run(FirstSpringInitializrApplication.class,
        args);
    }
}
```

3. `FirstSpringInitializrApplicationTests` 类

FirstSpringInitializrApplicationTests 包含基本的上下文，可用于在开始开发应用程序时编写测试。

```
package com.mastering.spring;
import org.junit.Test;
import org.junit.runner.RunWith;
import org.springframework.boot.test.context.SpringBootTest;
import org.springframework.test.context.junit4.SpringRunner;

@RunWith(SpringRunner.class)
@SpringBootTest
public class FirstSpringInitializrApplicationTests {

    @Test
    public void contextLoads() {
    }
}
```

5.7 自动配置概述

自动配置是 Spring Boot 最重要的特性之一。这一节将简要介绍 Spring Boot 自动配置的工作原理。

spring-boot- autoconfigure-{version}.jar 执行大部分 Spring Boot 自动配置工作。在我们启动任何 Spring Boot 应用程序时，大量 bean 自动配置。如何做到这点呢？

以下截图的内容摘自 spring-boot-autoconfigure-{version}.jar 中的 spring.factories。为了节省空间，我们过滤了一些配置。

```
spring.factories
31 org.springframework.boot.autoconfigure.data.jpa.JpaRepositoriesAutoConfiguration,\
32 org.springframework.boot.autoconfigure.data.mongo.MongoDataAutoConfiguration,\
33 org.springframework.boot.autoconfigure.data.mongo.MongoRepositoriesAutoConfiguration,\
34 org.springframework.boot.autoconfigure.data.neo4j.Neo4jDataAutoConfiguration,\
35 org.springframework.boot.autoconfigure.data.neo4j.Neo4jRepositoriesAutoConfiguration,\
36 org.springframework.boot.autoconfigure.data.solr.SolrRepositoriesAutoConfiguration,\
37 org.springframework.boot.autoconfigure.data.redis.RedisAutoConfiguration,\
38 org.springframework.boot.autoconfigure.data.redis.RedisRepositoriesAutoConfiguration,\
39 org.springframework.boot.autoconfigure.data.rest.RepositoryRestMvcAutoConfiguration,\
40 org.springframework.boot.autoconfigure.data.web.SpringDataWebAutoConfiguration,\
41 org.springframework.boot.autoconfigure.elasticsearch.jest.JestAutoConfiguration,\
42 org.springframework.boot.autoconfigure.freemarker.FreeMarkerAutoConfiguration,\
43 org.springframework.boot.autoconfigure.gson.GsonAutoConfiguration,\
44 org.springframework.boot.autoconfigure.h2.H2ConsoleAutoConfiguration,\
45 org.springframework.boot.autoconfigure.hateoas.HypermediaAutoConfiguration,\
46 org.springframework.boot.autoconfigure.hazelcast.HazelcastAutoConfiguration,\
47 org.springframework.boot.autoconfigure.hazelcast.HazelcastJpaDependencyAutoConfiguration,\
48 org.springframework.boot.autoconfigure.info.ProjectInfoAutoConfiguration,\
49 org.springframework.boot.autoconfigure.integration.IntegrationAutoConfiguration,\
50 org.springframework.boot.autoconfigure.jackson.JacksonAutoConfiguration,\
51 org.springframework.boot.autoconfigure.jdbc.DataSourceAutoConfiguration,\
52 org.springframework.boot.autoconfigure.jdbc.JdbcTemplateAutoConfiguration,\
53 org.springframework.boot.autoconfigure.jdbc.JndiDataSourceAutoConfiguration,\
54 org.springframework.boot.autoconfigure.jdbc.XADataSourceAutoConfiguration,\
55 org.springframework.boot.autoconfigure.jdbc.DataSourceTransactionManagerAutoConfiguration,\
56 org.springframework.boot.autoconfigure.jms.JmsAutoConfiguration,\
57 org.springframework.boot.autoconfigure.jmx.JmxAutoConfiguration,\
58 org.springframework.boot.autoconfigure.jms.JndiConnectionFactoryAutoConfiguration,\
59 org.springframework.boot.autoconfigure.jms.activemq.ActiveMQAutoConfiguration,\
60 org.springframework.boot.autoconfigure.jms.artemis.ArtemisAutoConfiguration,\
61 org.springframework.boot.autoconfigure.jms.hornetq.HornetQAutoConfiguration,\
62 org.springframework.boot.autoconfigure.flyway.FlywayAutoConfiguration,\
```

无论何时启动 Spring Boot 应用程序，上面列出的自动配置类都会运行。下面简要介绍其中的一个类：

org.springframework.boot.autoconfigure.web.WebMvcAutoConfiguration。

下面是一小段代码。

```
@Configuration
@ConditionalOnWebApplication
@ConditionalOnClass({ Servlet.class, DispatcherServlet.class,
WebMvcConfigurerAdapter.class })
@ConditionalOnMissingBean(WebMvcConfigurationSupport.class)
@AutoConfigureOrder(Ordered.HIGHEST_PRECEDENCE + 10)
@AutoConfigureAfter(DispatcherServletAutoConfiguration.class)
public class WebMvcAutoConfiguration {
```

需要注意的一些重要事项如下。

❑ `@ConditionalOnClass({ Servlet.class, DispatcherServlet.class, WebMvc-ConfigurerAdapter.class })`：如果任何提到的类位于类路径中，则启用此自动配置。添加 Web starter 项目时，我们提供了所有这些类的依赖项。因此，会启用此自动配置。

- @ConditionalOnMissingBean(WebMvcConfigurationSupport.class)：只有在应用程序未显式声明 `WebMvcConfigurationSupport.class` 类的 bean 时，才会启用此自动配置。
- @AutoConfigureOrder(Ordered.HIGHEST_PRECEDENCE + 10)：这指定了这个自动配置的优先级。

下面来看另一小段代码，它展示了同一类中的其中一个方法。

```
@Bean
@ConditionalOnBean(ViewResolver.class)
@ConditionalOnMissingBean(name = "viewResolver",
value = ContentNegotiatingViewResolver.class)
public ContentNegotiatingViewResolver
viewResolver(BeanFactory beanFactory) {
  ContentNegotiatingViewResolver resolver = new
  ContentNegotiatingViewResolver();
  resolver.setContentNegotiationManager
  (beanFactory.getBean(ContentNegotiationManager.class));
  resolver.setOrder(Ordered.HIGHEST_PRECEDENCE);
  return resolver;
}
```

视图解析器是 `WebMvcAutoConfiguration` 类配置的 bean 之一。上面的代码片段确保了如果应用程序未提供视图解析器，Spring Boot 就自动配置默认视图解析器。需要注意的重要事项如下。

- @ConditionalOnBean(ViewResolver.class)：如果 `ViewResolver.class` 在类路径中，则创建此 bean。
- @ConditionalOnMissingBean(name = "viewResolver", value = ContentNegotiatingViewResolver.class)：如果没有名称为 `viewResolver`、类型为 `ContentNegotiatingViewResolver.class` 的显式声明 bean，则创建此 bean。
- 此方法的剩余内容在视图解析器中配置。

总之言之，所有自动配置逻辑在启动 Spring Boot 应用程序时执行。如果类路径中有特定类（来自特定依赖项或 starter 项目），则执行自动配置类。这些自动配置类确定已配置了哪些 bean。根据现有 bean，它们将允许创建默认 bean。

5.8 小结

Spring Boot 使基于 Spring 的应用程序的开发变得更容易，它使我们能够在项目开始之初就创建可以投入生产的应用程序。

本章介绍了 Spring Boot 和 REST 服务的基础知识。本章讨论了 Spring Boot 的不同特性，并创建了几个经过全面测试的 REST 服务。通过深入分析自动配置，我们了解了后台发生的事件。

下一章将介绍如何在 REST 服务中添加更多功能。

第 6 章 扩展微服务

第 5 章构建了提供几项服务的基本组件。这一章将主要介绍如何添加更多功能，以便在生产环境中使用微服务。

这一章将讨论如何在微服务中添加以下功能：

- 异常处理
- HATEOAS
- 缓存
- 国际化

本章还将说明如何使用 Swagger 为微服务编写文档，并介绍使用 Spring Security 确保微服务安全的基础知识。

6.1 异常处理

异常处理是开发 Web 应用程序时的重要工作之一。一旦发生错误时，我们希望向服务消费方清楚地说明出现了什么异常，而不想看到服务崩溃却无法向服务消费方提供任何有用的信息。

Spring Boot 提供了有效的默认异常处理机制。我们将首先介绍 Spring Boot 提供的默认异常处理机制，然后再说明如何自定义它们。

Spring Boot 的默认异常处理机制

要理解 Spring Boot 提供的默认异常处理机制，首先向一个不存在的 URL 提出请求。

1. 不存在的资源

下面使用标头（`Content-Type:application/json`）向 http://localhost:8080/non-existing-resource 提出 GET 请求。

执行请求后的响应如下图所示。

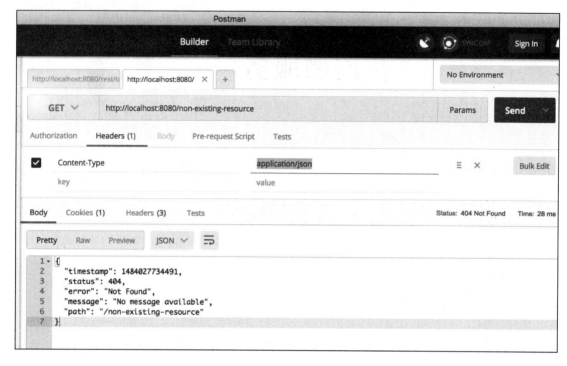

以下代码片段展示了响应的内容。

```
{
  "timestamp": 1484027734491,
  "status": 404,
  "error": "Not Found",
  "message": "No message available",
  "path": "/non-existing-resource"
}
```

需要注意的重要事项如下：

❏ 响应标头的 HTTP 状态是 404 - Resource Not Found；
❏ Spring Boot 返回一条有效的 JSON 消息作为响应，该消息指出未找到资源。

2. 引发异常的资源

我们将创建一个引发异常的资源，并向它发送 GET 请求，以了解应用程序如何响应运行时异常。

下面创建一个引发异常的虚拟服务。以下代码片段展示了一个简单的服务。

```
@GetMapping(path = "/users/dummy-service")
public Todo errorService() {
  throw new RuntimeException("Some Exception Occured");
}
```

需要注意的重要事项如下。

- 我们使用 URI /users/dummy-service 创建了一个 GET 服务。
- 此服务引发了 RuntimeException。我们选择 RuntimeException 以便轻松创建异常。如果需要，可以轻松用自定义异常替代该异常。

下面使用 Postman 向上面的服务（位于 http://localhost:8080/users/dummy-service）提出 GET 请求。生成的响应如下：

```
{
  "timestamp": 1484028119553,
  "status": 500,
  "error": "Internal Server Error",
  "exception": "java.lang.RuntimeException",
  "message": "Some Exception Occured",
  "path": "/users/dummy-service"
}
```

需要注意的重要事项如下：

- 响应标头的 HTTP 状态是 500；Internal server error；
- Spring Boot 也返回了消息，表示引发了异常。

如前面的两个示例所示，Spring Boot 提供了有效的默认异常处理机制。下一节将重点介绍应用程序如何响应自定义异常。

3. 引发自定义异常

下面创建一个自定义异常并通过服务引发该异常。请看下面的代码。

```
public class TodoNotFoundException extends RuntimeException {
  public TodoNotFoundException(String msg) {
    super(msg);
  }
}
```

这段代码非常简单，它定义了 TodoNotFoundException。

现在强化 TodoController 类，以在找不到给定 ID 的待办事项时引发 TodoNotFoundException：

```
@GetMapping(path = "/users/{name}/todos/{id}")
public Todo retrieveTodo(@PathVariable String name,
@PathVariable int id) {
```

```
    Todo todo = todoService.retrieveTodo(id);
    if (todo == null) {
      throw new TodoNotFoundException("Todo Not Found");
    }

 return todo;
}
```

如果 todoService 返回空待办事项，将引发 TodoNotFoundException。

执行该服务，向不存在的待办事项（http://localhost:8080/users/Jack/todos/222）提出 GET 请求时，得到的响应如以下代码片段所示。

```
{
  "timestamp": 1484029048788,
  "status": 500,
  "error": "Internal Server Error",
  "exception":
  "com.mastering.spring.springboot.bean.TodoNotFoundException",
  "message": "Todo Not Found",
  "path": "/users/Jack/todos/222"
}
```

可以看到，服务消费方收到明确的异常响应，但是，有一点可以改进，即响应状态。找不到资源时，建议返回 404 - Resource Not Found 状态。下一个示例将说明如何自定义响应状态。

4. 自定义异常消息

下面介绍如何对前面的异常进行自定义，并通过定制消息返回相应的响应状态。

我们来创建一个 bean，从而定义定制异常消息的结构：

```
public class ExceptionResponse {
  private Date timestamp = new Date();
  private String message;
  private String details;

  public ExceptionResponse(String message, String details) {
    super();
    this.message = message;
    this.details = details;
  }

  public Date getTimestamp() {
    return timestamp;
  }

  public String getMessage() {
    return message;
  }

  public String getDetails() {
```

```
    return details;
  }
}
```

我们已创建了一个简单的异常响应 bean，它带有一个自动填充的时间戳和一些附加属性，即消息和详细信息。

引发 TodoNotFoundException 时，我们希望使用 ExceptionResponse bean 返回响应。以下代码展示了如何为 TodoNotFoundException.class 创建全局异常处理。

```
@ControllerAdvice
@RestController
public class RestResponseEntityExceptionHandler
  extends  ResponseEntityExceptionHandler
  {
    @ExceptionHandler(TodoNotFoundException.class)
    public final ResponseEntity<ExceptionResponse>
    todoNotFound(TodoNotFoundException ex) {
      ExceptionResponse exceptionResponse =
      new ExceptionResponse(  ex.getMessage(),
      "Any details you would want to add");
      return new ResponseEntity<ExceptionResponse>
      (exceptionResponse, new HttpHeaders(),
      HttpStatus.NOT_FOUND);
    }
  }
```

需要注意的重要事项如下。

- RestResponseEntityExceptionHandler extends ResponseEntityException-Handler：我们扩展了 ResponseEntityExceptionHandler，它是 Spring MVC 提供的基类，用于对 ControllerAdvice 类进行集中式异常处理。
- @ExceptionHandler(TodoNotFoundException.class)：这规定了后面的方法将处理特定异常 TodoNotFoundException.class。未定义自定义异常处理的其他任何异常会遵循 Spring Boot 的默认异常处理机制。
- ExceptionResponse exceptionResponse = new ExceptionResponse(ex.getMessage(), "Any details you would want to add")：这创建了定制异常响应。
- new ResponseEntity<ExceptionResponse>(exceptionResponse, new HttpHeaders(), HttpStatus.NOT_FOUND)：这规定了应使用前面定义的自定义异常返回 404 Resource Not Found 响应。

执行该服务，向不存在的待办事项（http://localhost:8080/users/Jack/todos/222）提出 GET 请求时，我们会得到以下响应。

```
{
  "timestamp": 1484030343311,
```

```
    "message": "Todo Not Found",
    "details": "Any details you would want to add"
}
```

如果希望为所有异常创建通用异常消息,可以使用@ExceptionHandler(Exception.class)注解在 RestResponseEntityExceptionHandler 中添加一个方法。

如以下代码片段所示。

```
@ExceptionHandler(Exception.class)
public final ResponseEntity<ExceptionResponse> todoNotFound(
Exception ex) {
    // 定制并返回响应
}
```

任何未定义定制异常处理程序的异常会由上面的方法处理。

5. 响应状态

使用 REST 服务时,应关注的重要事项之一是错误响应的响应状态。下表列出了各种情景和相应的错误响应状态。

情 景	响应状态
请求正文不符合 API 规范。它未提供足够的详细信息,或包含验证错误	400 BAD REQUEST
身份验证或授权失败	401 UNAUTHORIZED
由于各种原因(如超出限制),用户无法执行操作	403 FORBIDDEN
资源不存在	404 NOT FOUND
操作不受支持。例如,在只允许使用 GET 方法时,尝试对资源提出 POST 请求	405 METHOD NOT ALLOWED
服务器错误。理想情况下,不应出现这种情况。消费方将无法解决此问题	500 INTERNAL SERVER ERROR

这一节介绍了 Spring Boot 提供的默认异常处理机制,以及如何对它进行自定义以进一步满足我们的需求。

6.2 HATEOAS

HATEOAS 是 REST 应用程序架构的约束条件之一。

下面考虑一种情况:服务消费方使用大量来自服务提供方的服务。要开发这类系统,最简单的方法是,要求服务消费方存储他们需要服务提供方提供的每项资源的资源 URI,但这会在服务提供方与服务消费方之间建立紧密耦合。无论何时,如果服务提供方的资源 URI 发生变化,服务消费方也需要更新。

以典型的 Web 应用程序为例。假定我导航到银行账户详细信息页面。大部分银行会在网站上显示我的银行账户可以执行的所有交易,以便我可以使用链接轻松导航。

6.2 HATEOAS

如果可以在 RESTful 服务中引入类似的概念，使服务不仅返回与请求的资源有关的数据，而且提供其他相关资源的详细信息，会出现什么情况呢？

HATEOAS 实现了这个概念，它可以向 RESTful 服务显示给定资源的相关链接。返回特定资源的详细信息时，我们还返回了可以对该资源执行的操作的链接以及相关资源的链接。如果服务消费方可以使用响应中的链接进行交易，就不需要对所有链接进行硬编码。

Roy Fielding 讨论与 HATEOAS 相关的约束条件的摘要内容如下：

> REST API 不得定义固定资源名称或层级结构（客户端与服务器的明显耦合），服务器必须能自由控制自己的命名空间。相反，允许服务器通过在媒体类型和链接关系中定义指令，来指示客户端如何构建适当的 URI，就像 HTML 表单和 URI 模板所做的那样。除了初始 URI（书签）和一组适用于目标受众的标准化媒体类型（即所有可能使用 API 的客户端应该理解）外，使用 REST API 不应有任何"先验知识"。从那时开始，所有应用程序状态转换必须按如下方式完成：服务器在收到的表述性消息中提供选项，或者用户对表述性消息的操作暗示这些选项，客户端做出选择。状态转换由客户端对媒体类型的了解程度和资源通信机制决定，或受限于这些因素，这二者可以动态改进（如按需使用代码）。

下面展示了一个包含 HATEOAS 链接的示例响应。这是为检索所有待办事项而向 /todos 提出请求所得到的响应。

```
{
  "_embedded" : {
    "todos" : [ {
      "user" : "Jill",
      "desc" : "Learn Hibernate",
      "done" : false,
      "_links" : {
      "self" : {
          "href" : "http://localhost:8080/todos/1"
          },
      "todo" : {
          "href" : "http://localhost:8080/todos/1"
           }
        }
    } ]
  },
  "_links" : {
  "self" : {
          "href" : "http://localhost:8080/todos"
          },
  "profile" : {
          "href" : "http://localhost:8080/profile/todos"
          },
```

```
"search" : {
        "href" : "http://localhost:8080/todos/search"
        }
   },
}
```

前面的响应包含指向以下项目的链接：

- 特定待办事项（http://localhost:8080/todos/1）
- 搜索资源（http://localhost:8080/todos/search）

如果服务消费方希望执行搜索，它可以选择采用响应中的搜索 URL，并向其发送搜索请求。这会降低服务提供方与服务消费方之间的耦合度。

在响应中发送 HATEOAS 链接

学习完 HATEOAS 后，我们来了解如何在响应中发送与资源有关的链接。

Spring Boot starter HATEOAS

Spring Boot 有一个专用于 HATEOAS 的 starter——spring-boot-starter-hateoas。需要将它添加到 pom.xml 文件中。

依赖项如以下代码片段所示。

```
<dependency>
    <groupId>org.springframework.boot</groupId>
    <artifactId>spring-boot-starter-hateoas</artifactId>
</dependency>
```

spring-boot-starter-hateoas 的一个重要的依赖项为 spring-hateoas，它提供了 HATEOAS 功能：

```
<dependency>
    <groupId>org.springframework.hateoas</groupId>
    <artifactId>spring-hateoas</artifactId>
</dependency>
```

下面强化 retrieveTodo 资源（/users/{name}/todos/{id}），从而返回链接来检索响应中的所有待办事项（/users/{name}/todos）：

```
@GetMapping(path = "/users/{name}/todos/{id}")
public Resource<Todo> retrieveTodo(
@PathVariable String name, @PathVariable int id) {
Todo todo = todoService.retrieveTodo(id);
    if (todo == null) {
        throw new TodoNotFoundException("Todo Not Found");
    }
```

```
Resource<Todo> todoResource = new Resource<Todo>(todo);
ControllerLinkBuilder linkTo =
linkTo(methodOn(this.getClass()).retrieveTodos(name));
todoResource.add(linkTo.withRel("parent"));

return todoResource;
}
```

需要注意的重要事项如下。

- `ControllerLinkBuilder linkTo = linkTo(methodOn(this.getClass()).retrieveTodos(name))`：我们希望获得一个链接，指向当前类中的 `retrieveTodos` 方法。
- `linkTo.withRel("parent")`：与当前资源的关系是父级关系。

以下代码片段展示了向 http://localhost:8080/users/Jack/todos/1 发送 GET 请求时收到的响应。

```
{
  "id": 1,
  "user": "Jack",
  "desc": "Learn Spring MVC",
  "targetDate": 1484038262110,
  "done": false,
  "_links": {
        "parent": {
          "href": "http://localhost:8080/users/Jack/todos"
        }
  }
}
```

`_links` 部分会包含所有链接。当前只有一个父级关系的链接，`href` 为 http://localhost:8080/users/Jack/todos。

> 如果在执行上面的请求时遇到问题，请尝试使用 Accept 标头（`application/json`）执行该请求。

当前，大多数资源不经常使用 HATEOAS，但是，在降低服务提供方与消费方之间的耦合度方面，它确实很有用处。

6.3 验证

可靠的服务会始终在处理数据之前进行验证。这一节将介绍 Bean Validation API，以及如何使用它的参考实现在服务中实施验证功能。

Bean Validation API 提供了许多可用于验证 bean 的注解。JSR 349 规范定义了 Bean Validation API 1.1。Hibernate-validator 是参考实现。spring-boot-web-starter 项目已将它们定义为依赖项：

- hibernate-validator-5.2.4.Final.jar
- validation-api-1.1.0.Final.jar

我们将为 createTodo 服务方法创建一个简单的验证。

创建验证需要两个步骤。

(1) 对控制器方法启用验证。
(2) 添加 bean 验证。

6.3.1 对控制器方法启用验证

对控制器方法启用验证非常简单。以下代码片段展示了一个示例。

```
@RequestMapping(method = RequestMethod.POST,
path = "/users/{name}/todos")
ResponseEntity<?> add(@PathVariable String name
@Valid @RequestBody Todo todo) {
```

`@Valid`(package javax.validation)注解用于标记验证参数。在 Todo bean 中定义的任何验证都在执行 add 方法之前执行。

6.3.2 定义 bean 验证

下面定义一些 Todo bean 验证:

```
public class Todo {
  private int id;

  @NotNull
  private String user;

  @Size(min = 9, message = "Enter atleast 10 Characters.")
  private String desc;
```

需要注意的重要事项如下。

- `@NotNull`：验证用户字段是否不为空。
- `@Size(min = 9, message = "Enter atleast 10 Characters.")`：检查 desc 字段是否至少包含 9 个字符。

有许多其他注解可用于验证 bean。下面列出了一些 bean 验证注解。

- `@AssertFalse`、`@AssertTrue`：用于布尔元素，检查被注解的元素。
- `@AssertFalse`：检查是否为 false。`@Assert` 检查是否为 true。
- `@Future`：被注解的元素必须为将来日期。

- `@Past`：被注解的元素必须为过去日期。
- `@Max`：被注解的元素必须为数字，它的值必须小于或等于指定最大值。
- `@Min`：被注解的元素必须为数字，它的值必须大于或等于指定最小值。
- `@NotNull`：被注解的元素不能为 null。
- `@Pattern`：被注解的{@code CharSequence}元素必须与指定正则表达式相匹配。正则表达式遵循 Java 正则表达式约定。
- `@Size`：被注解的元素的大小必须在指定边界内。

6.3.3 验证功能单元测试

以下示例展示了如何对我们添加的验证功能进行单元测试。

```
@Test
public void createTodo_withValidationError() throws Exception {
  Todo mockTodo = new Todo(CREATED_TODO_ID, "Jack",
  "Learn Spring MVC", new Date(), false);

  String todo = "{"user":"Jack","desc":"Learn","done":false}";

  when( service.addTodo(
    anyString(), anyString(), isNull(), anyBoolean()))
   .thenReturn(mockTodo);

    MvcResult result = mvc.perform(
    MockMvcRequestBuilders.post("/users/Jack/todos")
   .content(todo)
   .contentType(MediaType.APPLICATION_JSON))
   .andExpect(
       status().is4xxClientError()).andReturn();
}
```

需要注意的重要事项如下。

- `"desc":"Learn"`：我们使用长度为 5 的 desc 值。对于`@Size(min = 9, message = "Enter atleast 10 Characters.")`检查，这会导致验证失败。
- `.andExpect(status().is4xxClientError())`：检查验证错误状态。

6.4 编写 REST 服务文档

在服务提供方可以公布服务之前，他们需要服务契约。服务契约定义有关服务的各种详细信息。

- 如何调用服务，服务的 URI 是什么？
- 应采用什么样的请求格式？
- 应期待收到什么类型的响应？

有多个选项可用于为 RESTful 服务定义服务契约。近年来，最常用的选项是 Swagger。过去几年中，由于大型供应商的支持，Swagger 获得了大量市场份额。这一节会为我们的服务生成 Swagger 文档。

以下引述来自 Swagger 网站，定义了 Swagger 规范的目的：

> Swagger 规范将为你的 API 创建 RESTful 契约，以人机可读的格式详细说明它的所有资源及操作，以便轻松开发、发现和集成。

生成 Swagger 规范

过去几年中，RESTful 服务开发经历了一个有趣的发展阶段——各种工具不断进化，可以根据代码来生成服务文档（规范）。这确保了代码与文档始终保持同步。

Springfox Swagger 可用于根据 RESTful 服务代码生成 Swagger 文档。另外，还有一个称为 **Swagger UI** 的强大工具，它集成到应用程序中后，可以生成人类可读的文档。

以下代码片段展示了如何在 pom.xml 文件中添加这两个工具。

```
<dependency>
  <groupId>io.springfox</groupId>
  <artifactId>springfox-swagger2</artifactId>
  <version>2.4.0</version>
</dependency>

<dependency>
  <groupId>io.springfox</groupId>
  <artifactId>springfox-swagger-ui</artifactId>
  <version>2.4.0</version>
</dependency>
```

下一步是添加配置类以启用并生成 Swagger 文档，如以下代码片段所示。

```
@Configuration
@EnableSwagger2
public class SwaggerConfig {
  @Bean
  public Docket api() {
    return new Docket(DocumentationType.SWAGGER_2)
     .select()
     .apis(RequestHandlerSelectors.any())
     .paths(PathSelectors.any()).build();
  }
}
```

需要注意的重要事项如下。

- `@Configuration`：定义 Spring 配置文件。
- `@EnableSwagger2`：此注解启用 Swagger 支持。

- Docket：一个简单的生成器类，可以配置它以便使用 Swagger Spring MVC 框架来生成 Swagger 文档。
- new Docket(DocumentationType.SWAGGER_2)：将 Swagger 2 配置为要使用的 Swagger 版本。
- .apis(RequestHandlerSelectors.any()).paths(PathSelectors.any())：在文档中包括所有 API 和路径。

运行服务器后，即可启动 API 文档 URL（http://localhost:8080/v2/api-docs）。下图展示了一些生成的文档。

我们来看几个生成的文档。以下列出的是用于检索 todos 服务的文档：

```
"/users/{name}/todos": {
  "get": {
  "tags": [
       "todo-controller"
     ],
  "summary": "retrieveTodos",
```

```
            "operationId": "retrieveTodosUsingGET",
            "consumes": [
                    "application/json"
                ],
            "produces": [
                    "*/*"
                ],
            "parameters": [
                {
                  "name": "name",
                  "in": "path",
                  "description": "name",
                  "required": true,
                  "type": "string"
                }
                ],
            "responses": {
                "200": {
                    "description": "OK",
                    "schema": {
                        "type": "array",
                        "items": {
                            "$ref": "#/definitions/Todo"
                        }
                      }
                    },
                "401": {
                    "description": "Unauthorized"
                    },
                "403": {
                    "description": "Forbidden"
                    },
                "404": {
                    "description": "Not Found"
                    }
                }
            }
```

服务定义对服务请求和响应做出了明确定义，还定义了在不同情况下，服务可能返回的各种响应状态。

以下代码片段展示了 Todo bean 的定义。

```
"Resource«Todo»": {
  "type": "object",
  "properties": {
    "desc": {
            "type": "string"
        },
    "done": {
            "type": "boolean"
        },
    "id": {
```

```
                "type": "integer",
                "format": "int32"
            },
    "links": {
            "type": "array",
            "items": {
                    "$ref": "#/definitions/Link"
                }
        },
    "targetDate": {
                "type": "string",
                "format": "date-time"
            },
    "user": {
            "type": "string"
        }
    }
}
```

它定义了 Todo bean 中的所有元素及其格式。

1. Swagger UI

Swagger UI（http://localhost:8080/swagger-ui.html）也可用于查看文档。Swagger UI 由在上一步添加到 pom.xml 中的依赖项（`io.springfox:springfox-swagger-ui`）启动。

Swagger UI 还提供了在线版本。可以使用 Swagger UI 直观显示任何 Swagger 文档（swagger JSON）。

下图展示了控制器公布的服务列表。单击展开任何控制器，即可显示每个控制器支持的请求方法和 URI 列表。

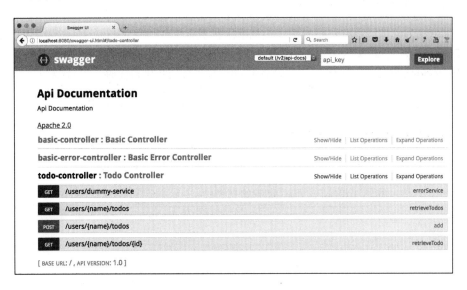

下图展示了用于为 Swagger UI 中的用户创建 `todo` 的 POST 服务的详细信息。

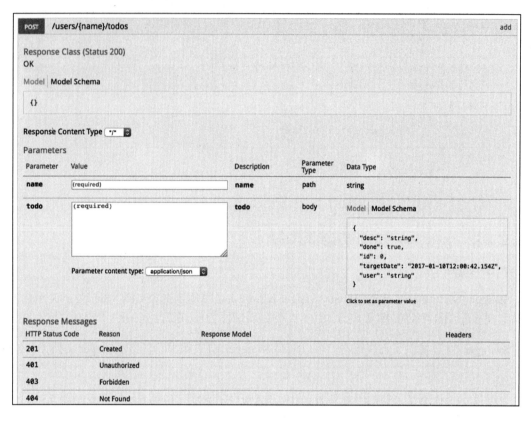

需要注意的重要事项如下：

- **Parameters** 显示所有重要参数，包括请求正文；
- **Parameter Type** body（对于 `todo` 参数）显示请求正文的预期结构；
- **Response Messages** 部分显示服务返回的不同 HTTP 状态代码。

Swagger UI 提供了一种非常有效的方法，以便为 API 轻松创建服务定义。

2. 使用注解自定义 Swagger 文档

此外，Swagger UI 还提供了一些注解，可进一步对文档进行自定义。

下面列出的是一些用于检索 `todos` 服务的文档：

```
"/users/{name}/todos": {
  "get": {
    "tags": [
        "todo-controller"
```

```
        ],
    "summary": "retrieveTodos",
    "operationId": "retrieveTodosUsingGET",
    "consumes": [
            "application/json"
            ],
    "produces": [
            "*/*"
            ],
```

可以看到，生成的文档非常原始。我们可以在文档中做一些改进，以更准确地描述服务，例如：

❏ 提供更准确的摘要；
❏ 添加应用程序/JSON 到 produces。

Swagger 提供了一些注解，可以将它们添加到 RESTful 服务中，以自定义文档。下面在控制器中添加几个注解以改进文档。

```
@ApiOperation(
  value = "Retrieve all todos for a user by passing in his name",
  notes = "A list of matching todos is returned. Current pagination
is not supported.",
  response = Todo.class,
  responseContainer = "List",
  produces = "application/json")
@GetMapping("/users/{name}/todos")
public List<Todo> retrieveTodos(@PathVariable String name) {
    return todoService.retrieveTodos(name);
}
```

需要注意如下要点。

❏ @ApiOperation(value = "Retrieve all todos for a user by passing in his name")：在文档中生成，作为服务摘要。
❏ notes = "A list of matching todos is returned. Current pagination is not supported."：在文档中生成，作为服务说明。
❏ produces = "application/json"：自定义服务文档的 produces 部分。

以下代码片段摘自更新后的文档。

```
get": {
    "tags": [
            "todo-controller"
            ],
    "summary": "Retrieve all todos for a user by passing in his
     name",
    "description": "A list of matching todos is returned. Current
     pagination is not supported.",
    "operationId": "retrieveTodosUsingGET",
    "consumes": [
```

```
                "application/json"
            ],
    "produces": [
                "application/json",
                "*/*"
            ],
```

Swagger 提供了许多其他对文档进行自定义的注解。下面列出了一些重要的注解。

- `@Api`：将类标记为 Swagger 资源。
- `@ApiModel`：提供有关 Swagger 模型的附加信息。
- `@ApiModelProperty`：添加并操纵模型属性数据。
- `@ApiOperation`：描述针对特定路径执行的操作和 HTTP 方法。
- `@ApiParam`：为操作参数添加其他元数据。
- `@ApiResponse`：描述操作的示例响应。
- `@ApiResponses`：包装器，允许使用一组多个 `ApiResponse` 对象。
- `@Authorization`：声明要用于资源或操作的授权方案。
- `@AuthorizationScope`：描述 OAuth 2 授权作用域。
- `@ResponseHeader`：表示可以作为响应的一部分提供的标头。

Swagger 提供了一些 Swagger 定义注解，可以使用它们来定制与一组服务有关的概要信息，如契约、许可和其他常规信息。下面列出了其中一些重要的注解。

- `@SwaggerDefinition`：要添加到所生成的 Swagger 定义中的定义级属性。
- `@Info`：Swagger 定义的一般元数据。
- `@Contact`：一些属性，介绍为生成 Swagger 定义要联系的个人。
- `@License`：一些属性，描述 Swagger 定义的许可证。

6.5 使用 Spring Security 确保 REST 服务的安全

到目前为止创建的所有服务都不安全，消费方不需要提供任何凭据即可访问这些服务，但实际上所有服务通常会有安全保障。

这一节将介绍两种对 REST 服务进行身份验证的方法：

- 基本身份验证；
- OAuth 2.0 身份验证。

我们将通过 Spring Security 实现这两种身份验证。

Spring Boot 使用 `spring-boot-starter-security` 为 Spring Security 提供了 starter。我们首先将 Spring Security starter 添加到 pom.xml 文件中。

6.5.1 添加 Spring Security starter

在 pom.xml 文件中添加以下依赖项。

```
<dependency>
  <groupId>org.springframework.boot</groupId>
  <artifactId>spring-boot-starter-security</artifactId>
</dependency>
```

`Spring-boot-starter-security` 依赖项包含 3 个重要的 Spring Security 依赖项：

- `spring-security-config`
- `spring-security-core`
- `spring-security-web`

6.5.2 基本身份验证

默认情况下，`Spring-boot-starter-security` 依赖项还会为所有服务自动配置基本身份验证。

现在如果尝试访问服务，就会收到 `"Access Denied"` 消息。

向 http://localhost:8080/users/Jack/todos 发送请求时，收到的响应如以下代码片段所示。

```
{
  "timestamp": 1484120815039,
  "status": 401,
  "error": "Unauthorized",
  "message": "Full authentication is required to access this
   resource",
  "path": "/users/Jack/todos"
}
```

此响应的状态为 `401 - Unauthorized`。

如果资源受到基本身份验证保护，就需要发送用户 ID 和密码以对请求进行身份验证。由于未配置用户 ID 和密码，Spring Boot 会自动配置默认用户 ID 和密码。默认用户 ID 为 `user`。默认密码通常在日志中显示。

以下代码片段展示了示例。

```
2017-01-11 13:11:58.696 INFO 3888 --- [ restartedMain]
b.a.s.AuthenticationManagerConfiguration :

Using default security password: 3fb5564a-ce53-4138-9911-8ade17b2f478

2017-01-11 13:11:58.771 INFO 3888 --- [ restartedMain]
o.s.s.web.DefaultSecurityFilterChain : Creating filter chain: Ant
[pattern='/css/**', []
```

在上面的代码片段中，下划线部分即为日志中的默认安全密码。

可以使用 Postman，采用基本身份验证提出请求。下图展示了如何与请求一起发送基本的身份验证信息。

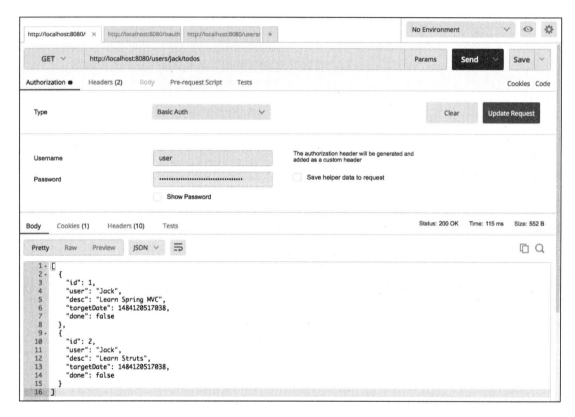

可以看到，身份验证成功，我们收到了正确响应。

可以在 application.properties 中配置选定的用户 ID 和密码：

```
security.user.name=user-name
security.user.password=user-password
```

此外，Spring Security 还提供了一些选项，可以通过 LDAP、JDBC 或其他任何包含用户凭据的数据源进行身份验证。

1．集成测试

由于凭据无效，我们为前面的服务编写的集成测试一开始就会失败。现在更新集成测试，提供基本的身份验证凭据：

```
private TestRestTemplate template = new TestRestTemplate();
HttpHeaders headers = createHeaders("user-name", "user-password");

HttpHeaders createHeaders(String username, String password) {
  return new HttpHeaders() {
    {
      String auth = username + ":" + password;
      byte[] encodedAuth = Base64.getEncoder().encode
        (auth.getBytes(Charset.forName("US-ASCII")));
      String authHeader = "Basic " + new String(encodedAuth);
      set("Authorization", authHeader);
    }
  };
}

@Test
public void retrieveTodos() throws Exception {
  String expected = "["
  + "{id:1,user:Jack,desc:\"Learn Spring MVC\",done:false}" + ","
  + "{id:2,user:Jack,desc:\"Learn Struts\",done:false}" + "]";
  ResponseEntity<String> response = template.exchange(
  createUrl("/users/Jack/todos"), HttpMethod.GET,
  new HttpEntity<String>(null, headers),
  String.class);
  JSONAssert.assertEquals(expected, response.getBody(), false);
}
```

需要注意的重要事项如下。

- `createHeaders("user-name", "user-password")`：此方法创建 `Base64.getEncoder().encode` 基本身份验证标头。
- `ResponseEntity<String> response = template.exchange(createUrl("/users/Jack/todos"), HttpMethod.GET,new HttpEntity<String> (null, headers), String.class)`：主要的变化是使用了 `HttpEntity`，以在 REST 模板中提供上面创建的标头。

2. 单元测试

我们不想对单元测试启用安全性。以下代码片段展示了如何对单元测试禁用安全性。

```
@RunWith(SpringRunner.class)
@WebMvcTest(value = TodoController.class, secure = false)
public class TodoControllerTest {
```

`WebMvcTest` 注解中的 `secure = false` 参数是关键，这会对单元测试禁用 Spring Security。

6.5.3 OAuth 2 身份验证

OAuth 是一种协议，它提供了各种流以便在一系列 Web 应用程序与服务器之间交换授权身份验证信息。使用该协议，第三方应用程序可以有限访问服务（例如，Facebook、Twitter 或 GitHub）中的用户信息。

在介绍详细信息之前，了解在进行 OAuth 2 身份验证时常用的术语会有好处。

下面举例说明。假设我们要向互联网上的第三方应用程序公开 Todo API。

典型的 OAuth 2 交换涉及以下重要角色。

- **资源所有者**：想要使用 Todo API 的第三方应用程序用户。它决定要将多少 API 可用的信息提供给第三方应用程序。
- **资源服务器**：此服务器托管 Todo API——我们要保护的资源。
- **客户端**：这是要使用 API 的第三方应用程序。
- **授权服务器**：这是提供 OAuth 服务的服务器。

1. 高级流

以下步骤说明了典型 OAuth 身份验证的高级流。

(1) 应用程序请求用户授予访问 API 资源的权限。
(2) 用户提供访问权限后，应用程序收到授权许可。
(3) 应用程序向授权服务器提供用户授权许可和它自己的客户端凭据。
(4) 如果身份验证取得成功，授权服务器将做出响应，提供访问令牌。
(5) 应用程序调用 API（资源服务器），提供访问令牌进行身份验证。
(6) 如果访问令牌有效，资源服务器将返回资源的详细信息。

2. 对我们的服务实现 OAuth 2 身份验证

OAuth 2 for Spring Security（spring-security-oauth2）是向 Spring Security 提供 OAuth 2 支持的模块。将它作为依赖项添加到 pom.xml 文件中：

```
<dependency>
    <groupId>org.springframework.security.oauth</groupId>
    <artifactId>spring-security-oauth2</artifactId>
</dependency>
```

- **设置授权和资源服务器**

spring-security-oauth2 尚未用对 Spring Framework 5.x 和 Spring Boot 2.x 做出的更改进行更新（截至 2017 年 6 月）。因此，在与 OAuth 2 身份验证相关的示例中，我们会使用 Spring Boot 1.5.x。这里的代码示例保存在 GitHub 存储库中。

通常，授权服务器是与公开 API 的应用程序不同的服务器。为简单起见，我们将使当前的 API 服务器同时充当资源服务器和授权服务器。

以下代码片段展示了如何使应用程序充当资源和授权服务器。

```
@EnableResourceServer
@EnableAuthorizationServer
@SpringBootApplication
public class Application {
```

要注意的重要事项如下。

- `@EnableResourceServer`：用于 OAuth 2 资源服务器的实用注解，它启用 Spring Security 过滤器以通过传入的 OAuth 2 令牌对请求进行身份验证。
- `@EnableAuthorizationServer`：实用注解，用于在当前应用程序上下文（必须为 `DispatcherServlet` 上下文）中通过 `AuthorizationEndpoint` 和 `TokenEndpoint` 启用授权服务器。

现在即可在 application.properties 中配置详细访问权限，如以下代码片段所示。

```
security.user.name=user-name
security.user.password=user-password
security.oauth2.client.clientId: clientId
security.oauth2.client.clientSecret: clientSecret
security.oauth2.client.authorized-grant-types:
authorization_code,refresh_token,password
security.oauth2.client.scope: openid
```

一些重要的细节如下。

- `security.user.name` 和 `security.user.password` 是资源所有者（第三方应用程序的最终用户）的详细身份验证信息。
- `security.oauth2.client.clientId` 和 `security.oauth2.client.clientSecret` 是客户端——即第三方应用程序（服务消费方）——的详细身份验证信息。

● **执行 OAuth 请求**

需要分两步访问 API。

(1) 获取访问令牌。
(2) 使用访问令牌执行请求。

● **获取访问令牌**

要获取访问令牌，我们将调用授权服务器（http://localhost:8080/oauth/token），以基本身份验证模式提供详细的客户端身份验证信息，并通过表单数据提供用户凭据。下图展示了如何以基本身份验证模式配置详细的客户端身份验证信息。

第 6 章 扩展微服务

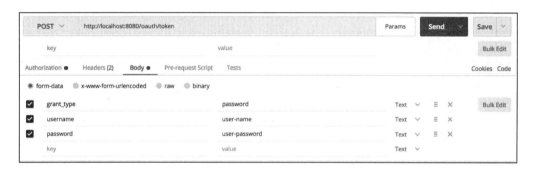

下图展示了如何将详细的用户身份验证信息配置为 POST 参数的一部分。

我们将 `grant_type` 作为密码,表示正在发送详细用户身份验证信息以获取访问令牌。执行请求时,收到的响应与以下代码片段中的响应类似。

```
{
  "access_token": "a633dd55-102f-4f53-bcbd-a857df54b821",
  "token_type": "bearer",
  "refresh_token": "d68d89ec-0a13-4224-a29b-e9056768c7f0",
  "expires_in": 43199,
  "scope": "openid"
}
```

请注意以下要点。

- `access_token`:客户端应用程序可以使用访问令牌对后续 API 调用进行身份验证。不过访问令牌会过期,通常会在极短时间内过期。
- `refresh_token`:客户端应用程序可以向具有 `refresh_token` 的身份验证服务器提交新请求,以获取新的 `access_token`。

● 使用访问令牌执行请求

具有 `access_token` 后,即可使用它来执行请求,如下图所示。

6.5 使用 Spring Security 确保 REST 服务的安全

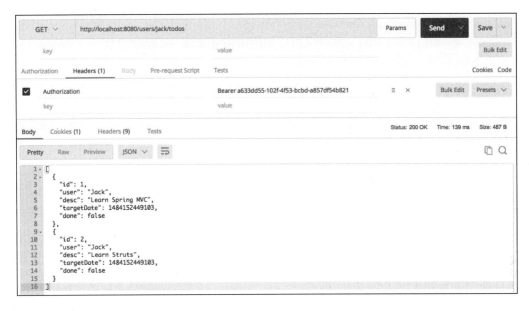

如上图所示，我们在请求标头 Authorization 中提供了访问令牌。我们使用的是"Bearer {access_token}"格式的值。身份验证取得成功，我们获得了所需的资源详细信息。

- 集成测试

现在更新集成测试，以提供 OAuth 2 凭据。以下测试介绍了重要信息：

```
@Test
public void retrieveTodos() throws Exception {
  String expected = "["
  + "{id:1,user:Jack,desc:\"Learn Spring MVC\",done:false}" + ","
  +"{id:2,user:Jack,desc:\"Learn Struts\",done:false}" + "]";
  String uri = "/users/Jack/todos";
  ResourceOwnerPasswordResourceDetails resource =
  new ResourceOwnerPasswordResourceDetails();
  resource.setUsername("user-name");
  resource.setPassword("user-password");
  resource.setAccessTokenUri(createUrl("/oauth/token"));
  resource.setClientId("clientId");
  resource.setClientSecret("clientSecret");
  resource.setGrantType("password");
  OAuth2RestTemplate oauthTemplate = new
  OAuth2RestTemplate(resource,new
  DefaultOAuth2ClientContext());
  ResponseEntity<String> response =
  oauthTemplate.getForEntity(createUrl(uri), String.class);
  JSONAssert.assertEquals(expected, response.getBody(), false);
}
```

需要注意的重要事项如下。

- `ResourceOwnerPasswordResourceDetails resource = new ResourceOwnerPasswordResourceDetails()`：我们用用户凭据和客户端凭据设置 `ResourceOwnerPasswordResourceDetails`。
- `resource.setAccessTokenUri(createUrl("/oauth/token"))`：配置身份验证服务器的 URL。
- `OAuth2RestTemplate oauthTemplate = new OAuth2RestTemplate(resource, new DefaultOAuth2ClientContext())`：`OAuth2RestTemplate` 是对 `RestTemplate` 的扩展，它支持 OAuth 2 协议。

这一节介绍了如何对我们的资源启用 OAuth 2 身份验证。

6.6 国际化

国际化（i18n）是指开发应用程序和服务，以便根据全球各地的不同语言和文化对它们进行定制的过程，也被称为本地化。国际化（或本地化）的目标是构建能够以多种语言和格式提供内容的应用程序。

Spring Boot 本身就支持国际化。

下面构建一个简单的服务，了解如何在 API 中置入国际化。

需要在 Spring Boot 应用程序中添加 `LocaleResolver` 和消息源。应在 Application.java 中添加以下代码片段。

```
@Bean
public LocaleResolver localeResolver() {
  SessionLocaleResolver sessionLocaleResolver =
  new SessionLocaleResolver();
  sessionLocaleResolver.setDefaultLocale(Locale.US);
  return sessionLocaleResolver;
}

@Bean
public ResourceBundleMessageSource messageSource() {
  ResourceBundleMessageSource messageSource =
  new ResourceBundleMessageSource();
  messageSource.setBasenames("messages");
  messageSource.setUseCodeAsDefaultMessage(true);
  return messageSource;
}
```

需要注意的重要事项如下。

- `sessionLocaleResolver.setDefaultLocale(Locale.US)`：我们使用的默认区域设置为 `Locale.US`。

- `messageSource.setBasenames("messages")`：我们将消息源的基本名称设置为 messages。如果采用 fr 区域设置（法国），将使用 message_fr.properties 中的消息。如果 message_fr.properties 中没有可用的消息，则在默认 message.properties 中搜索消息。
- `messageSource.setUseCodeAsDefaultMessage(true)`：如果找不到消息，则返回此代码，将其作为默认消息。

下面配置各个文件中的消息。首先从 messages 属性开始，此文件中的消息将作为默认消息：

welcome.message=Welcome in English

此外还应配置 messages_fr.properties，此文件中的消息将用于区域设置。如果其中不包含消息，那么会使用 messages.properties 中的默认消息：

welcome.message=Welcome in French

下面使用在 "Accept-Language" 标头中指定的区域设置，创建一个返回特定消息的服务：

```
@GetMapping("/welcome-internationalized")
public String msg(@RequestHeader(value = "Accept-Language",
required = false) Locale locale) {
  return messageSource.getMessage("welcome.message", null,
  locale);
}
```

下面是一些要注意的重要事项。

- `@RequestHeader(value = "Accept-Language", required = false) Locale locale`：区域设置取自请求标头 Accept-Language，它不是必需的。如果未指定区域设置，则使用默认区域设置。
- `messageSource.getMessage("welcome.message", null, locale)`：messageSource 自动装配到控制器中。根据给定区域设置我们收到欢迎消息。

下图展示了在未指定默认 Accept-Language 时，调用上面的服务时收到的响应。

这时返回的是 messages.properties 中的默认消息。

下图展示了用 Accept-Language fr 调用上面的服务时收到的响应。

这时返回的是 messages_fr.properties 中的本地化消息。

在上例中，我们对服务进行了自定义，以根据请求中的区域设置返回本地化消息。可以采用类似的方法对组件中的所有服务进行国际化。

6.7 缓存

缓存服务数据对提高应用程序的性能和可扩展性至关重要。这一节将介绍 Spring Boot 提供的实现缓存的选项。

Spring 基于注解提供了缓存抽象机制。我们首先介绍如何使用 Spring 缓存注解，稍后会介绍 JSR-107 缓存注解，并将它们与 Spring 抽象机制进行比较。

6.7.1 `spring-boot-starter-cache`

Spring Boot 提供了一个用于缓存的 starter 项目——spring-boot-starter-cache。将此项目添加到应用程序中后，启用 JSR-107 和 Spring 缓存注解所需的所有依赖项都将引入。以下代码片段展示了 spring-boot-starter-cache 的依赖项详情。将这段代码添加到 pom.xml 文件中。

```
<dependency>
  <groupId>org.springframework.boot</groupId>
  <artifactId>spring-boot-starter-cache</artifactId>
</dependency>
```

6.7.2 启用缓存

在开始使用缓存之前,需要对应用程序启用缓存。以下代码片段展示了如何启用缓存。

```
@EnableCaching
@SpringBootApplication
public class Application {
```

@EnableCaching 将在 Spring Boot 应用程序中启用缓存。

Spring Boot 会自动配置适当的 CacheManager 框架,将其作为相关缓存的提供方。后文将详细介绍 Spring Boot 如何确定 CacheManager。

6.7.3 缓存数据

启用缓存后,即可将@Cacheable 注解添加到要为其缓存数据的方法中。以下代码片段展示了如何对 retrieveTodos 启用缓存。

```
@Cacheable("todos")
public List<Todo> retrieveTodos(String user) {
```

在上例中,特定用户的 todos 被存入缓存。针对特定用户初次调用方法时,todos 会从服务中检索。针对同一用户随后调用该方法时,将返回缓存中的数据。

Spring 还支持条件性缓存。在以下代码片段中,只有在满足指定条件时,才会启用缓存。

```
@Cacheable(cacheNames="todos", condition="#user.length < 10")
public List<Todo> retrieveTodos(String user) {
```

Spring 还提供了其他注解,可用于从缓存中收回数据以及在缓存中添加一些自定义数据。下面列出了其中一些重要注解。

- @CachePut: 用于在缓存中显式添加数据。
- @CacheEvict: 用于从缓存中删除过期数据。
- @Caching: 允许对同一方法使用多个嵌套注解——@Cacheable、@CachePut 和@CacheEvict。

6.7.4 JSR-107 缓存注解

JSR-107 旨在实现缓存注解标准化。下面列出了一些重要的 JSR-107 注解。

- @CacheResult: 与@Cacheable 类似。
- @CacheRemove: 与@CacheEvict 类似。如果发生异常,@CacheRemove 支持条件性收回。
- @CacheRemoveAll: 与@CacheEvict(allEntries=true)类似,用于删除缓存中的所有条目。

JSR-107 和 Spring 缓存注解提供的功能非常相似。任何一种注解都是不错的选择。由于 JSR-107 是一种标准，因此，我们略微倾向于使用这种注解，但是，请确保不要在同一项目中同时使用这两种注解。

自动检测顺序

启动缓存后，Spring Boot 自动配置会开始寻找缓存提供方。以下列表展示了 Spring Boot 搜索缓存提供方的顺序，此列表按优先级降序排序。

- JCache（JSR-107，EhCache 3、Hazelcast、Infinispan 等）
- EhCache 2.*x*
- Hazelcast
- Infinispan
- Couchbase
- Redis
- Caffeine
- Guava
- Simple

6.8 小结

使用 Spring Boot 可以轻松开发基于 Spring 的应用程序，有助于我们快速创建生产级应用程序。

这一章讲述了如何在应用程序中添加异常处理、缓存和国际化功能，讨论了使用 Swagger 编写 REST 服务文档的最佳实践，并介绍了使用 Spring Security 确保微服务安全的基础知识。

下一章将介绍 Spring Boot 的高级功能。我们将了解如何监视 REST 服务，学习如何将微服务部署到云端，以及如何在使用 Spring Boot 开发应用程序时提高生产效率。

第 7 章 Spring Boot 的高级功能

上一章对微服务进行了扩展，添加了异常处理、HATEOAS、缓存和国际化功能。本章将介绍如何将服务部署到生产环境。要将服务部署到生产环境，需要能设置和开发功能，以配置、部署和监视服务。

本章将回答以下问题。

- 如何实现应用程序配置外部化？
- 如何使用配置文件配置特定于环境的值？
- 如何将应用程序部署到云端？
- 什么是嵌入式服务器？如何使用 Tomcat、Jetty 和 Undertow？
- Spring Boot Actuator 提供了哪些监视功能？
- 使用 Spring Boot 的开发人员如何提高生产效率？

7.1 配置外部化

通常，开发人员会一次性构建应用程序（采用 JAR 包或 WAR 包），然后将其部署到多个环境中。下图展示了可在其中部署应用程序的一些环境。

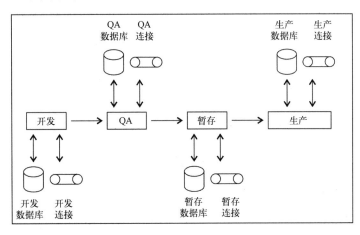

在上面的每个环境中，应用程序通常具有如下部分：

- 数据库连接；
- 与多个服务的连接；
- 特定的环境配置。

这时，一个良好的做法是将不同环境之间的配置变更存储到外部设置文件或数据库中。

Spring Boot 提供了灵活的、标准化的方法来实现配置外部化。这一节将介绍以下内容。

- 如何在服务内部使用 application.properties 中的属性？
- 类型安全的配置属性如何帮助简化应用程序配置？
- Spring Boot 为 Spring 配置文件提供了哪些支持？
- 如何在 application.properties 中配置属性？

在 Spring Boot 中，application.properties 是用于从中选择配置值的默认文件。Spring Boot 可以从类路径的任何位置选择 application.properties 文件。通常，application.properties 位于 src\main\resources，如下图所示。

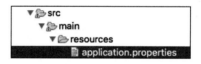

第 6 章提供了一些使用 application.properties 中的配置自定义 Spring Security 的示例：

```
security.basic.enabled=false
management.security.enabled=false
security.user.name=user-name
security.user.password=user-password
security.oauth2.client.clientId: clientId
security.oauth2.client.clientSecret: clientSecret
security.oauth2.client.authorized-grant-types:
authorization_code,refresh_token,password
security.oauth2.client.scope: openid
```

与此类似，其他所有 Spring Boot starter、模块和框架可以通过 application.properties 中的配置自定义。下一节将介绍 Spring Boot 为这些框架提供的一些配置选项。

7.1.1 通过 application.properties 自定义框架

这一节将介绍一些可以通过 application.properties 配置的重要特性。

 如需完整列表，请参阅 Spring Boot 文档。

1. 日志记录

一些可配置的项目如下：

- 日志记录设置文件的位置；
- 日志文件的位置；
- 日志记录级别。

以下代码片段展示了一些示例。

```
# 日志记录配置文件的位置
  logging.config=
# 日志文件名
  logging.file=
# 配置日志记录级别
# 示例 `logging.level.org.springframework=TRACE`
  logging.level.*=
```

2. 嵌入式服务器配置

嵌入式服务器是 Spring Boot 最重要的特性之一。可以通过应用程序属性配置的一些嵌入式服务器特性包括：

- 服务器端口
- SSL 支持和配置
- 访问日志配置

以下代码片段展示了可以通过应用程序属性配置的一些嵌入式服务器特性。

```
# 错误控制器的路径
server.error.path=/error
# 服务器 HTTP 端口
server.port=8080
# 启用 SSL 支持
server.ssl.enabled=
# 具有 SSL 证书的密钥存储路径
server.ssl.key-store=
# 密钥存储密码
server.ssl.key-store-password=
# 密钥存储提供程序
server.ssl.key-store-provider=
# 密钥存储类型
server.ssl.key-store-type=
# 是否应启用 Tomcat 的访问日志
server.tomcat.accesslog.enabled=false
# 服务器可接受的最大连接数量
server.tomcat.max-connections=
```

3. Spring MVC

可以通过 application.properties 对 Spring MVC 进行全面配置。下面列出了其中一些重要的配置：

```properties
# 要使用的日期格式。例如`dd/MM/yyyy`
spring.mvc.date-format=
# 要使用的区域设置
spring.mvc.locale=
# 定义应如何解析区域设置
spring.mvc.locale-resolver=accept-header
# 如果找不到处理程序,是否应抛出"NoHandlerFoundException"
spring.mvc.throw-exception-if-no-handler-found=false
# Spring MVC 视图前缀。供视图解析器使用
spring.mvc.view.prefix=
# Spring MVC 视图后缀。供视图解析器使用
spring.mvc.view.suffix=
```

4. Spring starter 安全性

可以通过 application.properties 全面配置 Spring Security。以下示例展示了与 Spring Security 相关的一些重要配置选项。

```properties
# 设为 true 以启用基本身份验证
security.basic.enabled=true
# 提供你希望保护的 uri 的逗号分隔列表
security.basic.path=/**
# 提供你不希望保护的路径的逗号分隔列表
security.ignored=
# Spring Security 配置的默认用户的名称
security.user.name=user
# Spring Security 配置的默认用户的密码
security.user.password=
# 授予给默认用户的角色
security.user.role=USER
```

5. 数据源、JDBC 和 JPA

数据源、JDBC 和 JPA 也可以通过 application.properties 进行全面配置。下面列出了一些重要选项:

```properties
# JDBC 驱动程序的全限定名称
spring.datasource.driver-class-name=
# 使用'data.sql'填充数据库
spring.datasource.initialize=true
# 数据源的 JNDI 位置
spring.datasource.jndi-name=
# 数据源的名称
spring.datasource.name=testdb
# 数据库的登录密码
spring.datasource.password=
# 架构(DDL)脚本资源引用
spring.datasource.schema=
# 用于执行 DDL 脚本的数据库用户
spring.datasource.schema-username=
# 用于执行 DDL 脚本的数据库密码
spring.datasource.schema-password=
```

```
# 数据库的JDBC url
spring.datasource.url=
# JPA——在启动时初始化架构
spring.jpa.generate-ddl=false
# 将Hibernate的较新IdentifierGenerator用于AUTO、TABLE和SEQUENCE
spring.jpa.hibernate.use-new-id-generator-mappings=
# 启用SQL语句的日志记录
spring.jpa.show-sql=false
```

6. 其他配置选项

可以通过 application.properties 配置的一些其他项目如下：

- 配置文件
- HTTP 消息转换器（Jackson/JSON）
- 事务管理
- 国际化

以下示例提供了一些配置选项。

```
# 活动配置文件的逗号分隔列表（使用YAML时显示列表）
spring.profiles.active=
# HTTP消息转换。jackson或gson
spring.http.converters.preferred-json-mapper=Jackson
# JACKSON日期格式字符串。例如`yyyy-MM-dd HH:mm:ss`
spring.jackson.date-format=
# 默认事务处理超时（秒）
spring.transaction.default-timeout=
# 提交故障时执行回滚
spring.transaction.rollback-on-commit-failure=
# 国际化：基名称的逗号分隔列表
spring.messages.basename=messages
# 资源处理的缓存到期时间，单位为秒。值为-1时永久缓存
spring.messages.cache-seconds=-1
```

7.1.2 application.properties 中的自定义属性

到目前为止，我们已学习了 Spring Boot 为各种框架提供的一些预建属性。这一节介绍如何创建特定于应用程序的配置，它们也可以在 application.properties 中配置。

下面举例说明。我们希望能够与外部服务交互，并将此服务的 URL 配置外部化。

以下示例展示了如何在 application.properties 中配置外部服务。

```
somedataservice.url=http://abc.service.com/something
```

我们希望在数据服务中使用 `somedataservice.url` 属性的值。以下代码片段展示了如何在示例数据服务中完成上述任务。

```
@Component
public class SomeDataService {
  @Value("${somedataservice.url}")
  private String url;
  public String retrieveSomeData() {
    // 使用 url 和获取数据执行的逻辑
   return "data from service";
  }
}
```

需要注意的重要事项如下。

- `@Component public class SomeDataService`：由于使用了 `@Component` 注解，数据服务 bean 由 Spring 托管。
- `@Value("${somedataservice.url}")`：somedataservice.url 的值会自动装配到 url 变量中。url 值可以用在 bean 的方法中。

配置属性——类型安全的配置管理

`@Value` 注解虽然提供了动态配置，但也存在一些缺点。

- 如果要在服务中使用 3 个属性值，需要使用 `@Value` 3 次，以自动装配这些值。
- `@Value` 注解和消息键会分布在整个应用程序中。如果希望查找应用程序中的可配置值列表，就必须在整个应用程序中搜索 `@Value` 注解。

Spring Boot 通过强类型的 `ConfigurationProperties` 特性提供了更有效的应用程序配置方法。这便于我们做以下事项：

- 在预定义的 bean 结构中存储所有属性；
- 此 bean 将充当所有应用程序属性的集中式存储；
- 任何需要应用程序配置的地方都可以自动装配配置 bean。

示例配置 bean 如下：

```
@Component
@ConfigurationProperties("application")
public class ApplicationConfiguration {
  private boolean enableSwitchForService1;
  private String service1Url;
  private int service1Timeout;
  public boolean isEnableSwitchForService1() {
     return enableSwitchForService1;
  }
 public void setEnableSwitchForService1
  (boolean enableSwitchForService1) {
     this.enableSwitchForService1 = enableSwitchForService1;
  }
  public String getService1Url() {
```

```
      return service1Url;
    }
    public void setService1Url(String service1Url) {
      this.service1Url = service1Url;
    }
    public int getService1Timeout() {
      return service1Timeout;
    }
    public void setService1Timeout(int service1Timeout) {
      this.service1Timeout = service1Timeout;
    }
}
```

需要注意的重要事项如下。

- @ConfigurationProperties("application")是实现配置外部化的注解。可以将此注解添加到任何类中，以绑定外部属性。将外部属性绑定到此 bean 时，双引号中的值（application）将作为前缀。
- 我们将在此 bean 中定义多个可配置的值。
- 由于要通过 Java bean 属性描述符进行绑定，因此需要提供 getter 和 setter。

以下代码片段展示了如何在 application.properties 中定义这些属性的值。

```
application.enableSwitchForService1=true
application.service1Url=http://abc-dev.service.com/somethingelse
application.service1Timeout=250
```

需要注意的重要事项如下。

- application：定义配置 bean 时，作为@ConfigurationProperties("application")的一部分定义前缀。
- 通过将前缀附加到属性名称后来定义各个值。

可以通过将 ApplicationConfiguration 自动装配到 bean 中，在其他 bean 中使用配置属性：

```
@Component
public class SomeOtherDataService {
  @Autowired
  private ApplicationConfiguration configuration;
  public String retrieveSomeData() {
    // 使用 url 并获取数据的逻辑
    System.out.println(configuration.getService1Timeout());
    System.out.println(configuration.getService1Url());
    System.out.println(configuration.isEnableSwitchForService1());
    return "data from service";
  }
}
```

需要记住的重要事项如下。

- @Autowired private ApplicationConfiguration configuration：Application-Configuration 被自动装配到 SomeOtherDataService。
- configuration.getService1Timeout()，configuration.getService1Url()，configuration.isEnableSwitchForService1()：通过对配置 bean 使用 getter 方法，可以访问 bean 方法中的值。

默认情况下，如果未能将外部配置的值绑定到配置属性 bean，就会导致服务器无法启动。这防止了由于在生产环境中运行的应用程序配置错误而导致的问题。

下面以配置错误的服务超时为例，看看会出现什么情况：

application.service1Timeout=SOME_MISCONFIGURATION

由于出错，应用程序会无法启动：

```
***************************
APPLICATION FAILED TO START
***************************
Description:
Binding to target
com.mastering.spring.springboot.configuration.ApplicationConfiguration@79d3473e
failed:

Property: application.service1Timeout
Value: SOME_MISCONFIGURATION
Reason: Failed to convert property value of type 'java.lang.String' to
required type 'int' for property 'service1Timeout'; nested exception is
org.springframework.core.convert.ConverterNotFoundException: No converter
found capable of converting from type [java.lang.String] to type [int]

Action:
Update your application's configuration
```

7.1.3 配置文件

现在，我们已学习了如何将应用程序配置外部化到属性文件 application.properties 中。同时，我们希望能够在不同环境中为同一属性定义不同的值。

配置文件有助于为不同环境提供不同的配置。以下代码片段展示了如何在 application.properties 中配置活动配置文件。

```
spring.profiles.active=dev
```

配置活动配置文件后，即可在 application-{profile-name}.properties 中定义特定于该配置文件的属性。对于 dev 配置文件，属性文件的名称为 application-dev.properties。以下示例展示了 application-dev.properties 中的配置：

```
application.enableSwitchForService1=true
application.service1Url=http://abc-dev.service.com/somethingelse
application.service1Timeout=250
```

如果活动配置文件为 dev，application-dev.properties 中的值将覆盖 application.properties 中的默认配置。

可以为多个环境定义配置，如下图所示。

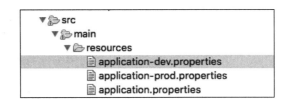

基于配置文件的 bean 配置

配置文件也可用于在不同环境中定义不同的 bean 或 bean 配置。所有用@Component 或 @Configuration 标注的类也可用另一个@Profile 注解标注，以指定将在其中启用 bean 或配置的配置文件。

下面举例说明。某应用程序需要在不同环境中启用不同的缓存。在 dev 环境中，它使用非常简单的缓存；在生产环境中，我们希望采用分布式缓存。这可以使用配置文件来实现。

以下 bean 展示了在 dev 环境中启用的配置：

```
@Profile("dev")
@Configuration
public class DevSpecificConfiguration {
  @Bean
  public String cache() {
    return "Dev Cache Configuration";
  }
}
```

以下 bean 展示了在生产环境中启用的配置：

```
@Profile("prod")
@Configuration
public class ProdSpecificConfiguration {
  @Bean
  public String cache() {
    return "Production Cache Configuration - Distributed Cache";
  }
}
```

我们将基于配置的活动配置文件选择各自的配置。注意，此例实际上并未配置分布式缓存。我们返回了一个简单的字符串，以指出配置文件可用于实现这些类型的变化。

7.1.4 其他定义应用程序配置值的选项

到目前为止,我们用于配置应用程序属性的方法是使用 application.properties 或 application-{profile-name}.properties 中的键值对。

Spring Boot 提供了许多其他方法来配置应用程序属性。

下面列出了提供应用程序配置的一些重要方法:

- 命令行参数;
- 创建名为 SPRING_APPLICATION_JSON 的系统属性并在其中包含 JSON 配置;
- ServletConfig init 参数;
- ServletContext init 参数;
- Java 系统属性(System.getProperties());
- 操作系统环境变量;
- .jar 以外、应用程序类路径中某处的特定于配置文件的应用程序属性(application-{profile}.properties);
- 打包到.jar 中的特定于配置文件的应用程序属性(application-{profile}.properties 和 YAML 变体);
- .jar 以外的应用程序属性;
- 打包到.jar 中的应用程序属性。

如需更多信息,请参阅 Spring Boot 文档。

与此列表底部的方法相比,列表顶部的方法的优先级更高。例如,如果在启用应用程序时提供名为 spring.profiles.active 的命令行参数,它会覆盖通过 application.properties 提供的任何配置,因为命令行参数的优先级更高。

这为你在不同环境中确定如何配置应用程序提供了极大的灵活性。

7.1.5 YAML 配置

Spring Boot 还支持通过 YAML 来配置属性。

YAML 是 "YAML Ain't Markup Language"(YAML 不是一种标记语言)的缩写。它采用人类可读的结构化格式,是设置文件常用的格式。

要了解 YAML 的基本语法,请看下面的示例(application.yaml)。此示例展示了如何以 YAML 格式指定应用程序配置。

```
spring:
  profiles:
    active: prod
security:
  basic:
    enabled: false
  user:
    name=user-name
    password=user-password
  oauth2:
    client:
      clientId: clientId
      clientSecret: clientSecret
      authorized-grant-types: authorization_code,refresh_token,password
      scope: opened
application:
  enableSwitchForService1: true
  service1Url: http://abc-dev.service.com/somethingelse
  service1Timeout: 250
```

可以看到，相比于 application.properties，YAML 配置的可读性更高，因为它可以对属性进行更合理的分组。

YAML 的另一个优势在于它允许在单一设置文件中为多个配置文件指定配置。示例如以下代码片段所示。

```
application:
  service1Url: http://service.default.com
---
spring:
  profiles: dev
  application:
    service1Url: http://service.dev.com
---
spring:
  profiles: prod
  application:
    service1Url: http://service.prod.com
```

在此例中，http://service.dev.com 将用在 dev 配置文件中，http://service.prod.com 用在 prod 配置文件中。在所有其他配置文件中，http://service.default.com 会用作服务 URL。

7.2 嵌入式服务器

嵌入式服务器是 Spring Boot 引入的重要概念之一。

下面先介绍传统 Java Web 应用程序部署与嵌入式服务器这种新概念之间的区别。

传统上，使用 Java Web 应用程序时，我们会构建 Web 应用程序档案（WAR）或企业应用程序档案（EAR），然后将它们部署到服务器上。在服务器上部署 WAR 之前，需要先在服务器上安装 Web 服务器或应用程序服务器。应用程序服务器会位于服务器上安装的 Java 实例顶部。因此，我们需要先在计算机上安装 Java 和应用程序服务器（或 Web 服务器），然后才能部署应用程序。Linux 环境下的安装示例如下图所示。

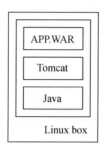

Spring Boot 引入了嵌入式服务器的概念，其中的 Web 服务器是应用程序可部署包（JAR）的一部分。要使用嵌入式服务器部署应用程序，在服务器上安装 Java 就足够了。安装示例如下图所示。

使用 Spring Boot 构建应用程序时，默认做法是构建 JAR。使用 `spring-boot-starter-web` 时，默认嵌入式服务器为 Tomcat。

使用 `spring-boot-starter-web` 时，可以在 Maven 依赖项部分看到一些与 Tomcat 有关的依赖项（如下图所示）。这些依赖项会作为应用程序部署包的一部分。

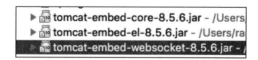

要部署应用程序，我们需要构建 JAR。使用以下命令即可构建 JAR。

```
mvn clean install
```

下图展示了所创建的 JAR 的结构。

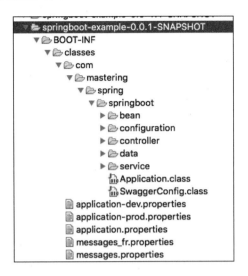

BOOT-INF\classes 包含所有与应用程序有关的类文件（来自 src\main\java），以及 src\main\resources 中的应用程序属性。

BOOT-INF\lib 中的一些库如下图所示。

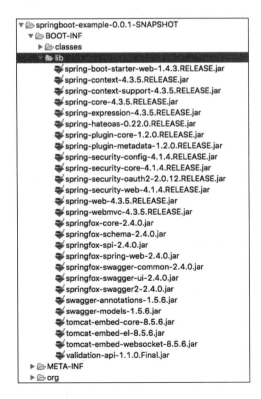

BOOT-INF\lib 包含应用程序的所有 JAR 依赖项，其中有 3 个 Tomcat 专用的 JAR。应用程序作为 Java 应用程序运行时，这 3 个 JAR 有助于启动嵌入式 Tomcat 服务。因此，安装 Java 就足以在服务器上部署此应用程序。

7.2.1 切换到 Jetty 和 Undertow

下图展示了要切换为使用 Jetty 嵌入式服务器时需要做出的更改。

```xml
<dependency>
    <groupId>org.springframework.boot</groupId>
    <artifactId>spring-boot-starter-web</artifactId>
    <exclusions>
        <exclusion>
            <groupId>org.springframework.boot</groupId>
            <artifactId>spring-boot-starter-tomcat</artifactId>
        </exclusion>
    </exclusions>
</dependency>

<dependency>
    <groupId>org.springframework.boot</groupId>
    <artifactId>spring-boot-starter-jetty</artifactId>
</dependency>
```

我们只需要从 `spring-boot-starter-web` 中删除 Tomcat starter 依赖项，然后在 `spring-boot-starter-jetty` 中加入一个依赖项。

现在即可在 Maven 依赖项部分看到许多 Jetty 依赖项。下图展示了一些与 Jetty 相关的依赖项。

```
jetty-servlets-9.3.14.v20161028.jar - /Us
jetty-continuation-9.3.14.v20161028.jar
jetty-http-9.3.14.v20161028.jar - /Users/
jetty-util-9.3.14.v20161028.jar - /Users/r
jetty-io-9.3.14.v20161028.jar - /Users/ra
jetty-webapp-9.3.14.v20161028.jar - /Us
jetty-xml-9.3.14.v20161028.jar - /Users/
jetty-servlet-9.3.14.v20161028.jar - /Use
jetty-security-9.3.14.v20161028.jar - /Us
jetty-server-9.3.14.v20161028.jar - /Use
```

可以同样轻松地切换到 Undertow。这时应使用 `spring-boot-starter-undertow`，而不是 `spring-boot-starter-jetty`：

```xml
  <dependency>
    <groupId>org.springframework.boot</groupId>
    <artifactId>spring-boot-starter-undertow</artifactId>
  </dependency>
```

7.2.2 构建 WAR 文件

Spring Boot 还提供了构建传统 WAR 文件（而不是使用 JAR）的选项。

首先将 pom.xml 中的打包方式更改为 WAR：

```
<packaging>war</packaging>
```

要避免将 Tomcat 服务器作为依赖项嵌入 WAR 文件中。为此，应将有关嵌入式服务器（下例中的 Tomcat）的依赖项修改为具有给定（provided）作用域。以下代码片段展示了详细示例。

```
<dependency>
  <groupId>org.springframework.boot</groupId>
  <artifactId>spring-boot-starter-tomcat</artifactId>
  <scope>provided</scope>
</dependency>
```

这样，在构建 WAR 文件时不会包括 Tomcat 依赖项。可以使用该 WAR 在应用程序服务器（如 WebSphere 或 Weblogic）或 Web 服务器（如 Tomcat）上部署应用程序。

7.3 开发者工具

Spring Boot 提供了一些工具，它们可以改进开发 Spring Boot 应用程序时的体验。其中一类工具为 Spring Boot 开发者工具。

要使用 Spring Boot 开发者工具，需要包含如下依赖项。

```
<dependencies>
 <dependency>
    <groupId>org.springframework.boot</groupId>
    <artifactId>spring-boot-devtools</artifactId>
    <optional>true</optional>
  </dependency>
</dependencies>
```

默认情况下，Spring Boot 开发者工具禁止缓存视图模板和静态文件。这有助于开发人员即时查看所做的更改。

另一个重要特性是在类路径中的任何文件发生更改时自动重启。因此，在以下情况，应用程序会自动重启。

- 对控制器或服务类做出更改时。
- 对属性文件做出更改时。

Spring Boot 开发者工具的优势如下。

- 开发人员不需要每次停止并启动应用程序。一旦做出更改，应用程序就会自动重启。

- Spring Boot 开发者工具中的重启特性会智能运行。它只重载主动开发的类，而不会重载第三方 JAR（使用两个不同的类加载器）。因此，相比于应用程序冷启动，在应用程序发生更改时重启的速度更快。

实时重载

另一项有用的 Spring Boot 开发者工具特性是**实时重载**（live reload）。可以从 live reload 网站的文章 *How Do I Install and Use the Browser Extensions?* 中的链接下载一个特定于浏览器的插件。

通过单击浏览器中的按钮即可启用实时重载。下图展示了 Safari 浏览器中的按钮，它位于左上角，地址栏旁边。

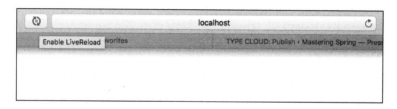

如果更改了浏览器中显示的页面或服务的代码，就会用新内容自动刷新页面或服务，而不再需要点击刷新按钮！

7.4 Spring Boot Actuator

将应用程序部署到生产环境中时：

- 需要立即了解是否有某些服务中断或运行速度非常慢；
- 需要立即了解是否有任何服务缺乏足够的可用空间或内存。

这称为**应用程序监视**（application monitoring）。

Spring Boot Actuator 提供了一系列生产级监视功能。

通过添加一个简单的依赖项即可添加 Spring Boot Actuator：

```
<dependencies>
  <dependency>
    <groupId>org.springframework.boot</groupId>
    <artifactId>spring-boot-starter-actuator</artifactId>
  </dependency>
</dependencies>
```

一旦将 Actuator 添加到应用程序中，它就会启用许多端点。启动应用程序，可以看到大量新添加的映射。下图展示了启动日志中的一部分新映射。

```
Mapped "{[/application/mappings || /application/mappings.json],methods=[GET],produces=[application/vnd.spring-boot.actuator.v2+json || application/json]}" o
Mapped "{[/application/health || /application/health.json],methods=[GET],produces=[application/vnd.spring-boot.actuator.v2+json || application/json]}" onto
Mapped "{[/application/trace || /application/trace.json],methods=[GET],produces=[application/vnd.spring-boot.actuator.v2+json || application/json]}" onto pu
Mapped "{[/application/loggers/{name:.*}],methods=[GET],produces=[application/vnd.spring-boot.actuator.v2+json || application/json]}" onto public java.lang.
Mapped "{[/application/loggers/{name:.*}],methods=[POST],consumes=[application/vnd.spring-boot.actuator.v2+json || application/json],produces=[application/v
Mapped "{[/application/loggers || /application/loggers.json],methods=[GET],produces=[application/vnd.spring-boot.actuator.v2+json || application/json]}" onto
Mapped "{[/application/metrics/{name:.*}],methods=[GET],produces=[application/vnd.spring-boot.actuator.v2+json || application/json]}" onto public java.lang.
Mapped "{[/application/metrics || /application/metrics.json],methods=[GET],produces=[application/vnd.spring-boot.actuator.v2+json || application/json]}" onto
Mapped "{[/application || /application.json],produces=[text/html]}" onto public java.lang.String org.springframework.boot.actuate.endpoint.mvc.HalBrowserMvc
Mapped "{[/application || /application.json],produces=[application/vnd.spring-boot.actuator.v2+json || application/json]}" onto org.spr
Mapped "{[/application/info || /application/info.json],methods=[GET],produces=[application/vnd.spring-boot.actuator.v2+json || application/json]}" onto publ
Mapped "{[/application/beans || /application/beans.json],methods=[GET],produces=[application/vnd.spring-boot.actuator.v2+json || application/json]}" onto pu
Mapped "{[/application/heapdump || /application/heapdump.json],methods=[GET],produces=[application/octet-stream]}" onto public void org.springframework.boot
Mapped "{[/application/auditevents || /application/auditevents.json],methods=[GET],produces=[application/vnd.spring-boot.actuator.v2+json || application/json
Mapped "{[/application/env/{name:.*}],methods=[GET],produces=[application/vnd.spring-boot.actuator.v2+json || application/json]}" onto public java.lang.Obje
Mapped "{[/application/env || /application/env.json],methods=[GET],produces=[application/vnd.spring-boot.actuator.v2+json || application/json]}" onto public
Mapped "{[/application/configprops || /application/configprops.json],methods=[GET],produces=[application/vnd.spring-boot.actuator.v2+json || application/json
Mapped "{[/application/dump || /application/dump.json],methods=[GET],produces=[application/vnd.spring-boot.actuator.v2+json || application/json]}" onto publ
Mapped "{[/application/autoconfig || /application/autoconfig.json],methods=[GET],produces=[application/vnd.spring-boot.actuator.v2+json || application/json]
```

Actuator 公开了许多端点。Actuator 端点（http://localhost:8080/application）充当所有其他端点的发现端点。通过 Postman 执行请求后收到的响应如下图所示。

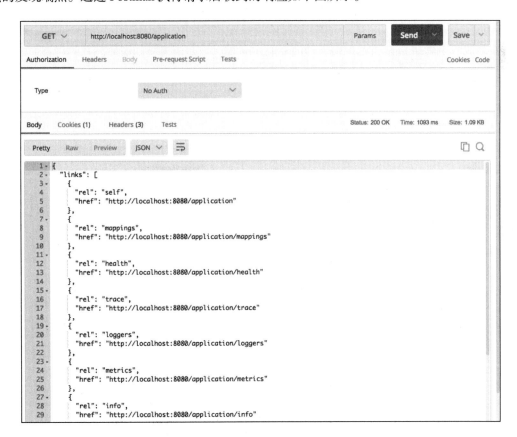

7.4.1 HAL 浏览器

这其中的许多端点公开了大量数据。为了能够更直观地显示信息，需要在应用程序中添加 HAL 浏览器：

```
<dependency>
  <groupId>org.springframework.data</groupId>
  <artifactId>spring-data-rest-hal-browser</artifactId>
</dependency>
```

Spring Boot Actuator 会基于从 Spring Boot 应用程序和环境中捕获的所有数据公开 REST API。使用 HAL 浏览器可以直观地显示 Spring Boot Actuator API，如下图所示。

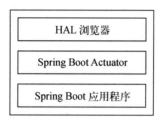

在浏览器中启动 http://localhost:8080/application 时，可以看到 Actuator 公开的所有 URL（如下图所示）。

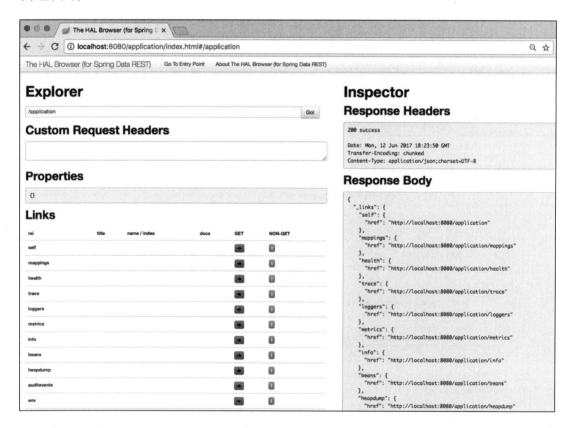

下面逐一介绍 Actuator 通过 HAL 浏览器作为不同端点的一部分公开的所有信息。

7.4.2 配置属性

configprops 端点提供了可通过应用程序属性配置的配置选项的相关信息。基本上,它是包含所有 @ConfigurationProperties 的有序列表。下图展示了 HAL 浏览器中的 configprops。

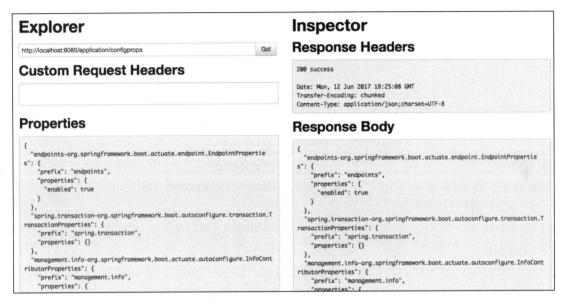

下面用已知示例进行说明,服务响应中的以下部分展示了可用于 Spring MVC 的配置选项:

```
"spring.mvc- org.springframework.boot.autoconfigure.web.WebMvcProperties":
{
   "prefix": "spring.mvc",
   "properties": {
                "dateFormat": null,
                "servlet": {
                   "loadOnStartup": -1
                },
   "staticPathPattern": "/**",
   "dispatchOptionsRequest": true,
   "dispatchTraceRequest": false,
   "locale": null,
   "ignoreDefaultModelOnRedirect": true,
   "logResolvedException": true,
   "async": {
                "requestTimeout": null
           },
   "messageCodesResolverFormat": null,
   "mediaTypes": {},
   "view": {
                "prefix": null,
                "suffix": null
           },
```

```
    "localeResolver": "ACCEPT_HEADER",
    "throwExceptionIfNoHandlerFound": false
     }
}
```

 为了提供 Spring MVC 配置,我们在路径中将前缀与路径组合在一起。例如,要配置 `loadOnStartup`,我们使用名为 `spring.mvc.servlet.loadOnStartup` 的属性。

7.4.3 环境细节

环境(env)端点提供了与操作系统、JVM 安装、类路径、系统环境变量以及在各种应用程序属性文件中配置的值有关的信息。下图展示了 HAL 浏览器中的环境端点。

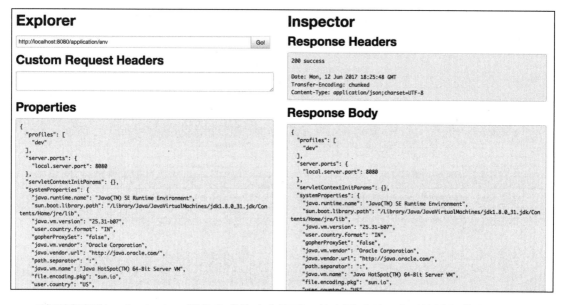

下面展示了 /application/env 服务生成的响应摘要,其中展示了一些系统详细信息以及应用程序配置中的详细信息。

```
"systemEnvironment": {
    "JAVA_MAIN_CLASS_13377": "com.mastering.spring.springboot.Application",
    "PATH": "/usr/bin:/bin:/usr/sbin:/sbin",
    "SHELL": "/bin/bash",
    "JAVA_STARTED_ON_FIRST_THREAD_13019": "1",
    "APP_ICON_13041": "../Resources/Eclipse.icns",
    "USER": "rangaraokaranam",
    "TMPDIR": "/var/folders/y_/x4jdvdkx7w94q5qsh745gzz00000gn/T/",
    "SSH_AUTH_SOCK": "/private/tmp/com.apple.launchd.IcESePQCLV/Listeners",
    "XPC_FLAGS": "0x0",
    "JAVA_STARTED_ON_FIRST_THREAD_13041": "1",
```

```
      "APP_ICON_11624": "../Resources/Eclipse.icns",
      "LOGNAME": "rangaraokaranam",
      "XPC_SERVICE_NAME": "0",
      "HOME": "/Users/rangaraokaranam"
    },
    "applicationConfig: [classpath:/application-prod.properties]": {
      "application.service1Timeout": "250",
      "application.service1Url": "http://abcprod.service.com/somethingelse",
      "application.enableSwitchForService1": "false"
    },
```

7.4.4 运行状况

运行状况服务提供了磁盘空间和应用程序状态的详细信息。下图展示了从 HAL 浏览器中执行的服务。

7.4.5 映射

映射端点提供与在应用程序中公开的不同服务端点有关的信息：

- URI
- 请求方法
- Bean
- 公开服务的控制器方法

映射提供所有@RequestMapping 路径的有序列表。下面展示了/application/mappings端点的响应摘要，从中可以看到本书前文创建的不同控制器方法的映射。

```
"{[/welcome-internationalized],methods=[GET]}": {
    "bean": "requestMappingHandlerMapping",
    "method": "public java.lang.String
     com.mastering.spring.springboot.controller.
     BasicController.msg(java.uti l.Locale)"
},
"{[/welcome],methods=[GET]}": {
    "bean": "requestMappingHandlerMapping",
    "method": "public java.lang.String
     com.mastering.spring.springboot.controller.
     BasicController.welcome()"
},
"{[/welcome-with-object],methods=[GET]}": {
    "bean": "requestMappingHandlerMapping",
    "method": "public com.mastering.spring.springboot.
     bean.WelcomeBeancom.mastering.spring.springboot.
     controller.BasicController.welcomeWithObject()"
},
"{[/welcome-with-parameter/name/{name}],methods=[GET]}": {
    "bean": "requestMappingHandlerMapping",
    "method": "public
     com.mastering.spring.springboot.bean.WelcomeBean
     com.mastering.spring.springboot.controller.
     BasicController.welcomeWithParameter(java.lang.String)"
},
"{[/users/{name}/todos],methods=[POST]}": {
    "bean": "requestMappingHandlerMapping",
    "method": "org.springframework.http.ResponseEntity<?>
     com.mastering.spring.springboot.controller.
     TodoController.add(java.lang.String,com.mastering.spring.
     springboot.bean.Todo)"
},
"{[/users/{name}/todos],methods=[GET]}": {
    "bean": "requestMappingHandlerMapping",
    "method": "public java.util.List<com.mastering.spring.
     springboot.bean.Todo>
     com.mastering.spring.springboot.controller.
     TodoController.retrieveTodos(java.lang.String)"
},
"{[/users/{name}/todos/{id}],methods=[GET]}": {
    "bean": "requestMappingHandlerMapping",
    "method": "public
     org.springframework.hateoas.Resource<com.mastering.
     spring.springboot.bean.Todo>
     com.mastering.spring.springboot.controller.
     TodoController.retrieveTodo(java.lang.String,int)"
},
```

7.4.6 bean

bean 端点提供与加载到 Spring 上下文中的 bean 有关的详细信息。这些信息可用于调试任何与 Spring 上下文有关的问题。

/application/beans 端点生成的响应摘要如下。

```
{
  "bean": "basicController",
  "aliases": [],
  "scope": "singleton",
  "type": "com.mastering.spring.springboot.
    controller.BasicController",
  "resource": "file [/in28Minutes/Workspaces/
    SpringTutorial/mastering-spring-chapter-5-6-
    7/target/classes/com/mastering/spring/springboot/
    controller/BasicController.class]",
  "dependencies": [
              "messageSource"
              ]
},
{
  "bean": "todoController",
  "aliases": [],
  "scope": "singleton",
  "type": "com.mastering.spring.springboot.
    controller.TodoController",
  "resource": "file [/in28Minutes/Workspaces/SpringTutorial/
    mastering-spring-chapter-5-6-
    7/target/classes/com/mastering/spring/
    springboot/controller/TodoController.class]",
  "dependencies": [
              "todoService"
              ]
}
```

其中展示了两个 bean（`basicController` 和 `todoController`）的详细信息。可以看到所有 bean 的以下详细信息：

- bean 的名称及别名；
- bean 的作用域；
- bean 的类型；
- 在其中创建此 bean 的类的具体位置；
- bean 的依赖项。

7.4.7 度量

度量端点显示与以下项目有关的一些重要度量。

- 服务器——可用内存、处理器、正常运行时间等。
- JVM——与堆、线程、垃圾收集、会话等有关的详细信息。
- 应用程序服务提供的响应。

/application/metrics 端点生成的响应摘要如下。

```
{
    "mem": 481449,
    "mem.free": 178878,
    "processors": 4,
    "instance.uptime": 1853761,
    "uptime": 1863728,
    "systemload.average": 2.3349609375,
    "heap.committed": 413696,
    "heap.init": 65536,
    "heap.used": 234817,
    "heap": 932352,
    "nonheap.committed": 69248,
    "nonheap.init": 2496,
    "nonheap.used": 67754,
    "nonheap": 0,
    "threads.peak": 23,
    "threads.daemon": 21,
    "threads.totalStarted": 30,
    "threads": 23,
    "classes": 8077,
    "classes.loaded": 8078,
    "classes.unloaded": 1,
    "gc.ps_scavenge.count": 15,
    "gc.ps_scavenge.time": 242,
    "gc.ps_marksweep.count": 3,
    "gc.ps_marksweep.time": 543,
    "httpsessions.max": -1,
    "httpsessions.active": 0,
    "gauge.response.actuator": 8,
    "gauge.response.mappings": 12,
    "gauge.response.beans": 83,
    "gauge.response.health": 14,
    "gauge.response.root": 9,
    "gauge.response.heapdump": 4694,
    "gauge.response.env": 6,
    "gauge.response.profile": 12,
    "gauge.response.browser.star-star": 10,
    "gauge.response.actuator.root": 2,
    "gauge.response.configprops": 272,
    "gauge.response.actuator.star-star": 13,
    "counter.status.200.profile": 1,
    "counter.status.200.actuator": 8,
    "counter.status.200.mappings": 1,
    "counter.status.200.root": 5,
    "counter.status.200.configprops": 1,
    "counter.status.404.actuator.star-star": 3,
    "counter.status.200.heapdump": 1,
    "counter.status.200.health": 1,
    "counter.status.304.browser.star-star": 132,
    "counter.status.302.actuator.root": 4,
    "counter.status.200.browser.star-star": 37,
    "counter.status.200.env": 2,
    "counter.status.302.root": 5,
    "counter.status.200.beans": 1,
```

```
"counter.status.200.actuator.star-star": 210,
"counter.status.302.actuator": 1
}
```

7.4.8 自动配置

自动配置是 Spring Boot 最重要的特性之一。自动配置端点（/application/autoconfig）公开与自动配置有关的详细信息。它显示了正匹配（positive match，匹配某个配置项）和负匹配（negative match，不匹配某个配置项），并详细说明了特定自动配置成功或失败的原因。

以下摘要展示了响应中的一些正匹配。

```
"positiveMatches": {
  "AuditAutoConfiguration#auditListener": [
    {
      "condition": "OnBeanCondition",
      "message": "@ConditionalOnMissingBean (types:
       org.springframework.boot.actuate.audit.
       listener.AbstractAuditListener; SearchStrategy: all) did not find
       any beans"
    }
  ],
  "AuditAutoConfiguration#authenticationAuditListener": [
   {
    "condition": "OnClassCondition",
    "message": "@ConditionalOnClass found required class
     'org.springframework.security.authentication.
    event.AbstractAuthenticationEvent'"
   },
```

以下摘要展示了响应中的一些负匹配。

```
"negativeMatches": {
  "CacheStatisticsAutoConfiguration.
   CaffeineCacheStatisticsProviderConfiguration": [
 {
    "condition": "OnClassCondition",
    "message": "@ConditionalOnClass did not find required class
     'com.github.benmanes.caffeine.cache.Caffeine'"
 }
  ],
    "CacheStatisticsAutoConfiguration.
    EhCacheCacheStatisticsProviderConfiguration": [
 {
    "condition": "OnClassCondition",
    "message": "@ConditionalOnClass did not find required classes
     'net.sf.ehcache.Ehcache',
     'net.sf.ehcache.statistics.StatisticsGateway'"
 }
  ],
```

所有这些信息在调试自动配置时非常有用。

7.4.9 调试

调试问题时，以下 3 个 Actuator 端点非常有用。

- `/application/heapdump`：提供堆转储。
- `/application/trace`：提供应用程序提出的最后几个请求的跟踪信息。
- `/application/dump`：提供线程转储。

7.5 部署应用程序到云端

Spring Boot 全面支持大部分受欢迎的云平台即服务（PaaS）提供商。

一些受欢迎的提供商包括：

- Cloud Foundry
- Heroku
- OpenShift
- Amazon Web Services（AWS）

这一节将主要介绍如何将应用程序部署到 Cloud Foundry。

Cloud Foundry

Cloud Foundry Java 构建包（buildpack）全面支持 Spring Boot。可以基于 JAR 以及传统的 Java EE WAR 应用程序部署独立应用程序。

Cloud Foundry 提供了 Maven 插件来部署应用程序：

```xml
<build>
    <plugins>
        <plugin>
            <groupId>org.cloudfoundry</groupId>
            <artifactId>cf-maven-plugin</artifactId>
            <version>1.1.2</version>
        </plugin>
    </plugins>
</build>
```

在部署应用程序之前，需要配置应用程序，提供部署应用程序的目标位置和空间。

需要执行如下步骤。

(1) 需要在 Pivotal Account 网站上创建一个 Cloud Foundry Pivotal 账户。
(2) 创建账户后，即可登录 Pivotal Web Services 网站，创建组织和空间。需要准备好组织和空间的详细信息才能部署应用程序。

可以用 `org` 和 `space` 配置更新该插件：

```
<build>
    <plugins>
        <plugin>
            <groupId>org.cloudfoundry</groupId>
            <artifactId>cf-maven-plugin</artifactId>
            <version>1.1.2</version>
            <configuration>
                <target>http://api.run.pivotal.io</target>
                <org>in28minutes</org>
                <space>development</space>
                <memory>512</memory>
                <env>
                    <ENV-VAR-NAME>prod</ENV-VAR-NAME>
                </env>
            </configuration>
        </plugin>
    </plugins>
</build>
```

需要通过命令提示符或终端使用 Maven 插件登录 Cloud Foundry：

```
mvn cf:login -Dcf.username=<<YOUR-USER-ID>> -Dcf.password=<<YOUR-PASSWORD>>
```

如果一切正常，你会看到以下消息：

```
[INFO] ------------------------------------------------------------
[INFO] Building Your First Spring Boot Example 0.0.1-SNAPSHOT
[INFO] ------------------------------------------------------------
[INFO]
[INFO] --- cf-maven-plugin:1.1.2:login (default-cli) @ springboot-for-beginners-example ---
[INFO] Authentication successful
[INFO]
[INFO] BUILD SUCCESS
[INFO] ------------------------------------------------------------
[INFO] Total time: 14.897 s
[INFO] Finished at: 2017-02-05T16:49:52+05:30
[INFO] Final Memory: 22M/101M
[INFO] ------------------------------------------------------------
```

成功登录后，即可将应用程序推送到 Cloud Foundry：

```
mvn cf:push
```

执行此命令后，Maven 会编译、运行测试、构建应用程序 JAR 或 WAR，然后将其部署到云端：

```
[INFO] Building jar: /in28Minutes/Workspaces/SpringTutorial/springboot-for-beginners-example-rest-service/target/springboot-for-beginners-example-0.0.1-SNAPSHOT.jar
```

```
[INFO]
[INFO] --- spring-boot-maven-plugin:1.4.0.RELEASE:repackage (default) @
springboot-for-beginners-example ---
[INFO]
[INFO] <<< cf-maven-plugin:1.1.2:push (default-cli) < package @
springboot-for-beginners-example <<<
[INFO]
[INFO] --- cf-maven-plugin:1.1.2:push (default-cli) @ springboot-for-
beginners-example ---
[INFO] Creating application 'springboot-for-beginners-example'
[INFO] Uploading '/in28Minutes/Workspaces/SpringTutorial/springboot-for-
beginners-example-rest-service/target/springboot-for-beginners-
example-0.0.1-SNAPSHOT.jar'
[INFO] Starting application
[INFO] Checking status of application 'springboot-for-beginners-example'
[INFO] 1 of 1 instances running (1 running)
[INFO] Application 'springboot-for-beginners-example' is available at
'http://springboot-for-beginners-example.cfapps.io'
[INFO] ------------------------------------------------------------
[INFO] BUILD SUCCESS
[INFO] ------------------------------------------------------------
[INFO] Total time: 02:21 min
[INFO] Finished at: 2017-02-05T16:54:55+05:30
[INFO] Final Memory: 29M/102M
[INFO] ------------------------------------------------------------
```

应用程序在云端启动并运行后，即可使用日志中的以下 URL 启动应用程序：http://springboot-or-beginners-example.cfapps.io。

有关 Cloud Foundry 的 Java 构建包的更多信息，请在 vmware 网站搜索 Java Buildpack 查看。

7.6 小结

使用 Spring Boot 可以轻松开发基于 Spring 的应用程序，它可以帮助我们快速创建生产级应用程序。

这一章介绍了 Spring Boot 提供的各种外部配置选项；讲解了嵌入式服务器，并在 PaaS 云平台 Cloud Foundry 上部署了测试应用程序；探讨了如何使用 Spring Boot Actuator 监视生产环境中的应用程序；最后介绍了可以帮助开发人员提高生产效率的特性——Spring Boot 开发者工具和实时重载。

下一章将关注数据，会介绍 Spring Data，看看它如何简化 JPA 集成和提供 REST 服务。

第 8 章 Spring Data

第 7 章介绍了 Spring Boot 的高级功能，如配置外部化、监视、嵌入式服务器以及部署到云端。这一章将关注数据。过去 10 年中，存储数据的介质和方式一直在快速进化。关系型数据库经过数十年的稳定发展后，大量非结构化、非关系型数据库在过去 10 年中逐渐成为主流。由于存在有各式各样的数据存储，与这些数据存储进行交互的框架开始变得愈加重要。虽然使用 JPA 可以与关系型数据库轻松交互，但 Spring Data 旨在提供一种通用方法，从而与更广泛的数据存储（关系型数据库或其他数据库）交互。

本章将回答以下问题。

- 什么是 Spring Data？
- Spring Data 的目标是什么？
- 如何使用 Spring Data 和 Spring Data JPA 与关系型数据库交互？
- 如何使用 Spring Data 与非关系型数据库（如 MongoDB）交互？

8.1 背景信息——数据存储

大多数应用程序会与各种数据存储交互。随着时间的推移，应用程序与数据存储的交互方式发生了很大变化。Java EE 提供的最基本 API 为 **Java 数据库连接**（JDBC）。从第一版 Java EE 开始，JDBC 就用于与关系型数据库交互。JDBC 使用 SQL 查询来操作数据。下面是一段典型的 JDBC 代码示例。

```
PreparedStatement st = null;
st = conn.prepareStatement(INSERT_TODO_QUERY);
st.setString(1, bean.getDescription());
st.setBoolean(2, bean.isDone());
st.execute();
```

典型的 JDBC 代码包含以下内容：

- 要执行的查询（或存储过程）；
- 为语句对象查询设置参数的代码；
- 用于清除 bean 中的 ResultSet（执行查询的结果）的代码。

常规项目通常包含数千行 JDBC 代码。编写和维护 JDBC 代码非常麻烦。为了在 JDBC 之上提供另一个层，以下两个框架变得流行起来。

- **MyBatis**（之前称为 iBatis）：使用 MyBatis 不需要手动编写代码来设置参数并检索结果。它提供了简单的 XML 或基于注解的配置，以将 Java POJO 映射到数据库。
- **Hibernate**：Hibernate 是一种**对象/关系映射**（ORM）框架。ORM 框架有助于将对象映射到关系型数据库表。使用 Hibernate 的好处在于，开发人员不需要手动编写代码。一旦映射了项目与表之间的关系，Hibernate 就使用这些映射来创建查询并填充/检索数据。

Java EE 引入了一个称为 **JPA**（Java Persistence API）的 API。大致上，JPA 是基于当时常用的 ORM 实现（Hibernate 框架）来定义的。Hibernate（从 3.4.0.GA 开始）可支持/实现 JPA。

在关系型数据库中，数据存储在明确定义的标准化表中。虽然 Java EE 试图解决与关系数据存储交互的问题，但在过去 10 年中，一些其他数据存储变得流行起来。随着大数据的发展以及实时数据需求的出现，更多非结构化的新型数据存储方式开始进入人们的视野。这类数据库通常归为非关系型数据库，示例包括 Cassandra（列）、MongoDB（文档）和 Hadoop。

8.2　Spring Data

每种数据存储都通过不同的方式来连接和检索/更新数据。Spring Data 旨在提供一致的模型——另一个抽象层——来访问不同类型的数据存储中的数据。

Spring Data 的一些重要功能如下：

- 通过各种存储库轻松集成多种数据存储；
- 能够根据存储库方法名称解析并构建查询；
- 提供默认 CRUD 功能；
- 基本支持审计，如由用户创建和最后由用户更改的内容；
- 全面集成 Spring；
- 全面集成 Spring MVC 以通过 **Spring Data Rest** 公开 REST 控制器。

Spring Data 是由众多模块构成的大型项目。它的一些重要模块如下。

- **Spring Data Commons**：定义所有 Spring Data 模块的常见概念——存储库和查询方法。
- **Spring Data JPA**：轻松集成 JPA 存储库。
- **Spring Data MongoDB**：轻松集成 MongoDB——一种基于文档的数据存储。
- **Spring Data REST**：提供相关功能，以通过最少的代码以 REST 服务的形式公开 Spring Data 存储库。
- **Spring Data for Apache Cassandra**：轻松集成 Cassandra。
- **Spring for Apache Hadoop**：轻松集成 Hadoop。

本章将深入介绍 Spring Data、存储库和查询方法背后的常见概念。在最初的示例中,本章将使用 Spring Data JPA 来说明这些概念。此外,本章后面还将提供一个示例,说明如何集成 MongoDB。

8.2.1 Spring Data Commons

Spring Data Commons 提供 Spring Data 模块背后的基本抽象机制。我们将以 Spring Data JPA 为例说明这些抽象机制。

Spring Data Commons 中的一些重要接口如下:

```
Repository<T, ID extends Serializable>
CrudRepository<T, ID extends Serializable> extends Repository<T, ID>
PagingAndSortingRepository<T, ID extends Serializable> extends
CrudRepository<T, ID>
```

1. `Repository` 接口

`Repository` 是 Spring Data 的核心接口,也是**标记接口**(marker interface)。

2. `CrudRepository` 接口

`CrudRepository` 定义基本的 `create`、`read`、`update` 和 `delete` 方法。`CrudRepository` 中的重要方法如以下代码所示。

```
public interface CrudRepository<T, ID extends Serializable>
  extends Repository<T, ID> {
  <S extends T> S save(S entity);
  findOne(ID primaryKey);
  Iterable<T> findAll();
  Long count();
  void delete(T entity);
  boolean exists(ID primaryKey);
  // ……省略了更多功能
}
```

3. `PagingAndSortingRepository` 接口

`PagingAndSortingRepository` 定义了一些方法,这些方法提供了将 `ResultSet` 分页以及对结果进行排序的功能:

```
public interface PagingAndSortingRepository<T, ID extends
  Serializable>
  extends CrudRepository<T, ID> {
    Iterable<T> findAll(Sort sort);
    Page<T> findAll(Pageable pageable);
}
```

8.2.2 节会举例说明 `Sort` 类以及 `Page`、`Pageable` 接口的用法。

8.2.2 Spring Data JPA

Spring Data JPA 实现在 Spring Data Common 接口中定义的核心功能。

`JpaRepository` 是特定于 JPA 的存储库接口：

```
public interface JpaRepository<T, ID extends Serializable>
  extends PagingAndSortingRepository<T, ID>,
  QueryByExampleExecutor<T>       {
```

`SimpleJpaRepository` 是用于 JPA 的 `CrudRepository` 接口的默认实现：

```
public class SimpleJpaRepository<T, ID extends Serializable>
  implements JpaRepository<T, ID>, JpaSpecificationExecutor<T>
```

1. Spring Data JPA 示例

下面设置一个简单的项目，以了解与 Spring Data Commons 和 Spring Data JPA 有关的不同概念。

需要执行的步骤如下。

(1) 以 `spring-boot-starter-data-jpa` 为依赖项创建一个新项目。
(2) 添加实体。
(3) 添加 `SpringBootApplication` 类以运行应用程序。
(4) 创建存储库。

- **使用 Starter Data JPA 新建项目**

我们将使用以下依赖项创建一个简单的 Spring Boot Maven 项目。

```xml
<dependency>
    <groupId>org.springframework.boot</groupId>
    <artifactId>spring-boot-starter-data-jpa</artifactId>
</dependency>
<dependency>
    <groupId>com.h2database</groupId>
    <artifactId>h2</artifactId>
    <scope>runtime</scope>
</dependency>
<dependency>
    <groupId>org.springframework.boot</groupId>
    <artifactId>spring-boot-starter-test</artifactId>
    <scope>test</scope>
</dependency>
```

`spring-boot-starter-data-jpa` 是用于 Spring Data JPA 的 Spring Boot starter 项目。`spring-boot-starter-data-jpa` 引入的重要依赖项包括 JTA（Java Transaction API）、Hibernate Core 和 Entity Manager（默认 JPA 实现）。其他一些重要的依赖项如下图所示。

```
  ▶ tomcat-jdbc-8.5.11.jar - /Users/rangaraokaranam/
  ▶ tomcat-juli-8.5.11.jar - /Users/rangaraokaranam/.
  ▶ spring-jdbc-4.3.6.RELEASE.jar - /Users/rangaraok
  ▶ hibernate-core-5.0.11.Final.jar - /Users/rangaraok
  ▶ jboss-logging-3.3.0.Final.jar - /Users/rangaraokara
  ▶ hibernate-jpa-2.1-api-1.0.0.Final.jar - /Users/rang
  ▶ javassist-3.21.0-GA.jar - /Users/rangaraokaranam/
  ▶ antlr-2.7.7.jar - /Users/rangaraokaranam/.m2/repo
  ▶ jandex-2.0.0.Final.jar - /Users/rangaraokaranam/.
  ▶ dom4j-1.6.1.jar - /Users/rangaraokaranam/.m2/rep
  ▶ hibernate-commons-annotations-5.0.1.Final.jar - /
  ▶ hibernate-entitymanager-5.0.11.Final.jar - /Users/
  ▶ javax.transaction-api-1.2.jar - /Users/rangaraoka
  ▶ spring-data-jpa-1.11.0.RELEASE.jar - /Users/rang
```

- **实体**

下面定义几个要在示例中用到的实体。我们将创建实体 `Todo` 来管理待办事项。一个简单的示例如下：

```
@Entity
public class Todo {
  @Id
  @GeneratedValue(strategy = GenerationType.AUTO)
  private Long id;
  @ManyToOne(fetch = FetchType.LAZY)
  @JoinColumn(name = "userid")
  private User user;
  private String title;
  private String description;
  private Date targetDate;
  private boolean isDone;
  public Todo() {// 满足 JPA 的要求
  }
}
```

需要注意的重要事项如下。

- `Todo` 有标题、说明、目标日期和完成指示符（`isDone`）。JPA 需要一个构造函数。
- `@Entity`：此注解指出该类是一个实体。
- `@Id`：指出 ID 是该实体的主键。
- `@GeneratedValue(strategy = GenerationType.AUTO)`：`GeneratedValue` 注解用于指定如何生成主键。此例采用的是 `GenerationType.AUTO` 策略。这表示我们希望持久性提供程序选择适当的策略。
- `@ManyToOne(fetch = FetchType.LAZY)`：表示 `User` 与 `Todo` 之间的多对一关系。`@ManyToOne` 关系用在关系中的一方。`FetchType.Lazy` 表示可以延迟提取数据。
- `@JoinColumn(name = "userid")`：`JoinColumn` 注解指定外键列的名称。

以下代码片段展示了 `User` 实体。

```java
@Entity
public class User {
  @Id
  @GeneratedValue(strategy = GenerationType.AUTO)
  private Long id;
  private String userid;
  private String name;
  @OneToMany(mappedBy = "user")
  private List<Todo> todos;
  public User() {// 满足 JPA 的要求
  }
}
```

需要注意的重要事项如下。

- `User` 被定义为一个具有 `userid` 和 `name` 属性的实体。ID 为主键, 是自动生成的。
- `@OneToMany(mappedBy = "user")`: `OneToMany` 注解用在多对一关系中多的一方。`mappedBy` 属性表示关系的所有者实体的属性。

- **`SpringBootApplication` 类**

下面创建一个 `SpringBootApplication` 类以便运行 Spring Boot 应用程序。一个简单示例如以下代码片段所示。

```java
@SpringBootApplication
public class SpringDataJpaFirstExampleApplication {
  public static void main(String[] args) {
    SpringApplication.run(
    SpringDataJpaFirstExampleApplication.class, args);
  }
}
```

以下代码片段展示了将 `SpringDataJpaFirstExampleApplication` 作为 Java 应用程序运行时生成的一些日志。

```
LocalContainerEntityManagerFactoryBean : Building JPA container
EntityManagerFactory for persistence unit 'default'
org.hibernate.Version : HHH000412: Hibernate Core {5.0.11.Final}
org.hibernate.dialect.Dialect : HHH000400: Using dialect:
org.hibernate.dialect.H2Dialect
org.hibernate.tool.hbm2ddl.SchemaExport : HHH000227: Running hbm2ddl schema
export
org.hibernate.tool.hbm2ddl.SchemaExport : HHH000230: Schema export complete
j.LocalContainerEntityManagerFactoryBean : Initialized JPA
EntityManagerFactory for persistence unit 'default'
```

一些重要事项如下。

- `HHH000412: Hibernate Core {5.0.11.Final}`: **Hibernate** 框架已初始化。
- `HHH000400: Usingdialect: org.hibernate.dialect.H2Dialect`: **H2** 内存中数据库已初始化。

- HHH000227：Running hbm2ddl schema export：基于可用实体（Todo 和 User）和它们之间的关系创建架构（schema）。

在前面的执行过程中，发生了许多奇妙的操作。下面来看一些重要的问题。

(1) 既然未在 pom.xml 中显式声明依赖项，Hibernate 框架是如何参与进来的？
(2) 如何使用 H2 内存中数据库？
(3) 创建的是什么架构？

现在解答这些问题。

既然未在 pom.xml 中显式声明依赖项，那么 Hibernate 框架是如何参与进来的？

- Hibernate 是 Spring Boot Starter JPA 的依赖项之一。因此，它是所用的默认 JPA 实现。

如何使用 H2 内存中数据库？

- 在依赖项中，我们加入了一个作用域为 runtime（运行时）的 H2 依赖项。运行 Spring Boot Data JPA 自动配置时，它会发出通知，指出我们未在配置中包含任何数据源（实际上，我们根本未配置）。然后，Spring Boot Data JPA 会尝试配置一个内存中数据库。它在类路径上看到了 H2。因此，它初始化了 H2 内存中数据库。

创建的是什么架构？

以下代码片段展示了根据我们声明的实体类和关系创建的架构。此架构由 Spring Boot Data JPA 自动配置自动创建。

```
create table todo (
  id bigint generated by default as identity,
  description varchar(255),
  is_done boolean not null,
  target_date timestamp,
  title varchar(255),
  userid bigint,
  primary key (id)
)
create table user (
  id bigint generated by default as identity,
  name varchar(255),
  userid varchar(255),
  primary key (id)
)
alter table todo
add constraint FK4wek6l19imiccm4ypjj5hfn2g
foreign key (userid)
references user
```

todo 表具有用户表的外键用户 ID。

- 填入一些数据

为了测试将要创建的存储库,我们在这些表中填入一些测试数据。只需要在 src\main\resources 中加入 data.sql 文件即可,其中包含以下语句。

```
insert into user (id, name, userid)
 values (1, 'User Name 1', 'UserId1');
insert into user (id, name, userid)
 values (2, 'User Name 2', 'UserId2');
insert into user (id, name, userid)
 values (3, 'User Name 3', 'UserId3');
insert into user (id, name, userid)
 values (4, 'User Name 4', 'UserId4');
insert into todo (id, title, description, is_done, target_date, userid)
 values (101, 'Todo Title 1', 'Todo Desc 1', false, CURRENT_DATE(), 1);
insert into todo (id, title, description, is_done, target_date, userid)
 values (102, 'Todo Title 2', 'Todo Desc 2', false, CURRENT_DATE(), 1);
insert into todo (id, title, description, is_done, target_date, userid)
 values (103, 'Todo Title 3', 'Todo Desc 3', false, CURRENT_DATE(), 2);
```

这些是简单的插入语句。我们将总共创建 4 位用户——第一位用户有两个待办事项,第二位用户有一个待办事项,最后两位用户没有待办事项。

再次以 Java 应用程序的形式运行 `SpringDataJpaFirstExampleApplication` 时,会在日志中看到另外一些语句:

```
ScriptUtils : Executing SQL script from URL
[file:/in28Minutes/Workspaces/SpringDataJPA-Preparation/Spring-Data-JPA-
Trial-Run/target/classes/data.sql]

ScriptUtils : Executed SQL script from URL
[file:/in28Minutes/Workspaces/SpringDataJPA-Preparation/Spring-Data-JPA-
Trial-Run/target/classes/data.sql] in 42 ms.
```

这些日志语句确认数据正在填入 H2 内存中数据库中。下面来创建存储库,以访问和操纵 Java 代码中的数据。

2. 简单的存储库

可以通过扩展 `Repository` 标记接口来创建自定义存储库。在以下示例中,我们使用两个方法(`findAll` 和 `count`)扩展了的 `Repository` 接口。

```
import org.springframework.data.repository.Repository;
public interface TodoRepository extends Repository<Todo, Long> {
  Iterable<Todo> findAll();
  long count();
}
```

需要注意的重要事项如下。

- ❏ `public interface TodoRepository extends Repository<Todo, Long>`：`TodoRepository` 接口扩展了 `Repository` 接口。两个泛型类型表示受托管的实体（`Todo`）以及主键的类型（`Long`）。
- ❏ `Iterable<Todo> findAll()`：用于列举所有待办事项。请注意，方法名称应与在 `CrudRepository` 中定义的名称相匹配。
- ❏ `long count()`：用于查找所有待办事项的计数。

● 单元测试

下面编写一个简单的单元测试，测试是否能够使用 `TodoRepository` 访问 todo 数据。重要细节如以下代码片段所示。

```
@DataJpaTest
@RunWith(SpringRunner.class)
public class TodoRepositoryTest {
  @Autowired
  TodoRepository todoRepository;
  @Test
  public void check_todo_count() {
    assertEquals(3, todoRepository.count());
  }
}
```

需要注意的重要事项如下。

- ❏ `@DataJpaTest`：在对 JPA 存储库进行单元测试时，`DataJpaTest` 注解通常与 `SpringRunner` 结合在一起使用。该注解会启用仅与 JPA 相关的自动配置，并且默认情况下，会在测试时使用内存中数据库。
- ❏ `@RunWith(SpringRunner.class)`：`SpringRunner` 是 `SpringJUnit4ClassRunner` 的简单别名。它启动 Spring 上下文。
- ❏ `@Autowired TodoRepository todoRepository`：自动装配要在测试中使用的 `TodoRepository`。
- ❏ `assertEquals(3, todoRepository.count())`：检查返回的计数是否为 3。请记住，我们在 data.sql 中插入了 3 个待办事项。

注意：在上例中，我们编写单元测试时走了捷径。理想情况下，单元测试不得依赖于已在数据库中创建的数据。后面的测试将解决此问题。

扩展 `Repository` 接口有助于我们公开对实体执行的选定方法。

3. `CrudRepository` 接口

可以扩展 `CrudRepository`，以公开对实体执行的 `create`、`read`、`update` 和 `delete` 方法。以下代码片段展示了扩展 `CrudRepository` 的 `TodoRepository`：

```
public interface TodoRepository extends CrudRepository<Todo, Long>
 {
 }
```

TodoRepository可用于执行所有由CrudRepository接口公开的方法。下面编写几个单元测试来测试这其中的一些方法。

- 单元测试

findById()方法可用于使用主键执行查询。示例如以下代码片段所示。

```
@Test
public void findOne() {
  Optional<Todo> todo = todoRepository.findById(101L);
  assertEquals("Todo Desc 1", todo.get().getDescription());
}
```

Optional表示可以为null的对象的容器对象。下面列出了Optional中的一些重要方法。

- isPresent()：检查Optional是否包含非null值。
- orElse()：包含的对象为null时的默认值。
- ifPresent()：如果包含的对象不为null，则执行ifPresent中的代码。
- get()：检索包含的对象。

existsById()方法可用于检查拥有给定ID的实体是否存在。如何实现请看以下示例。

```
@Test
public void exists() {
  assertFalse(todoRepository.existsById(105L));
  assertTrue(todoRepository.existsById(101L));
}
```

deleteById()方法用于删除采用特定ID的实体。以下示例中删除了其中一个待办事项，可用待办事项数量从三个减少至两个。

```
@Test
public void delete() {
  todoRepository.deleteById(101L);
  assertEquals(2,todoRepository.count());
}
```

deleteAll()方法用于删除由特定存储库管理的所有实体。在下面的特例中，todo表中的所有待办事项都被删除了。

```
@Test
public void deleteAll() {
  todoRepository.deleteAll();
  assertEquals(0,todoRepository.count());
}
```

save()方法可用于更新或插入实体。以下示例展示了如何更新待办事项的说明。以下测试在检索前使用 `TestEntityManager` 来刷新数据。`TestEntityManager` 是自动装配的，作为 `@DataJpaTest` 注解功能的一部分。

```java
@Autowired
TestEntityManager entityManager;
@Test
public void save() {
  Todo todo = todoRepository.findById(101L).get();
  todo.setDescription("Todo Desc Updated");
  todoRepository.save(todo);
  entityManager.flush();
  Todo updatedTodo = todoRepository.findById(101L).get();
  assertEquals("Todo Desc Updated",updatedTodo.getDescription());
}
```

4. `PagingAndSortingRepository` 接口

`PagingAndSortingRepository` 扩展了 `CrudRepository` 并提供了一些方法，以检索采用分页和指定排序机制的实体。请看以下示例。

```java
public interface UserRepository
extends PagingAndSortingRepository<User, Long> {
}
```

需要注意的重要事项如下。

- `public interface UserRepository extends PagingAndSortingRepository`：`UserRepository` 接口扩展了 `PagingAndSortingRepository` 接口。
- `<User, Long>`：实体的类型为 `User`，且 ID 字段的类型为 `Long`。

● 单元测试

下面编写几个测试，以使用 `UserRepository` 的排序和分页能力。测试的基本代码与 `TodoRepositoryTest` 非常相似：

```java
@DataJpaTest
@RunWith(SpringRunner.class)
public class UserRepositoryTest {
  @Autowired
  UserRepository userRepository;
  @Autowired
  TestEntityManager entityManager;
}
```

下面编写一个简单的测试，对用户进行排序，并将 user 输出到日志中：

```java
@Test
public void testing_sort_stuff() {
  Sort sort = new Sort(Sort.Direction.DESC, "name")
```

```
    .and(new Sort(Sort.Direction.ASC, "userid"));
Iterable<User> users = userRepository.findAll(sort);
 for (User user : users) {
   System.out.println(user);
   }
 }
```

需要注意的重要事项如下。

- `new Sort(Sort.Direction.DESC, "name")`：我们希望按名称以降序排序。
- `and(new Sort(Sort.Direction.ASC, "userid"))`：`and()`方法是一个联合方法，可以组合不同排序配置。在此例中，我们会添加一个次要标准，按用户ID以升序排序。
- `userRepository.findAll(sort)`：将以参数的形式将排序标准传递给 `findAll()` 方法。

上一个测试的输出如下，用户按名称以降序排序：

```
User [id=4, userid=UserId4, name=User Name 4, todos=0]
User [id=3, userid=UserId3, name=User Name 3, todos=0]
User [id=2, userid=UserId2, name=User Name 2, todos=1]
User [id=1, userid=UserId1, name=User Name 1, todos=2]
```

对可分页性的测试如下：

```
@Test
public void using_pageable_stuff() {
  PageRequest pageable = new PageRequest(0, 2);
  Page<User> userPage = userRepository.findAll(pageable);
  System.out.println(userPage);
  System.out.println(userPage.getContent());
}
```

该测试的输出如下：

```
Page 1 of 2 containing com.in28minutes.model.User instances
[User [id=1, userid=UserId1, name=User Name 1, todos=2],
User [id=2, userid=UserId2, name=User Name 2, todos=1]]
```

需要注意的重要事项如下。

- `new PageRequest(0, 2)`：我们请求第一个页面（索引 0）并将每个页面的大小设置为 2。
- `userRepository.findAll(pageable)`：以参数的形式将 `PageRequest` 对象传递给 `findAll` 方法。
- `Page 1 of 2`：此输出表明，我们在查看第一个页面（共两个页面）。

关于 `PageRequest`，需要注意的重要事项如下。

- `PageRequest` 对象拥有用于遍历页面的 `next()`、`previous()`和`first()`方法。

- `PageRequest` 构造函数（`public PageRequest(int page, int size, Sort sort)`）还接受第三个参数——`Sort order`。

`Page` 及其子接口 `Slice` 中的重要方法如下所示。

- `int getTotalPages()`：返回结果页面的数量。
- `long getTotalElements()`：返回所有页面中元素的总数。
- `int getNumber()`：返回当前页面的编号。
- `int getNumberOfElements()`：返回当前页面中元素的数量。
- `List<T> getContent()`：以列表形式获取当前切片（或页面）的内容。
- `boolean hasContent()`：若当前切片包含任何元素，则返回。
- `boolean isFirst()`：若是第一个切片，则返回。
- `boolean isLast()`：若是最后一个切片，则返回。
- `boolean hasNext()`：若有下一个切片，则返回。
- `boolean hasPrevious()`：若有上一个切片，则返回。
- `Pageable nextPageable()`：获取下一个切片的访问权限。
- `Pageable previousPageable()`：获取上一个切片的访问权限。

5. 查询方法

前几节介绍了 `CrudRepository` 和 `PagingAndSortingRepository` 接口，学习了它们默认提供的不同方法。Spring Data 的作用不仅限于此。它定义了一些模式，以便自定义查询方法。这一节将介绍一些 Spring Data 提供的用于自定义查询方法的选项。

我们会首先介绍与查找匹配特定属性值的行相关的示例。以下示例展示了用于按名称搜索 `User` 的不同方法。

```
public interface UserRepository
extends PagingAndSortingRepository<User, Long> {
  List<User> findByName(String name);
  List<User> findByName(String name, Sort sort);
  List<User> findByName(String name, Pageable pageable);
  Long countByName(String name);
  Long deleteByName(String name);
  List<User> removeByName(String name);
}
```

需要注意的重要事项如下。

- `List<User> findByName(String name)`：模式为 `findBy`，后接要将其作为查询依据的属性的名称。属性的值以参数形式传递。
- `List<User> findByName(String name, Sort sort)`：该方法用于指定特定排序顺序。

- List<User> findByName(String name, Pageable pageable)：该方法允许使用分页。
- 除 find 外，还可以用 read、query 或 get 对方法进行命名。例如，使用 queryByName 而不是 findByName。
- 与 find..By 类似，我们可以使用 count..By 查找计数，使用 delete..By（或 remove..By）删除记录。

以下示例说明了如何按包含的元素的属性进行搜索。

```
List<User> findByTodosTitle(String title);
```

User 包含 Todo。Todo 具有 title 属性。要创建方法以根据待办事项标题搜索用户，可以在 UserRepository 中创建名为 findByTodosTitle 的方法。

以下示例展示了使用 findBy 可以实现的其他一些变化。

```
public interface TodoRepository extends CrudRepository<Todo, Long>
{
  List<Todo> findByTitleAndDescription
    (String title, String description);
  List<Todo> findDistinctTodoByTitleOrDescription
    (String title,String description);
  List<Todo> findByTitleIgnoreCase(String title, String
    description);
  List<Todo> findByTitleOrderByIdDesc(String lastname);
  List<Todo> findByIsDoneTrue(String lastname);
}
```

需要注意的重要事项如下。

- findByTitleAndDescription：可以使用多个属性来执行查询。
- findDistinctTodoByTitleOrDescription：查找与标题或说明匹配的不同行。
- findByTitleIgnoreCase：表示忽略大小写。
- findByTitleOrderByIdDesc：演示指定特定排序顺序的示例。

以下示例说明了如何使用 find 方法查找特定记录子集。

```
 public interface UserRepository
 extends PagingAndSortingRepository<User, Long> {
   User findFirstByName(String name);
   User findTopByName(String name);
   List<User> findTop3ByName(String name);
   List<User> findFirst3ByName(String name);
}
```

需要注意的重要事项如下。

- findFirstByName，findTopByName：查找第一个用户。
- findTop3ByName，findFirst3ByName：查找顶部的三个用户。

6. 查询

Spring Data JPA 还提供了编写自定义查询的选项。以下代码片段提供了一个简单示例。

```
@Query("select u from User u where u.name = ?1")
List<User> findUsersByNameUsingQuery(String name);
```

需要注意的重要事项如下。

- `@Query`：该注解用于为存储库方法定义查询。
- `select u from User u where u.name = ?1`：要执行的查询。`?1` 表示第一个参数。
- `findUsersByNameUsingQuery`：调用此方法时，将以名称为参数执行指定查询。

● 命名参数

可以使用命名参数来提高查询的可读性。示例如 `UserRepository` 中的代码片段：

```
@Query("select u from User u where u.name = :name")
List<User> findUsersByNameUsingNamedParameters
(@Param("name") String name);
```

需要注意的重要事项如下。

- `select u from User u where u.name = :name`：在查询中定义命名参数`"name"`。
- `findUsersByNameUsingNamedParameters(@Param("name") String name)`：`@Param("name")`在参数列表中定义命名参数。

● 命名查询

另一个选项是使用对实体自身定义的命名查询。以下示例展示了如何对 `User` 实体定义命名查询。

```
@Entity
@NamedQuery(name = "User.findUsersWithNameUsingNamedQuery",
query = "select u from User u where u.name = ?1")
public class User {
```

要在存储库中使用此查询，需要用与命名查询相同的名称创建一个方法。以下代码片段展示了 `UserRepository` 中的对应方法。

```
List<User> findUsersWithNameUsingNamedQuery(String name);
```

请注意，命名查询的名称为 `User.findUsersWithNameUsingNamedQuery`。因此，存储库中的方法的名称应为 `findUsersWithNameUsingNamedQuery`。

● 本地查询

Spring Data JPA 还提供了执行本地查询所需的选项。以下示例展示了 `UserRepository` 中的一个简单本地查询。

```
@Query(value = "SELECT * FROM USERS WHERE u.name = ?1",
 nativeQuery = true)
List<User> findUsersByNameNativeQuery(String name);
```

需要注意的重要事项如下。

- `SELECT * FROM USERS WHERE u.name = ?1`：这是要执行的本地查询。请注意，我们在查询中未引用 `User` 实体，而使用的是表名 `users`。
- `nativeQuery = true`：这个属性确保以本地查询的形式执行查询。

8.3 Spring Data Rest

Spring Data Rest 提供了一个非常简单的选项，以围绕数据存储库公开 CRUD RESTful 服务。

Spring Data Rest 提供的一些重要功能如下：

- 围绕 Spring Data 存储库公开 REST API；
- 支持分页和过滤；
- 理解 Spring Data 存储库中的查询方法，并公开这些方法，将其作为搜索资源；
- 支持的框架包括 JPA、MongoDB 和 Cassandra；
- 默认公开用于自定义资源的选项。

我们会首先在 pom.xml 中加入 Spring Boot Data Rest starter：

```xml
<dependency>
 <groupId>org.springframework.boot</groupId>
 <artifactId>spring-boot-starter-data-rest</artifactId>
</dependency>
```

可以通过添加一个简单的注解，使 `UserRepository` 公开 REST 服务，如以下代码片段所示。

```
@RepositoryRestResource(collectionResourceRel = "users", path =
 "users")
public interface UserRepository
 extends PagingAndSortingRepository<User, Long> {
```

需要注意的重要事项如下。

- `@RepositoryRestResource`：此注解用于使用 REST 公开存储库。
- `collectionResourceRel = "users"`：将在生成的链接中使用 `collection-ResourceRel` 值。
- `path = "users"`：必须在其下面公开资源的路径。

作为 Java 应用程序启动 `SpringDataJpaFirstExampleApplication` 时，可以在日志中

8.3 Spring Data Rest

看到以下代码片段。

```
s.b.c.e.t.TomcatEmbeddedServletContainer : Tomcat initialized with port(s):
8080 (http)
o.s.b.w.servlet.ServletRegistrationBean : Mapping servlet:
'dispatcherServlet' to [/]
o.s.b.w.servlet.FilterRegistrationBean : Mapping filter:
'characterEncodingFilter' to: [/*]
s.w.s.m.m.a.RequestMappingHandlerMapping : Mapped "{[/error]}" onto ****
o.s.d.r.w.RepositoryRestHandlerMapping : Mapped "{[/{repository}],
methods=[OPTIONS]
o.s.d.r.w.RepositoryRestHandlerMapping : Mapped "{[/{repository}],
methods=[HEAD]
o.s.d.r.w.RepositoryRestHandlerMapping : Mapped "{[/{repository}],
methods=[GET]
o.s.d.r.w.RepositoryRestHandlerMapping : Mapped "{[/{repository}],
methods=[POST]
o.s.d.r.w.RepositoryRestHandlerMapping : Mapped "{[/{repository}/{id}],
methods=[OPTIONS]
o.s.d.r.w.RepositoryRestHandlerMapping : Mapped
"{[/{repository}/{id}/{property}]}
o.s.d.r.w.RepositoryRestHandlerMapping : Mapped "{[/{repository}/search],
methods=[GET]
```

上面的日志表示 Spring MVC `DispatcherServlet` 已启用，并可以提供不同的请求方法和 URI。

8.3.1 GET 方法

向 http://localhost:8080/users 发送 GET 请求时，得到的响应如下。为简单起见，我们对响应进行了编辑，删除了有关 `UserId2`、`UserId3` 和 `UserId4` 的详细信息。

```
{
  "_embedded" : {
  "users" : [ {
            "userid" : "UserId1",
            "name" : "User Name 1",
            "_links" : {
              "self" : {
                 "href" : "http://localhost:8080/users/1"
                 },
              "user" : {
                 "href" : "http://localhost:8080/users/1"
                 },
              "todos" : {
                  "href" : "http://localhost:8080/users/1/todos"
                 }
             }
          } ]
     },
  "_links" : {
      "self" : {
```

```
                "href" : "http://localhost:8080/users"
            },
            "profile" : {
                "href" : "http://localhost:8080/profile/users"
                },
            "search" : {
                "href" : "http://localhost:8080/users/search"
            }
    },
    "page" : {
        "size" : 20,
        "totalElements" : 4,
        "totalPages" : 1,
        "number" : 0
        }
}
```

8.3.2　POST 方法

下图说明了如何提出 POST 请求以创建新用户。

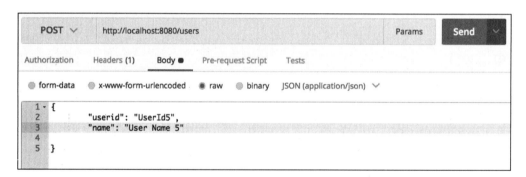

以下代码片段展示了收到的响应。

```
{
  "userid": "UserId5",
  "name": "User Name 5",
  "_links": {
    "self": {
      "href": "http://localhost:8080/users/5"
        },
    "user": {
      "href": "http://localhost:8080/users/5"
        },
    "todos": {
      "href": "http://localhost:8080/users/5/todos"
        }
    }
}
```

响应中包含所创建资源的 URI——http://localhost:8080/users/5。

8.3.3 搜索资源

Spring Data Rest 会为存储库中的其他方法公开搜索资源。例如，`findUsersByNameUsingNamedParameters` 方法的公开地址为 http://localhost:8080/users/search/findUsersByNameUsingNamedParameters?name=User%20Name%201。以下代码片段展示了向上面的 URL 提出 GET 请求时收到的响应。

```
{
  "_embedded": {
    "users": [
      {
        "userid": "UserId1",
        "name": "User Name 1",
        "_links": {
          "self": {
              "href": "http://localhost:8080/users/1"
              },
          "user": {
              "href": "http://localhost:8080/users/1"
              },
          "todos": {
             "href":
"http://localhost:8080/users/1/todos"
              }
            }
         }
      ]
   },
"_links": {
 "self": {
    "href":"http://localhost:8080/users/search/
 findUsersByNameUsingNamedParameters?name=User%20Name%201"
     }
  }
}
```

8.4 大数据

如本章简介部分所述，有一系列数据存储为传统数据库提供了替代方案。过去几年中，**大数据**（Big Data）成为流行词。关于什么是大数据，没有公认的定义，但我们可以发现一些共同的特点。

- **非结构化数据**：数据没有特定的结构。
- **数量庞大**：通常，大数据比传统数据库处理的数据更加庞大，如日志流、Facebook 帖子、推文。
- **可轻松扩展**：通常提供了横向和纵向扩展选项。

一些常用的选项包括 Hadoop、Cassandra 和 MongoDB。

这一节将以 MongoDB 为例,说明如何使用 Spring Data 来建立连接。

MongoDB

 请按照 MongoDB 网站上的安装说明在你使用的操作系统上安装 MongoDB。

要开始连接到 MongoDB,请在 pom.xml 中加入 Spring Boot MongoDB starter 的依赖项:

```xml
<dependency>
  <groupId>org.springframework.boot</groupId>
  <artifactId>spring-boot-starter-data-mongodb</artifactId>
</dependency>
```

我们新建一个实体类 `Person`,将其存储到 MongoDB。以下代码片段展示了有 ID 和名称的 `Person` 类。

```java
public class Person {
  @Id
  private String id;
  private String name;
  public Person() {// 满足 JPA 的要求
  }
  public Person(String name) {
    super();
    this.name = name;
  }
}
```

我们希望将 `Person` 实体存储到 MongoDB。为此,需要创建一个新存储库。MongoDB 存储库如以下代码片段所示。

```java
public interface PersonMongoDbRepository
  extends MongoRepository<Person, String> {
  List<Person> findByName(String name);
  Long countByName(String name);
}
```

需要注意的重要事项如下。

- `PersonMongoDbRepository extends MongoRepository`:`MongoRepository` 是特定于 MongoDB 的 `Repository` 接口。
- `MongoRepository<Person, String>`:我们希望存储键类型为 `String` 的 `Person` 实体。
- `List<Person> findByName(String name)`:按名称查找 `Person` 的简单方法。

单元测试

我们将编写一个简单的单元测试来测试该存储库。该单元测试的代码如下：

```
@DataMongoTest
@RunWith(SpringRunner.class)
public class PersonMongoDbRepositoryTest {
  @Autowired
  PersonMongoDbRepository personRepository;
  @Test
  public void simpleTest(){
    personRepository.deleteAll();
    personRepository.save(new Person( "name1"));
    personRepository.save(new Person( "name2"));
    for (Person person : personRepository.findAll()) {
      System.out.println(person);
     }
    System.out.println(personRepository.findByName("name1"));
    System.out.println(personRepository.count());
   }
 }
```

需要注意的重要事项如下。

- 运行测试时，请确保 MongoDB 处于运行状态。
- `@DataMongoTest`：DataMongoTest 注解与 `SpringRunner` 结合使用，用在典型的 MongoDB 单元测试中。除与 MongoDB 相关的自动配置外，这会禁用所有其他的自动配置。
- `@Autowired PersonMongoDbRepository personRepository`：自动装配受测试的 MongoDB 存储库。

需要注意的是，此测试中的所有代码与为 Spring Data JPA 编写的代码非常相似。此示例表明，使用 Spring Data 可以非常轻松地连接到不同类型的数据存储。非关系型大数据数据存储的交互代码与关系型数据库的交互代码类似。这正是 Spring Data 的神奇之处。

8.5 小结

使用 Spring Boot 可以轻松开发基于 Spring 的应用程序，Spring Data 有助于轻松连接到不同数据存储。

本章介绍了如何使用 Spring Data，通过存储库等简单概念轻松连接到不同数据存储。我们还了解了如何将 Spring Data 与 Spring Data JPA 相结合，以连接到内存中关系数据库，以及如何使用 Spring Data MongoDB 连接到大数据存储（如 MongoDB）并保存数据。

下一章将关注云端，介绍什么是 Spring Cloud 以及它如何帮助解决云服务面临的问题。

第 9 章 Spring Cloud

本章将介绍与开发云原生应用程序以及使用 Spring Cloud 项目实现这些应用程序有关的一些重要模式。本章将介绍以下特性：

- 通过 Spring Cloud Config Server 实现集中式微服务配置；
- 使用 Spring Cloud Bus 跨微服务实例实现配置同步；
- 使用 Feign 创建声明式 REST 客户端；
- 使用 Ribbon 实现客户端负载均衡；
- 使用 Eureka 实现名称服务器；
- 使用 Zuul 实现 API 网关；
- 使用 Spring Cloud Sleuth 和 Zipkin 实现分布式跟踪；
- 使用 Hystrix 实现容错。

9.1 Spring Cloud 简介

第 4 章讨论了单体应用面临的问题以及各种架构如何向微服务进化。不过微服务同样面临它们自己的挑战。

- 采用微服务架构的企业也需要做出挑战性决策，确定如何确保微服务的一致性，而不会影响微服务团队的创新能力。
- 应用程序的规模更小，意味着要执行更多构建、发布和部署流程。这往往需要提高自动化水平。
- 微服务架构是基于大量小型细粒度服务而构建的，因此，如何管理这些服务的配置和可用性将面临挑战。
- 由于应用程序的分布式特点，调试问题变得更加困难。

为了最大限度地利用微服务架构，微服务应为云原生服务——可以轻松部署到云端的服务。第 4 章介绍了 Twelve-Factor App 的特点——这些模式通常可视为开发云原生应用程序时的最佳做法。

Spring Cloud 旨在为我们在云端构建系统时常见的一些模式提供解决方案。它的一些重要特性包括：

- 用于管理分布式微服务配置的解决方案；
- 使用名称服务器注册和发现服务；
- 在多个微服务实例间实现负载均衡；
- 更多采用熔断机制的容错服务；
- API 网关用于支持聚合、路由和缓存；
- 跨微服务分布式跟踪功能。

需要了解的是，Spring Cloud 不是指单个项目，它包含一组子项目，这些子项目旨在解决与部署到云端的应用程序有关的问题。

一些重要的 Spring Cloud 子项目如下。

- Spring Cloud Config：在不同环境中跨不同微服务启用集中式外部配置。
- Spring Cloud Netflix：Netflix 是微服务架构的早期采用者之一；其许多内部项目是 Spring Cloud Netflix 下的开源项目，包括 Eureka、Hystrix 和 Zuul。
- Spring Cloud Bus：可以更轻松地集成微服务与轻量级消息代理。
- Spring Cloud Sleuth：与 Zipkin 一起提供分布式跟踪解决方案。
- Spring Cloud Data Flow：能够为微服务应用程序构建业务流程且提供了 DSL、GUI 和 REST API。
- Spring Cloud Stream：提供一个简单的声明式框架，以通过 Apache Kafka 或 RabbitMQ 等消息代理集成基于 Spring（和基于 Spring Boot）的应用程序。

所有 Spring Cloud 项目的一些共同特点包括：

- 解决了在云端开发应用程序遇到的一些常见问题；
- 可以全面集成 Spring Boot；
- 通常使用简单的注解进行配置；
- 广泛使用了自动配置。

Spring Cloud Netflix

Netflix 是首批从单体应用转向微服务架构的企业之一。对于这种经历，Netflix 一直持非常开放的态度。Netflix 的一些内部框架是 Spring Cloud Netflix 下的开源框架。正如 Spring Cloud Netflix 网站所定义的：

> Spring Cloud Netflix 通过自动配置并绑定到 Spring 环境和其他常用 Spring 编程模型，为 Spring Boot 应用程序提供了 Netflix OSS 集成功能。

Spring Cloud Netflix 的一些重要项目如下。

- Eureka：为微服务提供服务注册和发现功能的名称服务器。
- Hystrix：能够通过熔断机制构建容错微服务，也提供仪表板。
- Feign：声明式 REST 客户端，可以轻松调用通过 JAX-RS 和 Spring MVC 创建的服务。
- Ribbon：提供客户端负载均衡功能。
- Zuul：提供典型的 API 网关功能，如路由、过滤、身份验证和安全性。可以通过自定义规则和过滤器对其进行扩展。

9.2 演示微服务设置

我们将使用两个微服务来解释本章中的概念。

- 微服务 A：一个简单的微服务，它公开两个服务——一个用于从设置文件中检索消息（message），另一个提供一组随机数字（random）。
- 服务消费方微服务：这个简单的微服务公开一个简单的计算服务——add 服务。add 服务使用微服务 A 中的 random 服务并将数字累加起来。

下图展示了上述微服务及其公开的服务之间的关系。

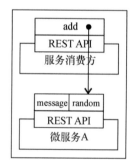

下面快速设置这些微服务。

9.2.1 微服务 A

首先使用 Spring Initializr 设置微服务 A。选择 GroupId、ArtifactId 和框架，如下图所示。

9.2 演示微服务设置

我们将创建一个服务，以公开一组随机数字：

```
@RestController
public class RandomNumberController {
  private Log log =
    LogFactory.getLog(RandomNumberController.class);
  @RequestMapping("/random")
  public List<Integer> random() {
    List<Integer> numbers = new ArrayList<Integer>();
    for (int i = 1; i <= 5; i++) {
      numbers.add(generateRandomNumber());
    }
    log.warn("Returning " + numbers);
    return numbers;
  }
  private int generateRandomNumber() {
    return (int) (Math.random() * 1000);
  }
}
```

需要注意的重要事项如下。

- `@RequestMapping("/random") public List<Integer> random()`：Random 服务返回一组随机数字。
- `private int generateRandomNumber() {`：生成 0~1000 的随机数字。

以下代码片段展示了位于 http://localhost:8080/random 的服务生成的响应示例。

`[666,257,306,204,992]`

接下来需要创建一个服务，以从 application.properties 中的应用程序配置中返回一条简单消息。

下面定义包含属性——message 的简单应用程序配置：

```
@Component
@ConfigurationProperties("application")
public class ApplicationConfiguration {
  private String message;
  public String getMessage() {
    return message;
  }
  public void setMessage(String message) {
    this.message = message;
  }
}
```

需要注意的重要事项如下。

- `@ConfigurationProperties("application")`：定义一个类来定义 application.properties。
- `private String message`：定义属性——message。可以在 application.properties 中以 application.message 为键配置此值。

下面配置 application.properties，如以下代码片段所示。

```
spring.application.name=microservice-a
application.message=Default Message
```

需要注意的两点重要事项如下。

- `spring.application.name=microservice-a`：`spring.application.name` 用于为应用程序指定名称。
- `application.message=Default Message`：为 application.message 配置默认消息。

下面创建一个控制器以读取并返回该消息，如以下代码片段所示。

```
@RestController
public class MessageController {
  @Autowired
  private ApplicationConfiguration configuration;
  @RequestMapping("/message")
  public Map<String, String> welcome() {
    Map<String, String> map = new HashMap<String, String>();
    map.put("message", configuration.getMessage());
    return map;
  }
}
```

需要注意的重要事项如下。

- `@Autowired private ApplicationConfiguration configuration`：自动装配 ApplicationConfiguration 以便读取配置的消息值。

- `@RequestMapping("/message") public Map<String, String> welcome()`：在 URI /message 处公开一个简单的服务。
- `map.put("message", configuration.getMessage())`：此服务返回具有一个条目的映射。它包含一条关键消息，值取自 `ApplicationConfiguration`。

执行位于 http://localhost:8080/message 的服务时，将得到以下响应。

```
{"message":"Default Message"}
```

9.2.2 服务消费方

下面设置另一个简单的微服务，以使用由微服务 A 公开的 random 服务。我们使用 Spring Initializr 来初始化此微服务，如下图所示。

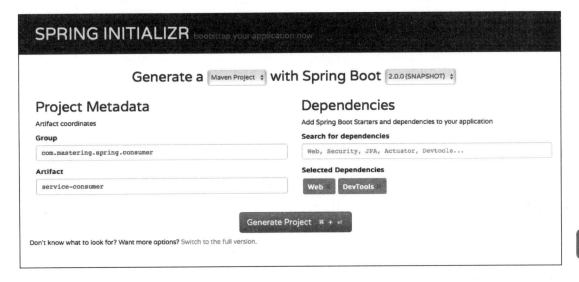

下面添加该服务以使用 random 服务：

```
@RestController
public class NumberAdderController {
  private Log log = LogFactory.getLog(
    NumberAdderController.class);
  @Value("${number.service.url}")
  private String numberServiceUrl;
  @RequestMapping("/add")
  public Long add() {
    long sum = 0;
    ResponseEntity<Integer[]> responseEntity = 
      new RestTemplate()
      .getForEntity(numberServiceUrl, Integer[].class);
    Integer[] numbers = responseEntity.getBody();
```

```
      for (int number : numbers) {
        sum += number;
      }
      log.warn("Returning " + sum);
      return sum;
    }
}
```

需要注意的重要事项如下。

- `@Value("${number.service.url}") private String numberServiceUrl`：我们希望可以在应用程序属性中配置数字服务 URL。
- `@RequestMapping("/add") public Long add()`：在 URI /add 处公开一个服务。add 方法将使用 RestTemplate 调用数字服务，其逻辑是将响应中返回的数字加起来。

下面配置 application.properties，如以下代码片段所示。

```
spring.application.name=service-consumer
server.port=8100
number.service.url=http://localhost:8080/random
```

需要注意的重要事项如下。

- `spring.application.name=service-consumer`：为 Spring Boot 应用程序配置名称。
- `server.port=8100`：将 8100 作为服务消费方的端口。
- `number.service.url=http://localhost:8080/random`：配置数字服务 URL 以用在 add 服务中。

调用 URL http://localhost:8100/add 处的服务时，将返回以下响应：

```
2890
```

以下是微服务 A 的日志摘要。

```
c.m.s.c.c.RandomNumberController  : Returning [752, 119, 493, 871, 445]
```

此日志显示，微服务 A 的 random 服务返回了 5 个数字。服务消费方中的 add 服务会将这些数字累加起来，并返回结果 2890。

现在示例微服务已准备就绪。后续步骤会为这些微服务添加云原生特性。

端口

本章将创建 6 个不同的微服务应用程序和组件。为简单起见，我们将特定端口用于特定应用程序。

下表列出了我们为在本章中创建的不同应用程序预留的端口：

微服务组件	使用的端口
微服务 A	8080 和 8081
服务消费方微服务	8100
Config Server（Spring Cloud Config）	8888
Eureka Server（名称服务器）	8761
Zuul API 网关服务器	8765
Zipkin 分布式跟踪服务器	9411

我们准备了两个微服务。下面为这些微服务提供云化功能。

9.3 集中式微服务配置

Spring Cloud Config 为微服务配置外部化提供了解决方案。下面首先了解为什么需要实现微服务配置外部化。

9.3.1 问题陈述

微服务架构中通常有大量小型微服务（而不是一组大型单体应用）彼此交互。每个微服务往往会部署到多个环境——开发、测试、负载测试、暂存和生产。此外，在不同环境中可能具有多个微服务实例。例如，特定微服务可能负责处理大量工作，因此，在生产环境中，就可能具有该微服务的多个生产实例。

应用程序配置通常包含以下项目。

- 数据库配置：连接到数据库所需的详细配置。
- 消息代理配置：连接到 AMQP 或类似资源所需的任何配置。
- 外部服务配置：微服务所需的其他服务。
- 微服务配置：与微服务业务逻辑有关的典型配置。

每个微服务实例可以有它自己的配置——不同数据库、使用的不同外部服务，等等。例如，如果某微服务部署到 5 个环境，每个环境中有 4 个实例，那么，此微服务可能一共有 20 个不同的配置。

下图显示了微服务 A 所需的典型配置。可以看到，开发环境中有 2 个实例、QA 环境中有 3 个实例、暂存环境中有 1 个实例、生产环境中有 4 个实例。

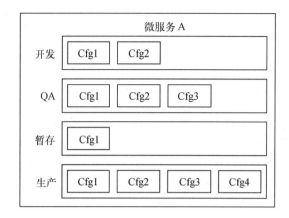

9.3.2 解决方案

对运营团队来说,很难单独维护不同微服务的配置。如下图所示,这里的解决方案是搭建集中式**配置服务器**。

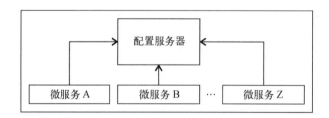

集中式**配置服务器**存放了属于各种不同微服务的所有配置。这有助于将配置与应用程序可部署包分离开来。

同一可部署包(EAR 或 WAR)可以在不同环境中使用,但是,所有配置(因环境不同而异)会存储在集中式配置服务器中。

这时需要做出一个重要决定,即确定是否为不同环境提供独立的集中式配置服务器实例。通常,相比于其他环境,我们希望更严格地限制生产配置的访问权限,因此建议应至少为生产环境提供独立的集中式配置服务器。其他环境可以共用一个配置服务器实例。

9.3.3 选项

下图展示了 Spring Initializer 为 Cloud Config Server 提供的选项。

9.3 集中式微服务配置 227

```
Cloud Config
  ☐ Config Client
    spring-cloud-config Client
  ☐ Config Server
    Central management for configuration via a git or svn backend
  ☐ Zookeeper Configuration
    Configuration management with Zookeeper and spring-cloud-
    zookeeper-config
  ☐ Consul Configuration
    Configuration management with Hashicorp Consul
```

本章会使用 Spring Cloud Config 来配置 Cloud Config Server。

9.3.4 Spring Cloud Config

Spring Cloud Config 支持集中式微服务配置。它结合了下面两个重要组件。

- **Spring Cloud Config Server**：为公开由版本控制存储库（GIT 或 Subversion）备份的集中式配置提供支持。
- **Spring Cloud Config Client**：为应用程序连接 Spring Cloud Config Server 提供支持。

下图展示了使用 Spring Cloud Config 的典型微服务架构。多个微服务的配置存储在单一 Git 存储库中。

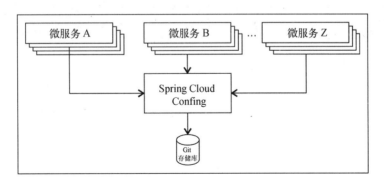

实现 Spring Cloud Config Server

下图展示了通过 Spring Cloud Config 实现微服务 A 和服务消费方的更新版本。在下图中，我们将集成微服务 A 与 Spring Cloud Config，以从本地 Git 存储库中检索其配置。

228 | 第 9 章 Spring Cloud

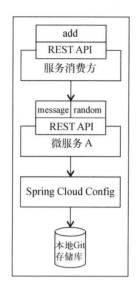

实现 Spring Cloud Config 需要执行以下操作。

(1) 设置 Spring Cloud Config Server。
(2) 设置本地 Git 存储库并将其连接到 Spring Cloud Config Server。
(3) 更新微服务 A 以使用 Cloud Config Server 中的配置——使用 Spring Cloud Config Client。

- 设置 **Spring Cloud Config Server**

下面使用 Spring Initializr 设置 Cloud Config Server。下图展示了要选择的 GroupId 和 ArtifactId。请确保选择 Config Server 作为依赖项。

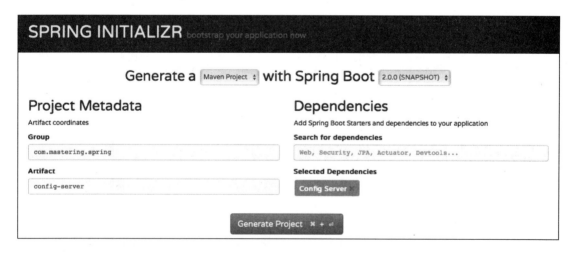

如果要将 Config Server 添加到现有应用程序中，请使用下面展示的依赖项。

```
<dependency>
  <groupId>org.springframework.cloud</groupId>
  <artifactId>spring-cloud-config-server</artifactId>
</dependency>
```

创建项目后，第一步是添加 `EnableConfigServer` 注解。以下代码片段展示了已添加到 `ConfigServerApplication` 中的注解。

```
@EnableConfigServer
@SpringBootApplication
public class ConfigServerApplication {
```

- **将 Spring Cloud Config Server 连接到本地 Git 存储库**

Config Server 需要连接到 Git 存储库。为简单起见，我们将连接到本地 Git 存储库。

 可以从 git-scm 网站安装你使用的操作系统所需的 Git。

以下命令有助于你设置简单的本地 Git 存储库。

安装 Git 后，请切换到你选择的目录。然后，通过终端或命令提示符执行以下命令。

```
mkdir git-localconfig-repo
cd git-localconfig-repo
git init
```

在 git-localconfig-repo 文件夹中使用如下内容创建 microservice-a.properties 文件。

```
management.security.enabled=false
application.message=Message From Default Local Git Repository
```

执行下面的命令，将 microservice-a.properties 添加并提交到本地 Git 存储库。

```
git add -A
git commit -m "default microservice a properties"
```

现在，包含我们所需配置的本地 Git 存储库已准备就绪，我们需要将 Config Server 连接到此存储库。下面在 config-server 中配置 application.properties：

```
spring.application.name=config-server
server.port=8888
spring.cloud.config.server.git.uri=file:///in28Minutes
/Books/MasteringSpring/git-localconfig-repo
```

需要注意的重要事项如下。

- `server.port=8888`：为 Config Server 配置端口。通常，`8888` 是 Config Server 最常用的端口。

- spring.cloud.config.server.git.uri=file:///in28Minutes/Books/MasteringSpring/git-localconfig-repo：配置本地 Git 存储库的 URI。如果要连接到远程 Git 存储库，可以在这里配置 Git 存储库的 URI。

启动服务器。点击 URL http://localhost:8888/microservice-a/default 时，你会看到以下响应。

```
{
  "name":"microservice-a",
  "profiles":[
    "default"
  ],
  "label":null,
  "version":null,
  "state":null,
  "propertySources":[
    {
      "name":"file:///in28Minutes/Books/MasteringSpring
      /git-localconfig-repo/microservice-a.properties",
      "source":{
        "application.message":"Message From Default
        Local Git Repository"
      }
    }]
}
```

需要注意的重要事项如下。

- http://localhost:8888/microservice-a/default：URI 格式为/{application-name}/ {profile}[/{label}]。其中，application-name（应用程序名称）为 microservice-a，配置文件为默认。
- 由于使用的是默认配置文件，因此，此服务返回了 microservice-a.properties 中的配置。可以在 propertySources>name 字段中的响应中看到相关配置。
- "source":{"application.message":"Message From Default Local Git Repository"}：响应的内容为属性文件的内容。

● 创建特定于环境的配置

下面为 dev 环境创建特定于微服务 A 的配置。

在 git-localconfig-repo 中使用下面展示的内容创建新文件 microservice-a-dev.properties。

```
application.message=Message From Dev Git Repository
```

执行以下命令，以将 microservice-a-dev.properties 添加并提交到本地 Git 存储库。

```
git add -A
git commit -m "default microservice a properties"
```

点击 URL http://localhost:8888/microservice-a/dev 时，你会看到以下响应。

```
{
  "name":"microservice-a",
  "profiles":[
    "dev"
  ],
  "label":null,
  "version":null,
  "state":null,
  "propertySources":[
  {
    "name":"file:///in28Minutes/Books/MasteringSpring
     /git-localconfig-repo/microservice-a-dev.properties",
    "source":{
      "application.message":"Message From Dev Git Repository"
    }
  },
  {
    "name":"file:///in28Minutes/Books/MasteringSpring
     /git-localconfig-repo/microservice-a.properties",
    "source":{
      "application.message":"Message From Default
       Local Git Repository"
  }}]
}
```

此响应包含 microservice-a-dev.properties 中的 dev 配置。此外还会返回默认属性文件（microservice-a.properties）中的配置。与在 microservice-a.properties 中配置的默认值相比，在 microservice-a-dev.properties（特定于环境的属性）中配置的属性的优先级更高。

与 dev 类似，可以为不同环境创建微服务 A 的独立配置。如果单一环境中需要多个实例，可以使用标记对其进行区分。http://localhost:8888/microservice-a/dev/{tag}格式的 URL 可用于基于特定标记检索配置。

下一步是将微服务 A 连接到 Config Server。

- **Spring Cloud Config Client**

我们将使用 Spring Cloud Config Client 将微服务 A 连接到 Config Server。下面展示了依赖项，请将其添加到微服务 A 的 pom.xml 文件中。

```
<dependency>
  <groupId>org.springframework.cloud</groupId>
  <artifactId>spring-cloud-starter-config</artifactId>
</dependency>
```

Spring Cloud 依赖项的管理方式与 Spring Boot 有所不同。我们将使用依赖项管理工具来管理依赖项。以下代码片段会确保使用的所有 Spring Cloud 依赖项均为正确版本。

```
<dependencyManagement>
    <dependencies>
        <dependency>
```

```
            <groupId>org.springframework.cloud</groupId>
            <artifactId>spring-cloud-dependencies</artifactId>
            <version>Dalston.RC1</version>
            <type>pom</type>
            <scope>import</scope>
        </dependency>
    </dependencies>
</dependencyManagement>
```

将微服务 A 中的 application.properties 重命名为 bootstrap.properties。

它的配置如下:

```
spring.application.name=microservice-a
spring.cloud.config.uri=http://localhost:8888
```

由于希望微服务 A 连接到 Config Server，因此，我们使用 spring.cloud.config.uri 提供 Config Server 的 URI。Cloud Config Server 用于检索微服务 A 的配置。因此，该配置将在 bootstrap.properties 中提供。

Spring Cloud Context：Spring Cloud 为部署在云端的 Spring 应用程序引入了一些重要概念。Bootstrap Application Context 是其中一个重要概念。它是微服务应用程序的父级上下文，负责加载外部配置（例如，来自 Spring Cloud Config Server）以及解密设置文件（外部和本地）。Bootstrap 上下文使用 bootstrap.yml 或 bootstrap.properties 进行配置。必须提前将微服务 A 中的 application.properties 更名为 bootstrap.properties，因为我们希望微服务 A 使用 Config Server 进行引导。

重启微服务 A 时，生成的日志摘要如下。

```
Fetching config from server at: http://localhost:8888
Located environment: name=microservice-a, profiles=[default],
label=null, version=null, state=null
Located property source: CompositePropertySource
[name='configService', propertySources=[MapPropertySource
[name='file:///in28Minutes/Books/MasteringSpring/git-localconfig-
repo/microservice-a.properties']]]
```

微服务 A 使用的是位于 http://localhost:8888 的 Spring Config Server 中的配置。

调用位于 http://localhost:8080/message 的 Message 服务时，得到的响应如下。

```
{"message":"Message From Default Local Git Repository"}
```

此消息摘自 localconfig-repo/microservice-a.properties 文件。

可以将活动配置文件设置为 dev，以提取 dev 配置:

```
spring.profiles.active=dev
```

服务消费方微服务的配置也可以存储在 local-config-repo 中，并使用 Spring Config Server 公开。

9.4　Spring Cloud Bus

使用 Spring Cloud Bus 可以将微服务无缝连接到轻量级消息代理，如 Kafka 和 RabbitMQ。

9.4.1　Spring Cloud Bus 需求

以在微服务中更改配置的情况为例。假定生产环境中运行着微服务 A 的 5 个实例。需要紧急更改配置。例如，在 localconfig-repo/microservice-a.properties 中做出更改：

```
application.message=Message From Default Local
  Git Repository Changed
```

要使微服务 A 获取此配置更改，需要对 http://localhost:8080/refresh 提出 POST 请求。可以通过命令提示符执行以下命令，以发送 POST 请求。

```
curl -X POST http://localhost:8080/refresh
```

你会看到，配置更改在 http://localhost:8080/message 中体现出来。该服务的响应如下：

```
{"message":"Message From Default Local Git Repository Changed"}
```

有 5 个微服务 A 的实例处于运行状态。配置更改仅在对其执行了 URL 的微服务 A 的实例中体现出来。在对其他 4 个实例执行刷新请求之前，它们不会收到配置更改。

如果存在大量微服务实例，那么，对每个实例执行刷新 URL 会非常烦琐，因为需要在每次更改配置时执行此操作。

9.4.2　使用 Spring Cloud Bus 传播配置更改

对于上一节最后提到的情况，解决办法是使用 Spring Cloud Bus 将配置更改通过消息代理（如 RabbitMQ）传播到多个实例。

下图展示了如何使用 Spring Cloud Bus 将不同微服务实例（实际上，它们也可能是完全不同的微服务）连接到消息代理。

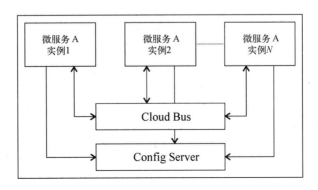

每个微服务实例会在应用程序启动时注册到 Spring Cloud Bus。

对其中一个微服务实例执行刷新时，Spring Cloud Bus 会将更改事件传播给所有微服务实例。收到更改事件时，微服务实例会向配置服务器中请求更新后的配置。

9.4.3 实现

我们将 RabbitMQ 用作消息代理。在继续之前，请确保已经安装并启动了 RabbitMQ。

如需 RabbitMQ 安装说明，请参阅 RabbitMQ 网站的文章 *Downloading and Installing RabbitMQ*。

下一步是为微服务 A 添加 Spring Cloud Bus 连接。下面在微服务 A 的 pom.xml 文件中添加以下依赖项。

```
<dependency>
  <groupId>org.springframework.cloud</groupId>
  <artifactId>spring-cloud-starter-bus-amqp</artifactId>
</dependency>
```

通过作为启动 VM 参数之一提供端口，我们可以在不同端口上运行微服务 A。下图展示了如何在 Eclipse 中以 VM 参数的形式配置服务器端口。配置的值为 -Dserver.port=8081。

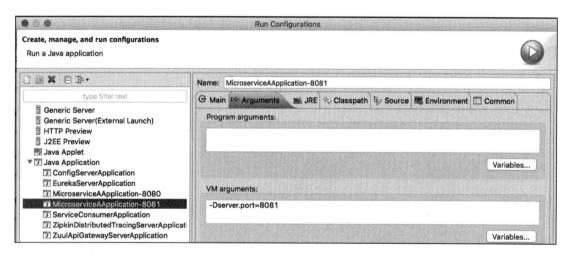

我们将在端口 8080（默认）和 8081 上运行微服务 A。以下是启动微服务 A 后生成的日志摘要。

```
o.s.integration.channel.DirectChannel : Channel 'microservice-
a.springCloudBusInput' has 1 subscriber(s).
Bean with name 'rabbitConnectionFactory' has been autodetected for JMX
exposure
```

```
Bean with name 'refreshBusEndpoint' has been autodetected for JMX exposure
Created new connection: SimpleConnection@6d12ea7c
[delegate=amqp://guest@127.0.0.1:5672/, localPort= 61741]
Channel 'microservice-a.springCloudBusOutput' has 1 subscriber(s).
 declaring queue for inbound: springCloudBus.anonymous.HK-
dFv8oRwGrhD4BvuhkFQ, bound to: springCloudBus
Adding {message-handler:inbound.springCloudBus.default} as a subscriber to
the 'bridge.springCloudBus' channel
```

微服务 A 的所有实例将注册到 Spring Cloud Bus,并侦听 Cloud Bus 上的事件。RabbitMQ 连接的默认配置是执行自动配置的结果。

现在用一条新消息更新 microservice-a.properties:

```
application.message=Message From Default Local
  Git Repository Changed Again
```

提交该文件,然后使用 URL http://localhost:8080/bus/refresh(假定端口为 8080)提出请求,以刷新其中一个实例的配置:

```
curl -X POST http://localhost:8080/bus/refresh
```

以下是在端口 8081 上运行的第二个微服务 A 实例生成的日志摘要。

```
Refreshing
org.springframework.context.annotation.AnnotationConfigApplicationContext@5
10cb933: startup date [Mon Mar 27 21:39:37 IST 2017]; root of context
hierarchy
Fetching config from server at: http://localhost:8888
Started application in 1.333 seconds (JVM running for 762.806)
Received remote refresh request. Keys refreshed [application.message]
```

可以看到,即使未在端口 8081 上调用刷新 URL,仍从 Config Server 提取了更新后的消息。这是因为微服务 A 的所有实例都在侦听 Spring Cloud Bus 上的更改事件。在其中一个实例上调用刷新 URL 时,这会触发一个更改事件,随后,所有其他实例提取已更改的配置。

你会发现,位于 http://localhost:8080/message 和 http://localhost:8081/message 的两个微服务 A 实例中都体现了配置更改。该服务的响应如下所示。

```
{"message":"Message From Default Local
  Git Repository Changed Again"}
```

9.5 声明式 REST 客户端——Feign

Feign 有助于我们以最少的配置和代码为 REST 服务创建 REST 客户端。你只需要定义一个简单的接口,并使用正确的注解即可。

`RestTemplate` 通常用于调用 REST 服务。Feign 有助于我们编写 REST 客户端,而不需要

用到 `RestTemplate`，也不需要为它编写逻辑。

Feign 与 Ribbon（客户端负载均衡）和 Eureka（名称服务器）进行了紧密集成。本章后面会介绍这种集成。

为了使用 Feign，下面将 Feign starter 添加到服务消费方微服务的 pom.xml 文件中：

```xml
<dependency>
  <groupId>org.springframework.cloud</groupId>
  <artifactId>spring-cloud-starter-feign</artifactId>
</dependency>
```

我们需要将 Spring Cloud 的 `dependencyManagement` 添加到 pom.xml 文件，因为这是服务消费方微服务使用的第一个云依赖项：

```xml
<dependencyManagement>
    <dependencies>
      <dependency>
        <groupId>org.springframework.cloud</groupId>
        <artifactId>spring-cloud-dependencies</artifactId>
        <version>Dalston.RC1</version>
        <type>pom</type>
        <scope>import</scope>
      </dependency>
    </dependencies>
</dependencyManagement>
```

下一步是添加注解，以便 Feign 客户端扫描 `ServiceConsumerApplication`。以下代码片段展示了 `@EnableFeignClients` 注解的用法。

```java
@EnableFeignClients("com.mastering.spring.consumer")
public class ServiceConsumerApplication {
```

我们需要定义一个简单的接口，以便为 random 服务创建 Feign 客户端。以下代码片段展示了详细信息。

```java
@FeignClient(name ="microservice-a", url="localhost:8080")
public interface RandomServiceProxy {
  @RequestMapping(value = "/random", method = RequestMethod.GET)
  public List<Integer> getRandomNumbers();
}
```

需要注意的重要事项如下。

- `@FeignClient(name ="microservice-a", url="localhost:8080")`：FeignClient 注解用于声明需要创建具有给定接口的 REST 客户端。我们现在正对微服务 A 的 URL 进行硬编码；稍后将了解如何将此 URL 连接到名称服务器，而无须硬编码。
- `@RequestMapping(value = "/random", method = RequestMethod.GET)`：将在 URI /random 处公开这个特定的 GET 服务方法。

❑ `public List<Integer> getRandomNumbers()`：这定义了服务方法的接口。

下面更新 `NumberAdderController`，以使用 `RandomServiceProxy` 来调用服务。以下代码片段展示了重要细节。

```
@RestController
public class NumberAdderController {
  @Autowired
  private RandomServiceProxy randomServiceProxy;
  @RequestMapping("/add")
  public Long add() {
    long sum = 0;
    List<Integer> numbers = randomServiceProxy.getRandomNumbers();
    for (int number : numbers) {
      sum += number;
    }
    return sum;
  }
}
```

需要注意的两个重要事项如下。

❑ `@Autowired private RandomServiceProxy randomServiceProxy`：将 RandomService-Proxy 自动装配进来。
❑ `List<Integer> numbers = randomServiceProxy.getRandomNumbers()`：看，使用 Feign 客户端就是这么简单，无须再用 `RestTemplate` 了。

调用服务消费方微服务中的 add 服务（http://localhost:8100/add）时，会收到以下响应。

2103

可以通过配置，对 Feign 请求启用 GZIP 压缩，如以下代码片段所示。

```
feign.compression.request.enabled=true
feign.compression.response.enabled=true
```

9.6 负载均衡

微服务是云原生架构最重要的构建块。微服务实例将根据特定微服务的负载进行向上和向下扩展。如何确保在不同微服务实例之间平均分配负载呢？这正是负载均衡功能发挥作用的地方。为了确保在不同微服务实例之间平均分配负载，实现负载均衡至关重要。

Ribbon

如下图所示，Spring Cloud Netflix Ribbon 通过在不同微服务实例之间执行轮询调度算法，实现了客户端负载均衡。

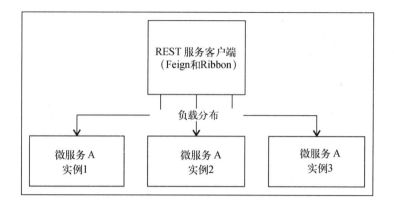

实现

我们需要将 Ribbon 添加到服务消费方微服务中。服务消费方微服务会在微服务 A 的两个实例间分配负载。

下面开始将 Ribbon 依赖项添加到服务消费方微服务的 pom.xml 文件中：

```
<dependency>
  <groupId>org.springframework.cloud</groupId>
  <artifactId>spring-cloud-starter-ribbon</artifactId>
</dependency>
```

然后即可为微服务 A 的不同实例配置 URL。请将以下配置添加到服务消费方微服务的 application.properties 中。

```
random-proxy.ribbon.listOfServers=
  http://localhost:8080,http://localhost:8081
```

接下来在服务代理（此例中为 RandomServiceProxy）上指定 @RibbonClient 注解。@RibbonClient 注解用于为 Ribbon 客户端指定声明式配置：

```
@FeignClient(name ="microservice-a")
@RibbonClient(name="microservice-a")
public interface RandomServiceProxy {
```

重新启动服务消费方微服务并点击 add 服务（http://localhost:8100/add）时，会收到以下响应。

```
2705
```

此请求由在端口 8080 上运行的微服务 A 的实例处理，生成的日志摘要如下。

```
c.m.s.c.c.RandomNumberController : Returning [487,
  441, 407, 563, 807]
```

再次点击同一 URL（http://localhost:8100/add）处的 add 服务时，会收到以下响应：

```
3423
```

但是，这次请求由在端口 8081 上运行的微服务 A 的实例处理，生成的日志摘要如下。

```
c.m.s.c.c.RandomNumberController : Returning [661,
  520, 256, 988, 998]
```

现在，我们成功在微服务 A 的不同实例之间分配了负载。虽然可以进一步改进此过程，但这是个良好的开端。

轮询调度（RoundRobinRule）是 Ribbon 使用的默认算法，尽管如此，还可以使用其他选项。

❑ AvailabilityFilteringRule 会跳过已关闭并且具有大量并行连接的服务器。
❑ WeightedResponseTimeRule 会基于响应时间选择服务器。如果服务器需要较长时间才能做出响应，它收到的请求会更少。

可以在应用程序配置中指定要使用的算法：

```
microservice-a.ribbon.NFLoadBalancerRuleClassName =
  com.netflix.loadbalancer.WeightedResponseTimeRule
```

microservice-a 是我们在@RibbonClient(name="microservice-a")注解中指定的服务的名称。

下图展示了已设置的组件的架构。

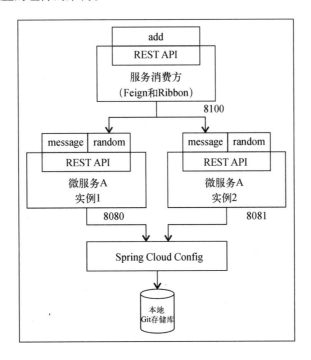

9.7 名称服务器

微服务架构包含大量彼此交互的小型微服务。此外，每个微服务可能还有多个实例。由于我们会动态地创建并销毁新的微服务实例，因此，手动维护外部服务连接和配置会很难。名称服务器提供了服务注册和服务发现功能。使用名称服务器，微服务可以自主注册，还可以发现它们希望与之交互的其他微服务的 URL。

微服务 URL 硬编码限制

在上例中，我们在服务消费方微服务的 application.properties 中添加了以下配置。

```
random-proxy.ribbon.listOfServers=
  http://localhost:8080,http://localhost:8081
```

此配置用于微服务 A 的所有实例。例如在以下情形中：

- 创建微服务 A 的新实例；
- 微服务 A 的现有实例不再可用；
- 微服务 A 被转移到不同服务器。

在所有这些情况下，都需要更新配置并刷新微服务，以获取更改。

9.8 名称服务器的工作机制

名称服务器是上述情况下的理想解决方案。下图展示了名称服务器的工作机制。

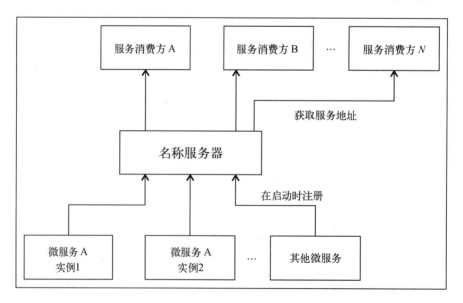

所有微服务（不同微服务和它们的所有实例）都会在每个微服务启动时自主注册到名称服务器。服务消费方希望获取特定微服务的位置时，它会向名称服务器提出请求。

每个微服务都会分配有唯一的微服务 ID。在注册请求和查找请求中，此 ID 会作为键使用。

微服务可以自动注册并自主注销。任何时候服务消费方以微服务 ID 向名称服务器提出查找请求，都会收到该微服务的实例列表。

9.8.1 选项

下图展示了 Spring Initializr 提供的各种用于发现服务的可用选项。

在示例中，我们将 Eureka 用作发现服务的名称服务器。

9.8.2 实现

在示例中实现 Eureka 包括以下操作。

(1) 设置 Eureka Server。
(2) 更新微服务 A 实例以注册到 Eureka Server。
(3) 更新服务消费方微服务以使用注册到 Eureka Server 的微服务 A 实例。

1. 设置 Eureka Server

我们会使用 Spring Initializr 来为 Eureka Server 设置新项目。下图展示了要选择的 GroupId、ArtifactId 和 Dependencies（依赖项）。

下一步是将 `EnableEurekaServer` 注解添加到 `SpringBootApplication` 类中。以下代码片段展示了详细信息：

```
@SpringBootApplication
@EnableEurekaServer
public class EurekaServerApplication {
```

以下代码片段展示了 application.properties 中的配置。

```
server.port = 8761
eureka.client.registerWithEureka=false
eureka.client.fetchRegistry=false
```

我们将端口 8761 用于 `Eureka Naming Server`。启动 `EurekaServerApplication`。

Eureka 仪表板（http://localhost:8761）的截图如下所示。

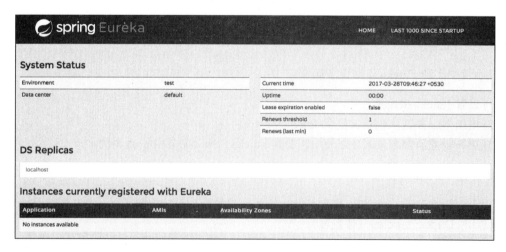

目前，还没有任何应用程序注册到 Eureka。下一步，我们将微服务 A 和其他服务注册到 Eureka。

2. 将微服务注册到 Eureka

要将任何微服务注册到 Eureka 名称服务器，我们需要添加与 Eureka Starter 项目有关的依赖项。将以下依赖项添加到微服务 A 的 pom.xml 文件中。

```
<dependency>
  <groupId>org.springframework.cloud</groupId>
  <artifactId>spring-cloud-starter-eureka</artifactId>
</dependency>
```

下一步是将 `EnableDiscoveryClient` 添加到 `SpringBootApplication` 类中。`MicroserviceAApplication` 的一个示例如下：

```
@SpringBootApplication
@EnableDiscoveryClient
public class MicroserviceAApplication {
```

Spring Cloud Commons 托管用在不同 Spring Cloud 实现中的常用类。@Enable-DiscoveryClient 注解就是一个很好的例子。Spring Cloud Netflix Eureka、Spring Cloud Consul Discovery 和 Spring Cloud Zookeeper Discovery 提供了不同的实现。

我们将在应用程序配置中配置命名服务器的 URL。对于微服务 A，应用程序配置是位于本地 Git 存储库中的 git-localconfig-repomicroservice-a.properties 文件：

```
eureka.client.serviceUrl.defaultZone=
  http://localhost:8761/eureka
```

同时重启微服务 A 的两个实例时，你会在 Eureka Server 的日志中看到以下消息。

```
Registered instance MICROSERVICE-A/192.168.1.5:microservice-a
  with status UP (replication=false)
Registered instance MICROSERVICE-A/192.168.1.5:microservice-a:
  8081 with status UP (replication=false)
```

Eureka 仪表板（http://localhost:8761）的截图如下所示。

微服务 A 的两个实例现在已注册到 Eureka Server。可以在 Config Server 上进行类似的更新，以将其连接到 Eureka Server。

下一步，我们希望连接服务消费方微服务，以从 Eureka Server 中提取微服务 A 实例的 URL。

3. 连接服务消费方微服务与 Eureka

需要将 Eureka starter 项目作为依赖项添加到服务消费方微服务的 pom.xml 文件中：

```
<dependency>
  <groupId>org.springframework.cloud</groupId>
  <artifactId>spring-cloud-starter-eureka</artifactId>
</dependency>
```

当前，微服务 A 的不同实例的 URL 已在服务消费方微服务的 application.properties 中进行了硬编码，如下：

```
microservice-a.ribbon.listOfServers=
  http://localhost:8080,http://localhost:8081
```

但是，现在我们不想对微服务 A URL 进行硬编码，而是希望服务消费方微服务从 Eureka Server 中获取 URL。为此，我们将在服务消费方微服务的 application.properties 中配置 Eureka Server 的 URL，并注释掉微服务 A URL 的硬编码：

```
#microservice-a.ribbon.listOfServers=
  http://localhost:8080,http://localhost:8081
eureka.client.serviceUrl.defaultZone=
  http://localhost:8761/eureka
```

接下来将 EnableDiscoveryClient 添加到 ServiceConsumerApplication，如下：

```
@SpringBootApplication
@EnableFeignClients("com.mastering.spring.consumer")
@EnableDiscoveryClient
public class ServiceConsumerApplication {
```

重新启动服务消费方微服务后，你会发现，它会自主注册到 Eureka Server。下面是 Eureka Server 的日志摘要。

```
Registered instance SERVICE-CONSUMER/192.168.1.5:
  service-consumer:8100 with status UP (replication=false)
```

在 RandomServiceProxy 中，我们已为 Feign 客户端上的 microservice-a 配置了名称，如下：

```
@FeignClient(name ="microservice-a")
@RibbonClient(name="microservice-a")
public interface RandomServiceProxy {
```

服务消费方微服务会使用这个 ID（微服务 A）在 Eureka Server 中查询实例。一旦从 Eureka Service 中获取到 URL，它将调用由 Ribbon 选择的服务实例。

调用位于 http://localhost:8100/add 的 add 服务时，该服务会返回相应的响应。

下面快速回顾所涉及的不同步骤。

(1) 微服务 A 的每个实例启动时，它们会注册到 Eureka 名称服务器。
(2) 服务消费方微服务向 Eureka 名称服务器提出请求，以获取微服务 A 实例。
(3) 服务消费方微服务使用 Ribbon 客户端负载均衡器确定要调用的特定微服务 A 实例。
(4) 服务消费方微服务调用特定的微服务 A 实例。

使用 Eureka Service 的最大好处在于，现在，服务消费方微服务将与微服务 A 解耦。无论什么时候创建微服务 A 的新实例，或现有实例关闭，都不需要重新配置服务消费方微服务。

9.9 API 网关

微服务具有许多横切关注点。

- **身份验证、授权和安全性**：如何确保微服务消费方具有它们声明的身份？如何确保消费方具有访问微服务所需的正确权限？
- **速率限制**：消费方可能有不同类型的 API 计划，每个计划可能有不同的限制（调用微服务的次数）。如何对特定消费方实施限制呢？
- **动态路由**：在特定情况下（如某微服务被关闭）可能需要动态路由。
- **服务聚合**：移动环境的 UI 需求与桌面环境有所不同。一些微服务架构具有专为特定设备定制的服务聚合器。
- **容错**：如何确保一个微服务出现故障不会导致整个系统崩溃？

微服务直接与彼此进行交互时，这些问题必须由各个微服务自己解决。这种类型的架构可能很难进行维护，因为每个微服务处理这些问题的方式各有不同。

这时，一个最常用的解决方案是使用 API 网关。向微服务提出以及它们之间的所有服务调用应通过 API 网关完成。通常，API 网关为微服务提供以下功能：

- 身份验证和安全性
- 速率限制
- 洞察和监视
- 动态路由和静态响应处理
- 分级卸载
- 聚合来自多个服务的响应

通过 Zuul 实现客户端负载均衡

Zuul 是 Spring Cloud Netflix 项目的一部分。它是一项 API 网关服务，提供了动态路由、监视、过滤、安全性等功能。

以 API 网关的形式实现 Zuul 包括以下步骤。

(1) 设置新的 Zuul API 网关服务器。
(2) 配置服务消费方以使用 Zuul API 网关。

1. 设置新的 Zuul API 网关服务器

我们将使用 Spring Initializr 来为 Zuul API 网关设置新项目。下图展示了要选择的 GroupId、ArtifactId 和 Dependencies（依赖项）。

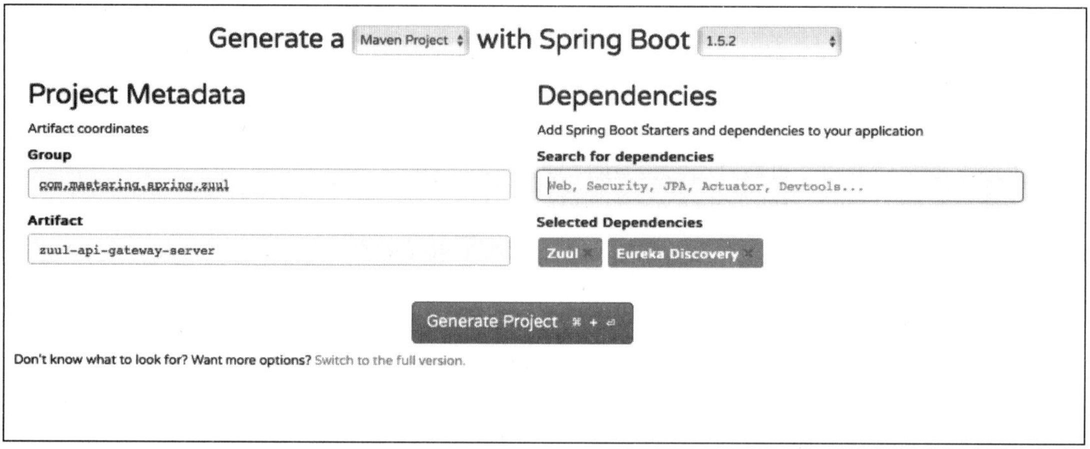

下一步是在 Spring Boot 应用程序上启用 Zuul 代理。这通过在 `ZuulApiGatewayServer-Application` 类上添加`@EnableZuulProxy` 注解来实现。详细信息如以下代码片段所示。

```
@EnableZuulProxy
@EnableDiscoveryClient
@SpringBootApplication
public class ZuulApiGatewayServerApplication {
```

我们将在端口 `8765` 上运行 Zuul 代理。以下代码片段展示了 application.properties 中所需的配置。

```
spring.application.name=zuul-api-gateway
server.port=8765
eureka.client.serviceUrl.defaultZone=http://localhost:8761/eureka
```

我们将为 Zuul 代理配置端口，还要将它连接到 Eureka 名称服务器。

- **Zuul 自定义过滤器**

Zuul 提供了创建自定义过滤器的选项，以实现典型的 API 网关功能，如身份验证、安全性和跟踪。在本例中，我们会创建一个简单的日志记录过滤器来记录每个请求。详细信息如以下代码片段所示。

```java
@Component
public class SimpleLoggingFilter extends ZuulFilter {
  private static Logger log =
    LoggerFactory.getLogger(SimpleLoggingFilter.class);
  @Override
  public String filterType() {
    return "pre";
  }
  @Override
  public int filterOrder() {
    return 1;
  }
  @Override
  public boolean shouldFilter() {
    return true;
  }
  @Override
  public Object run() {
    RequestContext context = RequestContext.getCurrentContext();
    HttpServletRequest httpRequest = context.getRequest();
    log.info(String.format("Request Method : %s n URL: %s",
    httpRequest.getMethod(),
    httpRequest.getRequestURL().toString()));
    return null;
  }
}
```

需要注意的重要事项如下。

- `SimpleLoggingFilter extends ZuulFilter`：`ZuulFilter` 是 Zuul 创建过滤器所使用的基本抽象类。任何过滤器均应实现这里列出的 4 个方法。
- `public String filterType()`：可能的返回值包括"`pre`"（用于路由前过滤）、"`route`"（用于路由到原始服务器）、"`post`"（用于路由后过滤）和"`error`"（用于错误处理）。在此例中，我们希望在执行请求前进行过滤，因此返回"`pre`"值。
- `public int filterOrder()`：为过滤器定义优先级。
- `public boolean shouldFilter()`：如果只应在某些条件下执行过滤器，可以在此处实现逻辑。如果希望始终执行过滤器，则返回 `true`。
- `public Object run()`：此方法用于实现过滤器的逻辑。在示例中，我们记录请求方法和请求的 URL。

通过将 `ZuulApiGatewayServerApplication` 作为 Java 应用程序启动，进而启动 Zuul 服

务器时，我们会在 Eureka 名称服务器中看到以下日志：

```
Registered instance ZUUL-API-GATEWAY/192.168.1.5:zuul-api-
   gateway:8765 with status UP (replication=false)
```

这表明 Zuul API 网关已启动并正在运行。Zuul API 网关也已注册到 Eureka Server。这便于微服务消费方与名称服务器交互，以获取有关 Zuul API 网关的详细信息。

下图展示了位于 http://localhost:8761 的 Eureka 仪表板。可以看到，微服务 A、服务消费方和 Zuul API 网关的实例现在均已注册到 Eureka Server。

Instances currently registered with Eureka			
Application	AMIs	Availability Zones	Status
MICROSERVICE-A	n/a (1)	(1)	UP (1) - 192.168.1.5:microservice-a
SERVICE-CONSUMER	n/a (1)	(1)	UP (1) - 192.168.1.5:service-consumer:8100
ZUUL-API-GATEWAY	n/a (1)	(1)	UP (1) - 192.168.1.5:zuul-api-gateway:8765

Zuul API 网关日志的摘要如下。

```
Mapped URL path [/microservice-a/**] onto handler of type [
class org.springframework.cloud.netflix.zuul.web.ZuulController]
Mapped URL path [/service-consumer/**] onto handler of type [
class org.springframework.cloud.netflix.zuul.web.ZuulController]
```

默认情况下，Zuul 会为微服务 A 和服务消费方微服务中的所有服务启用反向代理。

- **通过 Zuul 调用微服务**

现在通过服务代理调用 random 服务。random 服务的直接 URL 为 http://localhost:8080/random。此服务由微服务 A 公开，其应用程序名称为 microservice-a。

通过 Zuul API 网关调用服务时，URL 结构为 http://localhost:{port}/{microservice-application-name}/{service-uri}。因此，random 服务的 Zuul API 网关 URL 为 http://localhost:8765/microservice-a/random。通过 API 网关调用 random 服务时，将得到以下响应。此响应与直接调用 random 服务时通常得到的响应类似。

```
[73,671,339,354,211]
```

Zuul API 网关日志的摘要如下。可以看到，已经为上述请求执行了在 Zuul API 网关中创建的 `SimpleLoggingFilter`。

```
c.m.s.z.filters.pre.SimpleLoggingFilter : Request Method : GET
URL: http://localhost:8765/microservice-a/random
```

add 服务由服务消费方公开，其应用程序名称为 service-consumer，服务 URI 为 /add。因此，通过 API 网关执行 add 服务的 URL 为 http://localhost:8765/service-consumer/add。该服务生成的响

应如下所示，此响应与直接调用 add 服务时得到的响应类似。

```
2488
```

Zuul API 网关日志的摘要如下。可以看到，初始 add 服务调用通过 API 网关完成。

```
2017-03-28 14:05:17.514 INFO 83147 --- [nio-8765-exec-1]
c.m.s.z.filters.pre.SimpleLoggingFilter : Request Method : GET
URL : http://localhost:8765/service-consumer/add
```

add 服务会调用微服务 A 上的 random 服务。虽然最初调用 add 服务通过 API 网关完成，但从 add 服务（服务消费方微服务）调用 random 服务（微服务 A）并未通过 API 网关路由。理想情况下，我们希望所有通信都通过 API 网关进行。

下一步将使从服务消费方微服务提出的请求也通过 API 网关路由。

2. 配置服务消费方以使用 Zuul API 网关

`RandomServiceProxy` 的现有配置如以下代码所示，它用于调用微服务 A 上的 random 服务。`@FeignClient` 注解中的 `name` 属性配置为使用微服务 A 的应用程序名称。请求映射使用 /random URI。

```
@FeignClient(name ="microservice-a")
@RibbonClient(name="microservice-a")
public interface RandomServiceProxy {
@RequestMapping(value = "/random", method = RequestMethod.GET)
  public List<Integer> getRandomNumbers();
}
```

现在，我们希望调用通过 API 网关进行路由。需要在请求映射中使用 API 网关的应用程序名称和 random 服务的新 URI。以下代码片段展示了更新后的 `RandomServiceProxy` 类。

```
@FeignClient(name="zuul-api-gateway")
//@FeignClient(name ="microservice-a")
@RibbonClient(name="microservice-a")
public interface RandomServiceProxy {
  @RequestMapping(value = "/microservice-a/random",
  method = RequestMethod.GET)
  //@RequestMapping(value = "/random", method = RequestMethod.GET)
   public List<Integer> getRandomNumbers();
}
```

调用位于 http://localhost:8765/service-consumer/add 的 add 服务时，我们会看到常规响应：

```
2254
```

但现在，我们将看到，Zuul API 网关上会发生更多事件，其日志的摘要如下。可以看到，最初调用服务消费方上的 add 服务以及调用微服务 A 上的 random 服务，这些调用现在均通过 API 网关路由。

```
2017-03-28 14:10:16.093 INFO 83147 --- [nio-8765-exec-4]
c.m.s.z.filters.pre.SimpleLoggingFilter : Request Method : GET
URL: http://localhost:8765/service-consumer/add
2017-03-28 14:10:16.685 INFO 83147 --- [nio-8765-exec-5]
c.m.s.z.filters.pre.SimpleLoggingFilter : Request Method : GET
URL: http://192.168.1.5:8765/microservice-a/random
```

可以看到，Zuul API 网关上基本上实现了简单的日志记录过滤器。类似的方法可用于为其他横切关注点实现过滤器。

9.10 分布式跟踪

典型的微服务架构包含大量组件。下面列出了其中一些组件：

- 不同的微服务
- API 网关
- 命名服务器
- 配置服务器

典型的调用过程可能会涉及四五个或更多的组件。下面是需要提出的重要问题。

- 如何调试问题？
- 如何查明特定问题的根本原因？

常见的解决方案是通过仪表板提供集中式日志记录，将所有微服务日志整合到一个位置，并提供一个仪表板来进行管理。

9.10.1 分布式跟踪选项

下图展示了 Spring Initializr 网站上的分布式跟踪选项。

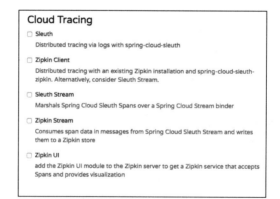

在此例中，我们会组合使用 Spring Cloud Sleuth 和 Zipkin Server，以实现分布式跟踪。

9.10.2 实现 Spring Cloud Sleuth 和 Zipkin

Spring Cloud Sleuth 提供了跨不同微服务组件以独有方式跟踪服务调用的功能。Zipkin 是一个分布式跟踪系统，用于收集解决微服务延时问题所需的数据。我们将组合使用 Spring Cloud Sleuth 与 Zipkin，以实现分布式跟踪。

需要执行的步骤如下所示。

(1) 通过 Spring Cloud Sleuth 集成微服务 A、API 网关与服务消费方。
(2) 设置 Zipkin 分布式跟踪服务器。
(3) 通过 Zipkin 集成微服务 A、API 网关与服务消费方。

1. 通过 Spring Cloud Sleuth 集成微服务组件

调用服务消费方上的 add 服务时，它将通过 API 网关调用微服务 A。为了跨不同组件跟踪所有服务调用，我们需要为组件之间的请求流分配唯一标识。

Spring Cloud Sleuth 提供了选项，可以通过 span 概念跨不同组件跟踪服务调用。每个 span 具有唯一的 64 位 ID，此唯一 ID 可用于跨组件跟踪服务调用。

以下代码片段展示了 `spring-cloud-starter-sleuth` 的依赖项。

```
<dependency>
  <groupId>org.springframework.cloud</groupId>
  <artifactId>spring-cloud-starter-sleuth</artifactId>
</dependency>
```

我们需要将以上与 Spring Cloud Sleuth 有关的依赖项添加到下面列出的 3 个项目中：

- 微服务 A
- 服务消费方
- Zuul API 网关服务器

我们会首先跨微服务跟踪所有服务请求。为了跟踪所有请求，需要配置 `AlwaysSampler` bean，如以下代码片段所示。

```
@Bean
public AlwaysSampler defaultSampler() {
  return new AlwaysSampler();
}
```

需要在以下微服务应用程序类中配置 AlwaysSampler bean：

- `MicroserviceAApplication`
- `ServiceConsumerApplication`

❑ ZuulApiGatewayServerApplication

调用位于 http://localhost:8765/service-consumer/add 的 add 服务时，会看到常规响应：

`1748`

不过我们会在日志条目中看到更多细节。服务消费方微服务日志中的一个简单条目如下：

```
2017-03-28 20:53:45.582 INFO [service-
consumer,d8866b38c3a4d69c,d8866b38c3a4d69c,true] 89416 --- [l-api-
gateway-5] c.netflix.loadbalancer.BaseLoadBalancer : Client:zuul-api-
gateway instantiated a
LoadBalancer:DynamicServerListLoadBalancer:{NFLoadBalancer:name=zuul-api-
gateway,current list of Servers=[],Load balancer stats=Zone stats:
{},Server stats: []}ServerList:null
```

`[service-consumer,d8866b38c3a4d69c,d8866b38c3a4d69c,true]`：第一个值 `service-consumer` 是应用程序名称；第二个值 `d8866b38c3a4d69c` 是关键部分，这个值可用于跨其他微服务组件跟踪此请求。

以下代码是服务消费方日志中的其他一些条目。

```
2017-03-28 20:53:45.593 INFO [service-
consumer,d8866b38c3a4d69c,d8866b38c3a4d69c,true] 89416 --- [l-api-
gateway-5] c.n.l.DynamicServerListLoadBalancer : Using serverListUpdater
PollingServerListUpdater
 2017-03-28 20:53:45.597 INFO [service-
consumer,d8866b38c3a4d69c,d8866b38c3a4d69c,true] 89416 --- [l-api-
gateway-5] c.netflix.config.ChainedDynamicProperty : Flipping property:
zuul-api-gateway.ribbon.ActiveConnectionsLimit to use NEXT property:
niws.loadbalancer.availabilityFilteringRule.activeConnectionsLimit =
2147483647
2017-03-28 20:53:45.599 INFO [service-
consumer,d8866b38c3a4d69c,d8866b38c3a4d69c,true] 89416 --- [l-api-
gateway-5] c.n.l.DynamicServerListLoadBalancer :
DynamicServerListLoadBalancer for client zuul-api-gateway initialized:
DynamicServerListLoadBalancer:{NFLoadBalancer:name=zuul-api-gateway,current
list of Servers=[192.168.1.5:8765],Load balancer stats=Zone stats:
{defaultzone=[Zone:defaultzone; Instance count:1; Active connections count:
0; Circuit breaker tripped count: 0; Active connections per server: 0.0;]
 [service-consumer,d8866b38c3a4d69c,d8866b38c3a4d69c,true] 89416 ---
[nio-8100-exec-1] c.m.s.c.service.NumberAdderController : Returning 1748
```

微服务 A 的日志摘要如下。

```
[microservice-a,d8866b38c3a4d69c,89d03889ebb02bee,true] 89404 ---
[nio-8080-exec-8] c.m.s.c.c.RandomNumberController : Returning [425, 55,
51, 751, 466]
```

Zuul API 网关的日志摘要如下。

```
[zuul-api-gateway,d8866b38c3a4d69c,89d03889ebb02bee,true] 89397 ---
[nio-8765-exec-8] c.m.s.z.filters.pre.SimpleLoggingFilter : Request Method: GET
URL: http://192.168.1.5:8765/microservice-a/random
```

在上面的日志摘要中，可以看出，我们可以使用日志中的第二个值（称为 span ID），跨微服务组件跟踪服务调用。在此例中，span ID 为 d8866b38c3a4d69c。

但是，这需要搜索所有微服务组件的日志。此时，一个可用选项是使用 ELK（Elasticsearch、Logstash 和 Kibana）之类的栈实现集中式日志。下一步会采用更简单的选项来创建 Zipkin 分布式跟踪服务。

2. 设置 Zipkin 分布式跟踪服务器

我们将使用 Spring Initializr 来设置新项目。下图展示了要选择的 GroupId、ArtifactId 和 Dependencies（依赖项）。

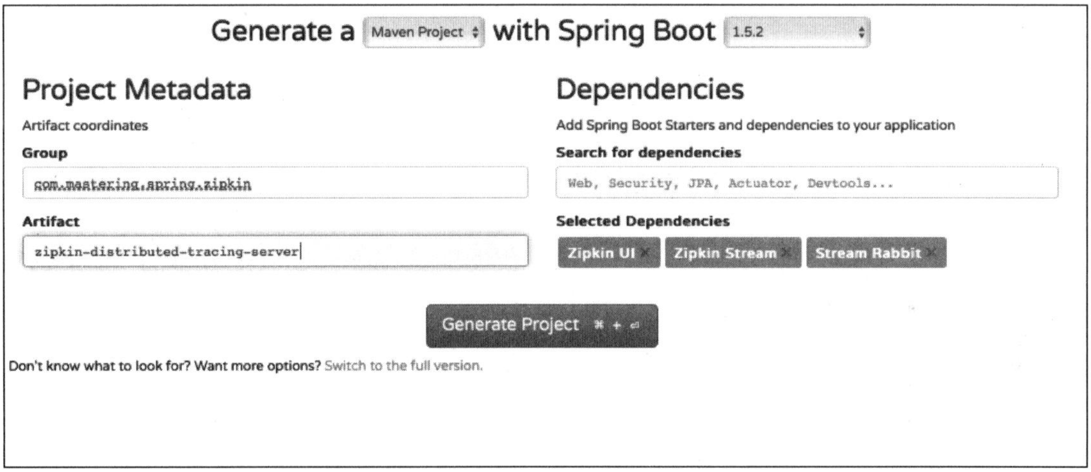

这些依赖项包括如下。

- **Zipkin Stream**：有多个选项可用于配置 Zipkin Server。在本例中，为简单起见，我们将使用一个独立服务来侦听事件并将信息存储到内存中。
- **Zipkin UI**：提供具有搜索功能的仪表板。
- **Stream Rabbit**：用于将 Zipkin Stream 与 RabbitMQ 服务绑定在一起。

在生产环境中，我们需要更加可靠的基础架构。这时，一个可用选项是将永久数据存储连接到 Zipkin Stream Server。

接下来，我们将@EnableZipkinServer 注解添加到 ZipkinDistributedTracingServer-Application 类，为 Zipkin Server 启用自动配置。以下代码片段展示了详细信息。

```
@EnableZipkinServer
@SpringBootApplication
public class ZipkinDistributedTracingServerApplication {
```

我们将使用端口 9411 运行跟踪服务器。以下代码片段展示了需要在 application.properties 文件中添加的配置。

```
spring.application.name=zipkin-distributed-tracing-server
server.port=9411
```

可以启动位于 http://localhost:9411/ 的 Zipkin UI 仪表板。此仪表板的截图如下所示。其中未展示任何数据，因为还没有任何微服务连接到 Zipkin。

3. 通过 Zipkin 集成微服务组件

需要连接我们希望通过 Zipkin Server 跟踪的所有微服务组件，以下是要跟踪的组件列表：

- 微服务 A
- 服务消费方
- Zuul API 网关服务器

只需要将有关 `spring-cloud-sleuth-zipkin` 和 `spring-cloud-starter-bus-amqp` 的依赖项添加到以上项目的 pom.xml 文件中：

```xml
<dependency>
  <groupId>org.springframework.cloud</groupId>
  <artifactId>spring-cloud-sleuth-zipkin</artifactId>
</dependency>
<dependency>
  <groupId>org.springframework.cloud</groupId>
  <artifactId>spring-cloud-starter-bus-amqp</artifactId>
</dependency>
```

继续执行位于 http://localhost:8100/add 的 add 服务。现在，你可以在 Zipkin 仪表板上看到详细信息。下图展示了一些详细信息。

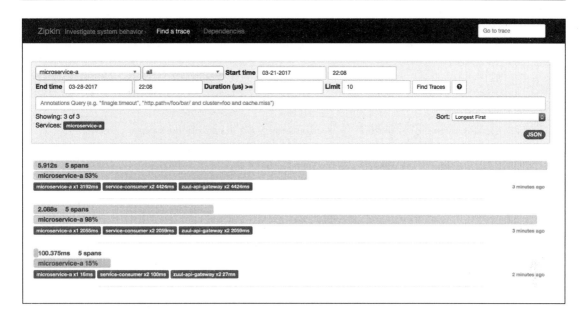

前两行展示的是失败的请求。第三行展示的是成功请求的详细信息。通过单击成功请求行，可以进一步发掘相关信息。下图展示了详细信息。

通过单击 Services 栏，可以进一步发掘相关信息。下图展示了详细信息。

Date Time	**Relative Time**	**Annotation**	**Address**
3/28/2017, 10:08:08 PM	11.000ms	Client Send	192.168.1.5:8765 (zuul-api-gateway)
3/28/2017, 10:08:08 PM	14.000ms	Client Send	192.168.1.5:8765 (zuul-api-gateway)
3/28/2017, 10:08:08 PM	16.000ms	Server Receive	192.168.1.5:8080 (microservice-a)
3/28/2017, 10:08:08 PM	23.000ms	Server Send	192.168.1.5:8080 (microservice-a)
3/28/2017, 10:08:08 PM	27.000ms	Client Receive	192.168.1.5:8765 (zuul-api-gateway)

Key	Value
http.method	GET
http.path	/random
http.status_code	200
http.url	/random
Local Component	zuul
mvc.controller.class	RandomNumberController
mvc.controller.method	random
spring.instance_id	192.168.1.5:zuul-api-gateway:8765
spring.instance_id	192.168.1.5:microservice-a
Local Address	192.168.1.5:8765 (zuul-api-gateway)

这一节为微服务添加了分布式跟踪。现在，我们就能以可视方式跟踪微服务上发生的所有事件，这会有助于简化跟踪和问题调试。

9.11　Hystrix——容错

微服务架构往往包含大量微服务组件。如果某个微服务中断，会出现什么情况？如果依赖的所有微服务出现故障，是否会导致整个系统崩溃？或者，是否可以妥善处理错误，并为用户提供降级的最基本功能？微服务架构的成功取决于如何有效地解决这些问题。

微服务架构应该有弹性，并能够妥善处理服务错误。Hystrix 为微服务提供了容错功能。

实现

我们将把 Hystrix 添加到服务消费方微服务中，并强化 add 服务，以便即使微服务 A 中断，也能返回基本响应。

下面首先将 Hystrix Starter 添加到服务消费方微服务的 pom.xml 文件中。依赖项的详细信息如以下代码片段所示。

```xml
<dependency>
  <groupId>org.springframework.cloud</groupId>
  <artifactId>spring-cloud-starter-hystrix</artifactId>
</dependency>
```

接下来将 `@EnableHystrix` 注解添加到 `ServiceConsumerApplication` 类中，以启用 Hystrix 自动配置。详细信息如以下代码片段所示。

```
@SpringBootApplication
@EnableFeignClients("com.mastering.spring.consumer")
@EnableHystrix
@EnableDiscoveryClient
public class ServiceConsumerApplication {
```

`NumberAdderController` 将通过请求映射 /add 公开一个服务。此服务使用 `RandomService-Proxy` 来提取随机数字。如果此服务出现故障，该怎么办呢？Hystrix 为此提供了后备方案。以下代码片段展示了如何在请求映射中添加后备方法。我们只需要将 `@HystrixCommand` 注解添加到 `fallbackMethod` 属性中，定义后备方法的名称（此例中为 `getDefaultResponse`）即可。

```
@HystrixCommand(fallbackMethod = "getDefaultResponse")
@RequestMapping("/add")
public Long add() {
  // add()方法的逻辑
}
```

然后，我们用与 add() 方法相同的返回类型定义 `getDefaultResponse()` 方法。它将返回默认的硬编码值：

```
public Long getDefaultResponse() {
  return 10000L;
}
```

下面关闭微服务 A 并调用 http://localhost:8100/add，收到的响应如下。

```
10000
```

微服务 A 出现故障时，服务消费方微服务会妥善处理该故障，并提供简化的功能。

9.12　小结

使用 Spring Cloud 可以轻松地为微服务添加云原生特性。本章介绍了与开发云原生应用程序以及使用各种 Spring Cloud 项目实现这些应用程序有关的一些重要模式。

请记住，云原生应用程序开发这个领域仍处于起步阶段，它需要更多时间才能走向成熟。希望在今后几年中，各种模式和框架会不断进化。

下一章将关注 Spring Data Flow。它在云端的典型用例包括实时数据分析和数据管道，这些用例涉及多个微服务之间的数据流。Spring Data Flow 为分布式流和数据管道提供了模式和最佳实践。

第 10 章 Spring Cloud Data Flow

Spring Data Flow 在典型的数据流和事件流情景中引入了微服务架构。本章稍后会详细介绍这些情景。Spring Data Flow 建立在其他 Spring 项目（如 Spring Cloud Stream、Spring Integration 和 Spring Boot）之上，有助于通过基于消息的集成轻松定义并扩展与数据和事件流有关的用例。

本章将涵盖以下主题。

- 为什么需要异步通信？
- 什么是 Spring Cloud Stream？如何在 Spring Integration 之上构建 Spring Cloud Stream？
- 为什么需要 Spring Data Flow？
- 你需要了解 Spring Data Flow 中的哪些重要概念？
- Spring Data Flow 的用例有哪些？

此外，本章将用 3 个微服务充当 source（生成事件的应用程序）、processor 和 sink（使用事件的应用程序），实现一个简单的事件流情景。我们会使用 Spring Cloud Stream 实现这些微服务，并使用 Spring Cloud Data Flow 通过消息代理在它们之间建立连接。

10.1 基于消息的异步通信

集成应用程序有如下两种方式。

- **同步**：服务消费方调用服务提供方并等待响应。
- **异步**：服务消费方通过在消息代理上发送消息来调用服务提供方，但不等待响应。

第 5 章使用 Spring Boot 构建的服务（random 服务和 add 服务）就是同步集成的例子。这些是通过 HTTP 公开的典型 Web 服务。服务消费方调用服务并等待响应。只有在上一次服务调用完成后才进行下一次调用。

这种方法的一个主要缺点在于需要服务提供方始终可用。如果服务提供方关闭或由于某种原因未能执行服务，服务消费方将需要重新执行服务。

一个替代方法是使用基于消息的异步通信。服务消费方在消息代理上传送一条消息。服务提供方侦听消息代理，一旦收到消息，就处理该消息。

这样做的优势在于，如果服务提供方关闭一段时间，那么只要它恢复运行，就仍然可以处理消息代理上的消息。服务提供方不需要始终可用。虽然可能会出现延迟，但数据最终会保持一致。

下图展示了一个基于消息的异步通信示例。

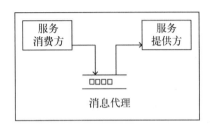

在以下两种情景中，异步通信可以提高可靠性。

- 如果服务提供方关闭，则消息会在消息代理中排队。服务提供方恢复运行后，就会处理这些消息。因此，即使服务提供方关闭，消息也不会丢失。
- 如果在处理消息时出错，服务提供方会将消息置入错误通道。分析并处理错误后，可以将消息从错误通道转移至输入通道并排队等待重新处理。

必须注意的是，在上面这两种情景中，服务消费方不需要担心服务提供方是否关闭或消息处理是否失败，只需发送消息即可。消息传递架构确保了最终成功地处理消息。

基于消息的异步通信通常用在事件流和数据流中。

- **事件流**：这指基于事件处理逻辑。例如，注册新客户、股票价格变化或币种变化事件。下游应用程序会侦听消息代理上的事件并对它们做出响应。
- **数据流**：这指通过多个应用程序强化数据，并最终将其存储到数据存储中。

从功能上讲，在数据流架构间交换的消息内容与在事件流架构间交换的消息内容有所不同，但从技术上讲，前者只是另一条在系统间发送的消息。本章不会区分事件流与数据流。Spring Cloud Data Flow 可以处理所有这些流——尽管其名称中只包含数据流。我们可以用事件流、数据流或消息流来表示不同应用程序间的消息流。

异步通信的复杂性

上例展示了两个应用程序间的简单通信，但在现实世界中，应用程序中常见的流可能更加复杂。

下图展示了 3 个应用程序之间消息流的示例情景。source 应用程序生成事件。processor 应用程序处理事件，并生成另一条将由 sink 应用程序处理的消息。

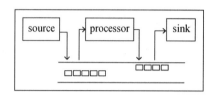

另一个示例情景涉及一个由多个应用程序使用的事件。例如，客户注册时，我们需要向他们发送电子邮件、欢迎套件和邮件。用于此情景的简单消息传递架构如下图所示。

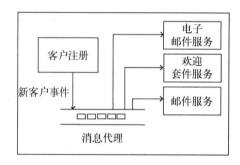

要实现上面的情景，需要执行很多步骤。

(1) 配置消息代理。
(2) 在消息代理上创建不同的通道。
(3) 编写应用程序代码以连接到消息代理上的特定通道。
(4) 在应用程序中安装必要的绑定器，以连接消息代理。
(5) 设置应用程序与消息代理之间的连接。
(6) 构建并部署应用程序。

考虑这样一个情景：流中的某些应用程序必须处理大量消息。我们需要基于负载创建这些应用程序的多个实例。这时，实现这些应用程序的复杂性会成倍增加。Spring Cloud Data Flow 和 Spring Cloud Stream 专为解决这类问题而设计。

下一节将介绍不同的 Spring 项目——Spring Cloud Stream（建立在 Spring Integration 之上）和 Spring Cloud Data Flow 如何帮助以少量配置实现基于消息的集成。

10.2 用于异步消息传递的 Spring 项目

这一节将介绍 Spring 提供的各种项目如何在应用程序之间实现基于消息的通信。我们会首先认识 Spring Integration，然后了解支持基于消息的集成（甚至在云端）的项目——Spring Cloud Stream 和 Spring Cloud Data Flow。

10.2.1 Spring Integration

Spring Integration 可帮助通过消息代理无缝集成微服务。它允许程序员专注于业务逻辑，而将技术基础架构的控制权（使用哪种消息格式？如何连接到消息代理？）交给框架。Spring Integration 通过明确定义的接口和消息适配器提供了一系列配置选项。Spring Integration 网站给出了以下内容。

> 扩展 Spring 编程模型以支持主流企业集成模式。Spring Integration 可在基于 Spring 的应用程序中启用轻量级消息传递，并支持通过声明式适配器与外部系统集成。与 Spring 对远程处理、消息传递和调度的支持相比，这些适配器提供了更高级别的抽象机制。Spring Integration 的主要目标是提供一个简单模型来构建企业集成解决方案，同时分离对于生成可维护、可测试代码至关重要的关注点。

Spring Integration 提供的功能包括：

- 轻松实现企业集成模式；
- 聚合来自多个服务的响应；
- 过滤服务生成的结果；
- 服务消息转换；
- 支持多种协议——HTTP、FTP/SFTP、TCP/UDP、JMS；
- 支持不同的 Web 服务风格（SOAP 和 REST）；
- 支持多种消息代理，例如 RabbitMQ。

上一章使用 Spring Cloud 为微服务提供了云原生功能——部署到云端并利用云部署的各种优势。

但是，使用 Spring Integration 构建的应用程序，特别是那些与消息代理交互的应用程序，需要完成大量配置才能部署到云端。这导致它们无法利用云的主要优势，如自动扩展。

我们希望扩展 Spring Integration 的功能，使它们在云端可用；希望新的微服务云实例能够自动集成消息代理；希望能够自动扩展微服务云实例，无须手动配置。这正是 Spring Cloud Stream 和 Spring Cloud Data Flow 发挥作用的地方。

10.2.2 Spring Cloud Stream

Spring Cloud Stream 是在云端构建消息驱动的微服务的首选框架。

使用 Spring Cloud Stream，程序员可以专注于围绕事件处理业务逻辑构建微服务，而将下面列出的基础架构关注点交给框架处理：

- 消息代理配置和通道创建；
- 特定于消息代理的消息对话；
- 创建绑定器以连接到消息代理。

Spring Cloud Stream 将与微服务架构密切协作。在设计事件处理或数据流用例中所需的典型微服务时，可以清楚地分离关注点。各个微服务可以处理业务逻辑、定义输入/输出通道，而将基础架构关注点交给框架处理。

典型的流式应用程序包括创建事件、处理事件并存储到数据存储。Spring Cloud Stream 提供了 3 种简单的应用程序来支持典型的流。

- source：source 是事件的创建者，例如，触发股票价格变更事件的应用程序。
- processor：processor 使用事件，也就是处理消息，然后基于结果创建事件。
- sink：sink 使用事件。它侦听消息代理并将事件存储到永久数据存储。

Spring Cloud Stream 用于创建数据流中的单个微服务。Spring Cloud Stream 微服务定义业务逻辑和连接点、输入和输出。Spring Cloud Data Flow 帮助定义流，即连接不同的应用程序。

10.2.3　Spring Cloud Data Flow

Spring Cloud Data Flow 有助于在使用 Spring Cloud Stream 创建的不同类型的微服务之间建立消息流。

Spring XD 建立在常用开源项目之上，简化了数据管道和工作流的创建过程，在大数据用例中尤其如此，但在满足有关数据管道的最新要求（例如金丝雀部署和分布式跟踪）方面，它也面临挑战。Spring XD 架构基于依赖大量外围设备的运行时环境。这导致控制群集规模成为一种挑战。Spring XD 现在已更名为 Spring Cloud Data Flow。Spring Cloud Data Flow 架构基于可组合的微服务应用程序。

Spring Cloud Data Flow 的重要功能如下。

- 配置流，也就是说，如何将数据或事件从一个应用程序传送至另一个应用程序。Stream DSL 用于定义应用程序之间的流。
- 在应用程序与消息代理之间建立连接。
- 围绕应用程序和流提供分析能力。
- 把在流中定义的应用程序部署到目标运行时。
- 支持多种目标运行时。几乎支持每一种常见的云平台。

- 在云端对应用程序进行向上扩展。
- 创建并调用任务。

 有时，相关术语可能会让人感到困惑。stream 和 flow 指相同的事物。请记住，Spring Cloud Stream 实际上并未定义整个流。它只是帮助创建参与整个流的其中一个微服务。如下一节所述，在 Spring Cloud Data Flow 中，流实际上由 Stream DSL 来定义。

10.3 Spring Cloud Stream

Spring Cloud Stream 用于创建流中包含的各个微服务，并定义与消息代理的连接点。

Spring Cloud Stream 建立在两个重要的 Spring 项目之上。

- **Spring Boot**：支持创建生产级微服务。
- **Spring Integration**：使微服务能够通过消息代理进行通信。

Spring Cloud Stream 的一些重要功能如下。

- 以最少配置在微服务与消息代理之间建立连接。
- 支持一系列消息代理——RabbitMQ、Kafka、Redis 和 GemFire。
- 支持持久保留消息——如果服务中断，那么可以在恢复运行后开始处理消息。
- 支持消费方分组——如果工作量巨大，那么你需要同一微服务的多个实例。可以将所有这些实例分组到单个消费方小组中，以便仅由其中一个可用实例提取消息。
- 支持分区——某些情况下，可能需要确保由同一实例处理一组特定消息。通过分区，可以设定标准来确定要由同一分区实例处理的消息。

10.3.1 Spring Cloud Stream 架构

下图展示了 Spring Cloud Stream 微服务的典型架构。source 仅有输入通道，processor 同时有输入通道和输出通道，而 sink 只有输出通道。

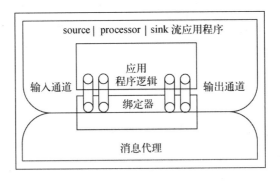

应用程序声明它们将需要哪种连接——输入连接或输出连接。Spring Cloud Stream 会建立所有所需连接，以通过消息代理连接应用程序。

Spring Cloud Stream 将执行以下操作：

- 将输入/输出通道注入应用程序；
- 通过特定于消息代理的绑定器与消息代理建立连接。

> 绑定器有助于配置 Spring Cloud Stream 应用程序。String Cloud Stream 应用程序只声明通道。部署团队可以在运行时进行配置，确定将通道连接到哪个消息代理（Kafka 或 RabbitMQ）。Spring Cloud Stream 使用自动配置来检测类路径中的可用绑定器。要连接到不同消息代理，只需要更改项目的依赖项即可。另一个选项是在类路径中包含多个绑定器，然后在运行时选择其中一个。

10.3.2 事件处理——股票交易示例

下面假设一种情景。某股票交易员十分关注他投资的股票的重大价格变动。下图展示了使用 Spring Cloud Stream 构建的此类应用程序的简单架构。

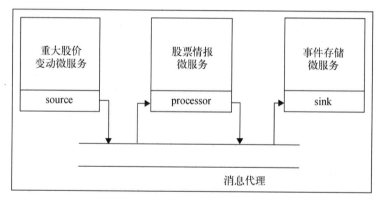

需要注意的重要事项如下。

- **重大股价变动微服务**：任何时候，在交易所上市的任何股票的价格出现重大变动，此微服务都会在消息代理上触发一个事件。这是 source 应用程序。
- **股票情报微服务**：侦听消息代理，以获取股价变动事件。如果出现新消息，该微服务会根据库存清单检查股票的情况，并将与用户当前持仓有关的信息添加到消息中，然后在消息代理上发送另一条消息。这是 processor 应用程序。
- **事件存储微服务**：侦听消息代理，以获取与所投资股票有关的股价变动警报。出现新消息时，它会将消息存储到数据存储中。这是 sink 应用程序。

以上架构为我们提供了一定的灵活性，可以在无须做出重大改动的情况下增强系统功能。

- 电子邮件微服务和 SMS 微服务侦听消息代理，以获取与所投资股票有关的股价变动警报，并发送电子邮件/SMS 警报。
- 股票交易者可能希望对其他未投资的股票做出重大改动。股票情报微服务可以得到进一步强化。

如上所述，Spring Cloud Stream 有助于创建流的基本构建块，也就是微服务。我们将使用 Spring Cloud Stream 创建 3 个微服务。稍后，我们会使用这些微服务并创建一个流——使用 Spring Cloud Data Flow 的应用程序之间的流。

下一节将首先使用 Spring Cloud Stream 创建微服务。在创建 source、processor 和 sink 流应用程序之前，我们先设置一个简单的模型项目。

1. 股票交易示例模型

`StockPriceChangeEvent` 类包含股票行情、股票的旧价格和股票的新价格：

```
public class StockPriceChangeEvent {
  private final String stockTicker;
  private final BigDecimal oldPrice;
  private final BigDecimal newPrice;
  // setter、getter 和 toString()
}
```

`StockPriceChangeEventWithHoldings` 类扩展了 `StockPriceChangeEvent`。它具有另一个属性——`holdings`。`holdings` 变量用于存储交易员当前持有的股票数量：

```
public class StockPriceChangeEventWithHoldings
extends StockPriceChangeEvent {
  private Integer holdings;
  // setter、getter 和 toString()
}
```

`StockTicker` 枚举存储应用程序支持的股票列表：

```
public enum StockTicker {
  GOOGLE, FACEBOOK, TWITTER, IBM, MICROSOFT
}
```

2. source 应用程序

source 应用程序会生成股价变动事件。它会定义输出通道，并在消息代理上传送一条消息。

下面使用 Spring Initializr 对应用程序进行设置。提供下面列出的详细信息，然后单击 **Generate Project**。

- **Group**：`com.mastering.spring.cloud.data.flow`。
- **Artifact**：`significant-stock-change-source`。
- **Dependencies**：`Stream Rabbit`。

下面列出了 pom.xml 文件中的一些重要依赖项：

```xml
<dependency>
  <groupId>org.springframework.cloud</groupId>
  <artifactId>spring-cloud-starter-stream-rabbit</artifactId>
</dependency>
```

请使用以下代码更新 SpringBootApplication 文件。

```java
@EnableBinding(Source.class)
@SpringBootApplication
public class SignificantStockChangeSourceApplication {
  private static Logger logger = LoggerFactory.getLogger
(SignificantStockChangeSourceApplication.class);
// psvm-main 方法
 @Bean
 @InboundChannelAdapter(value = Source.OUTPUT,
 poller = @Poller(fixedDelay = "60000", maxMessagesPerPoll = "1"))
  public MessageSource<StockPriceChangeEvent>
stockPriceChangeEvent()        {
    StockTicker[] tickers = StockTicker.values();
    String randomStockTicker =
    tickers[ThreadLocalRandom.current().nextInt(tickers.length)]
  .name();
    return () - > {
     StockPriceChangeEvent event = new
     StockPriceChangeEvent(randomStockTicker,
     new BigDecimal(getRandomNumber(10, 20)), new
     BigDecimal(getRandomNumber(10, 20)));
     logger.info("sending " + event);
     return MessageBuilder.withPayload(event).build();
     };
  }
 private int getRandomNumber(int min, int max) {
    return ThreadLocalRandom.current().nextInt(min, max + 1);
 }
}
```

需要注意的重要事项如下。

❏ `@EnableBinding(Source.class)`：EnableBinding 注解用于将类与它所需的各个通道（输入通道和输出通道）绑定在一起。source 类用于将 Cloud Stream 注册到一个输出通道。

❏ `@Bean @InboundChannelAdapter(value = Source.OUTPUT, poller = @Poller (fixedDelay = "60000", maxMessagesPerPoll = "1"))`：InboundChannelAdapter 注解用于指明此方法可以创建一条发送到消息代理上的消息。`value` 属性用于指示要在其中放置消息的通道的名称。`Poller` 用于安排何时生成消息。在此例中，我们将使用 `fixedDelay`，以便每分钟（60×1000 毫秒）生成一条消息。

❏ `private int getRandomNumber(int min, int max)`：此方法用于创建随机数字，数字的范围以参数传递。

Source 接口定义一个输出通道，如以下代码所示。

```
public abstract interface
org.springframework.cloud.stream.messaging.Source {
  public static final java.lang.String OUTPUT = "output";
  @org.springframework.cloud.stream.
  annotation.Output(value="output")
  public abstract org.springframework.
  messaging.MessageChannel    output();
}
```

3. processor 应用程序

processor 应用程序会从消息代理上的输入通道中提取消息，然后处理消息，并将其放到消息代理上的输出通道中。在此例中，处理是指将当前持有头寸添加到消息中。

下面使用 Spring Initializr 对应用程序进行设置。提供下面列出的详细信息，然后单击 **Generate Project**。

- **Group**：`com.mastering.spring.cloud.data.flow`。
- **Artifact**：`stock-intelligence-processor`。
- **Dependencies**：`Stream Rabbit`。

请使用以下代码更新 SpringBootApplication 文件。

```
@EnableBinding(Processor.class)@SpringBootApplication
public class StockIntelligenceProcessorApplication {
  private static Logger logger =
  LoggerFactory.getLogger
  (StockIntelligenceProcessorApplication.class);
  private static Map < StockTicker, Integer > holdings =
    getHoldingsFromDatabase();
    private static Map < StockTicker,
    Integer > getHoldingsFromDatabase() {
      final Map < StockTicker,
      Integer > holdings = new HashMap < >();
      holdings.put(StockTicker.FACEBOOK, 10);
      holdings.put(StockTicker.GOOGLE, 0);
      holdings.put(StockTicker.IBM, 15);
      holdings.put(StockTicker.MICROSOFT, 30);
      holdings.put(StockTicker.TWITTER, 50);
      return holdings;
    }
    @Transformer(inputChannel = Processor.INPUT,
    outputChannel = Processor.OUTPUT)
    public Object addOurInventory(StockPriceChangeEvent event) {
      logger.info("started processing event " + event);
      Integer holding =   holdings.get(
        StockTicker.valueOf(event.getStockTicker()));
      StockPriceChangeEventWithHoldings eventWithHoldings =
```

```
        new StockPriceChangeEventWithHoldings(event, holding);
      logger.info("ended processing eventWithHoldings "
        + eventWithHoldings);
      return eventWithHoldings;
    }
    public static void main(String[] args) {
      SpringApplication.run(
        StockIntelligenceProcessorApplication.class,args);
    }
}
```

需要注意的重要事项如下。

- `@EnableBinding(Processor.class)`：EnableBinding 注解用于将类与它所需的各个通道（输入通道和输出通道）绑定在一起。`Processor` 类用于注册具有一个输入通道和一个输出通道的 Cloud Stream。
- `private static Map<StockTicker, Integer> getHoldingsFromDatabase()`：此方法处理消息、更新持仓并返回一个新对象，此对象会作为新消息被放置到输出通道中。
- `@Transformer(inputChannel = Processor.INPUT, outputChannel = Processor.OUTPUT)`：`Transformer` 注解用于指明此方法能够将一种消息格式转化/增强为另一种格式。

如以下代码所示，`Processor` 类扩展了 `Source` 和 `Sink` 类。因此，它会同时定义输出通道和输入通道。

```
public abstract interface
org.springframework.cloud.stream.messaging.Processor extends
org.springframework.cloud.stream.messaging.Source,
org.springframework.cloud.stream.messaging.Sink {
}
```

4. sink 应用程序

sink 会从消息代理中提取消息并进行处理。在本例中，我们会提取并记录消息。sink 只会定义输入通道。

下面使用 Spring Initializr 设置应用程序。提供下面列出的详细信息，然后单击 **Generate Project**。

- **Group**：`com.mastering.spring.cloud.data.flow`。
- **Artifact**：`event-store-sink`。
- **Dependencies**：`Stream Rabbit`。

请使用以下代码更新 **SpringBootApplication** 文件。

```
@EnableBinding(Sink.class)@SpringBootApplication
public class EventStoreSinkApplication {
  private static Logger logger =
  LoggerFactory.getLogger(EventStoreSinkApplication.class);
  @StreamListener(Sink.INPUT)
  public void loggerSink(StockPriceChangeEventWithHoldings event) {
    logger.info("Received: " + event);
  }
  public static void main(String[] args) {
    SpringApplication.run(EventStoreSinkApplication.class, args);
  }
}
```

需要注意的重要事项如下。

- `@EnableBinding(Sink.class)`：`EnableBinding` 注解用于将类与它所需的各个通道（输入通道和输出通道）绑定在一起。`Sink` 类用于注册具有一个输入通道的 Cloud Stream。
- `public void loggerSink(StockPriceChangeEventWithHoldings event)`：通常，这个方法包含的逻辑用于将消息存储到数据存储中。在此例中，我们会将消息记录到日志中。
- `@StreamListener(Sink.INPUT)`：`StreamListener` 注解用于侦听通道上传入的消息。在此例中，`StreamListener` 配置为侦听默认输入通道。

如以下代码片段所示，`Sink` 接口定义了一个输入通道。

```
public abstract interface
org.springframework.cloud.stream.messaging.Sink {
  public static final java.lang.String INPUT = "input";
  @org.springframework.cloud.stream.annotation.Input(value="input")
  public abstract org.springframework.messaging.SubscribableChannel
  input();
}
```

现在，3 个流应用程序已经准备就绪，我们需要与它们建立连接。下一节将介绍 Spring Cloud Data Flow 如何帮助连接不同的流。

10.4 Spring Cloud Data Flow

Spring Cloud Data Flow 有助于在使用 Spring Cloud Stream 创建的不同类型的微服务之间建立消息流。通过 Spring Cloud Data Flow Server 部署的所有微服务应为定义了相应通道的 Spring Boot 微服务。

Spring Cloud Data Flow 提供了接口来定义应用程序，并使用 Spring DSL 定义它们之间的流。Spring Data Flow Server 理解 DSL 并在应用程序之间建立流。

通常，这涉及多个步骤。

- 使用应用程序名称与应用程序可部署单元之间的映射从存储库下载应用程序 Artifact。Spring Data Flow Server 支持 Maven 和 Docker 存储库。
- 将应用程序部署到目标运行时。
- 在消息代理上创建通道。
- 在应用程序与消息代理通道之间建立连接。

此外，Spring Cloud Data Flow 还提供了在必要时扩展应用程序的选项。部署清单会将应用程序映射到目标运行时。部署清单帮助解决的两个问题如下。

- 需要创建多少个应用程序实例？
- 应用程序的每个实例需要多少内存？

Data Flow Server 理解部署清单，并负责创建指定的目标运行时。Spring Cloud Data Flow 支持如下的一系列运行时：

- Cloud Foundry
- Apache YARN
- Kubernetes
- Apache Mesos
- 本地开发服务器

本章中的示例会使用本地服务器。

10.4.1 高级架构

在上例中，我们创建了 3 个需要在数据流中连接在一起的微服务。下图展示了使用 Spring Cloud Data Flow 实现解决方案的高级架构。

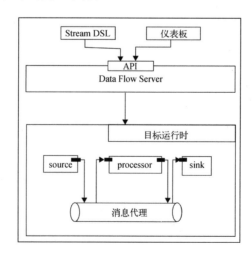

在上图中，source、sink 和 processor 是使用 Spring Cloud Stream 创建的 Spring Boot 微服务：

- source 微服务定义一个输出通道；
- processor 微服务定义输入通道和输出通道；
- sink 微服务定义一个输入通道。

10.4.2 实现 Spring Cloud Data Flow

实现 Spring Cloud Data Flow 包括 5 个步骤。

(1) 设置 Spring Cloud Data Flow Server。
(2) 设置 Data Flow Shell 项目。
(3) 配置应用程序。
(4) 配置流。
(5) 运行流。

1. 设置 Spring Cloud Data Flow Server

下面使用 Spring Initializr 设置应用程序。提供下面列出的详细信息，然后单击 Generate Project。

- **Group**：com.mastering.spring.cloud.data.flow。
- **Artifact**：local-data-flow-server。
- **Dependencies**：Local Data Flow Server。

下面列出了 pom.xml 文件中的一些重要依赖项。

```
<dependency>
  <groupId>org.springframework.cloud</groupId>
  <artifactId>spring-cloud-starter-dataflow-server-
  local</artifactId>
</dependency>
```

请使用以下代码更新 SpringBootApplication 文件。

```
@EnableDataFlowServer
@SpringBootApplication
public class LocalDataFlowServerApplication {
  public static void main(String[] args) {
    SpringApplication.run(LocalDataFlowServierApplication.class,
    args);
  }
}
```

@EnableDataFlowServer 注解用于激活 Spring Cloud Data Flow Server。

在运行 Local Data Flow Server 之前，请确保消息代理 RabbitMQ 已启动且正在运行。

启动 `LocalDataFlowServerApplication` 时，启动日志的重要内容摘要如下。

```
Tomcat initialized with port(s): 9393 (http)
Starting H2 Server with URL: jdbc:h2:tcp://localhost:19092/mem:dataflow
Adding dataflow schema classpath:schema-h2-common.sql for h2 database
Adding dataflow schema classpath:schema-h2-streams.sql for h2 database
Adding dataflow schema classpath:schema-h2-tasks.sql for h2 database
Adding dataflow schema classpath:schema-h2-deployment.sql for h2 database
Executed SQL script from class path resource [schema-h2-common.sql] in 37 ms.
Executed SQL script from class path resource [schema-h2-streams.sql] in 2 ms.
Executed SQL script from class path resource [schema-h2-tasks.sql] in 3 ms.
Executing SQL script from class path resource [schema-h2-deployment.sql]
Executed SQL script from class path resource [schema-h2-deployment.sql] in 3 ms.
Mapped "{[/runtime/apps/{appId}/instances]}" onto public
org.springframework.hateoas.PagedResources
Mapped "{[/runtime/apps/{appId}/instances/{instanceId}]}" onto public
Mapped "{[/streams/definitions/{name}],methods=[DELETE]}" onto public void
org.springframework.cloud.dataflow.server.controller.StreamDefinitionContro
ller.delete(java.lang.String)
Mapped "{[/streams/definitions],methods=[GET]}" onto public
org.springframework.hateoas.PagedResources
Mapped "{[/streams/deployments/{name}],methods=[POST]}" onto public void
org.springframework.cloud.dataflow.server.controller.StreamDeploymentContro
ller.deploy(java.lang.String,java.util.Map<java.lang.String,
java.lang.String>)
Mapped "{[/runtime/apps]}" onto public
org.springframework.hateoas.PagedResources<org.springframework.cloud.datafl
ow.rest.resource.AppStatusResource>
org.springframework.cloud.dataflow.server.controller.RuntimeAppsController.
list(org.springframework.data.domain.Pageable,org.springframework.data.web.
PagedResourcesAssembler<org.springframework.cloud.deployer.spi.app.AppStatu
s>) throws
java.util.concurrent.ExecutionException,java.lang.InterruptedException
Mapped "{[/tasks/executions],methods=[GET]}" onto public
org.springframework.hateoas.PagedResources
```

需要注意的重要事项如下。

- Spring Cloud Data Flow Server 的默认端口为 `9393`。通过在 application.properties 中将不同端口指定为 `server.port`，即可更改此端口。
- Spring Cloud Data Flow Server 使用内部架构来存储所有应用程序配置、任务和流。本例尚未配置任何数据库，因此，默认情况下使用 H2 内存中的数据库。Spring Cloud Data Flow Server 支持使用一系列数据库（包括 MySQL 和 Oracle）来存储配置。
- 由于使用的是 H2 内存中的数据库，可以看到，在启动过程中已设置了不同的架构，并且还执行了不同的 SQL 脚本来设置数据。
- Spring Cloud Data Flow Server 根据其配置、应用程序、任务和流公开了大量 API。下一节将介绍有关这些 API 的详细信息。

下图展示了 Spring Cloud Data Flow 的启动屏幕（http://localhost:9393/dashboard）。

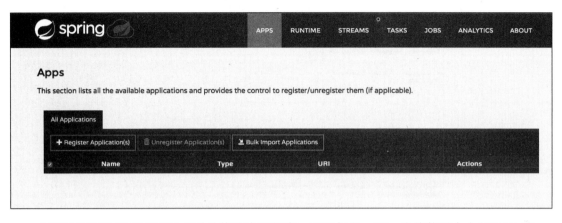

上面的不同选项卡可用于查看并修改应用程序、流和任务。下一步将使用命令行界面（Data Flow Shell）来设置应用程序和流。

2. 设置 Data Flow Shell 项目

Data Flow Shell 提供了一些选项，可使用命令来配置 Spring Data Flow Server 中的流和其他项目。

下面使用 Spring Initializr 设置应用程序。提供下面列出的详细信息，然后单击 Generate Project。

- Group：`com.mastering.spring.cloud.data.flow`。
- Artifact：`data-flow-shell`。
- Dependencies：`Data Flow Shell`。

下面列出了 pom.xml 文件中的一些重要依赖项。

```
<dependency>
  <groupId>org.springframework.cloud</groupId>
  <artifactId>spring-cloud-dataflow-shell</artifactId>
</dependency>
```

请使用以下代码更新 SpringBootApplication 文件。

```
@EnableDataFlowShell
@SpringBootApplication
public class DataFlowShellApplication {
  public static void main(String[] args) {
    SpringApplication.run(DataFlowShellApplication.class, args);
  }
}
```

`@EnableDataFlowShell` 注解用于激活 Spring Cloud Data Flow Shell。

下图展示了在启动 Data Flow Shell 应用程序时显示的消息。可以在命令提示符后输入命令。

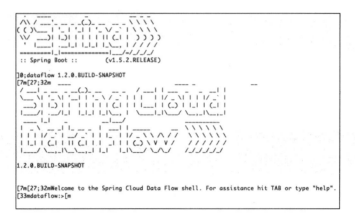

你可以尝试输入 help 命令以获取受支持的命令列表。下图展示了执行 help 命令时显示的一些命令。

10.4 Spring Cloud Data Flow

你会发现，执行下面的任何命令时，都会显示空白列表，因为尚未配置这其中的任何内容。

- `app list`
- `stream list`
- `task list`
- `runtime apps`

3. 配置应用程序

在开始配置流之前，需要注册构成流的应用程序。有 3 个应用程序要注册——source、processor 和 sink。

要在 Spring Cloud Data Flow 中注册应用程序，你需要访问应用程序可部署包。Spring Cloud Data Flow 提供了从 Maven 存储库中提取应用程序可部署包的选项。为简单起见，我们将从本地 Maven 存储库中提取应用程序。

在我们使用 Spring Cloud Stream 创建的 3 个应用程序上运行 `mvn clean install`：

- `significant-stock-change-source`
- `stock-intelligence-processor`
- `event-store-sink`

这会确保构建所有这些应用程序并将它们存储到本地 Maven 存储库中。

注册 Maven 存储库中的应用程序的命令语法如下：

```
app register --name {{NAME_THAT_YOU_WANT_TO_GIVE_TO_APP}} --type source --uri maven://{{GROUP_ID}}:{{ARTIFACT_ID}}:jar:{{VERSION}}
```

下面列出了 3 个应用程序的 Maven URI。

```
maven://com.mastering.spring.cloud.data.flow:significant-stock-change-source:jar:0.0.1-SNAPSHOT
maven://com.mastering.spring.cloud.data.flow:stock-intelligence-processor:jar:0.0.1-SNAPSHOT
maven://com.mastering.spring.cloud.data.flow:event-store-sink:jar:0.0.1-SNAPSHOT
```

下面列出了用于创建应用程序的命令。可以在 Data Flow Shell 应用程序中执行这些命令。

```
app register --name significant-stock-change-source --type source --uri maven://com.mastering.spring.cloud.data.flow:significant-stock-change-source:jar:0.0.1-SNAPSHOT

app register --name stock-intelligence-processor --type processor --uri maven://com.mastering.spring.cloud.data.flow:stock-intelligence-processor:jar:0.0.1-SNAPSHOT
```

```
app register --name event-store-sink --type sink --uri
maven://com.mastering.spring.cloud.data.flow:event-store-sink:jar:0.0.1-
SNAPSHOT
```

成功注册应用程序后，可以看到下面展示的消息。

```
Successfully registered application 'source:significant-stock-change-
source'

Successfully registered application 'processor:stock-intelligence-
processor'

Successfully registered application 'sink:event-store-sink'
```

还可以在 Spring Cloud Data Flow 仪表板（http://localhost:9393/dashboard）上看到已注册的应用程序，如下图所示。

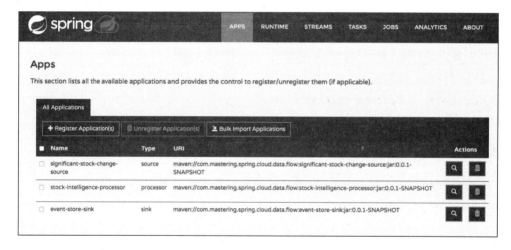

也可以使用仪表板注册应用程序，如下图所示。

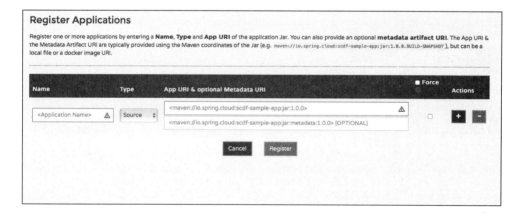

4. 配置流

Stream DSL 可用于配置流——下面提供了将 app1 连接到 app2 的简单示例。app1 放置到输出通道中的消息将由 app2 的输入通道接收。

```
app1 | app2
```

我们需要连接 3 个应用程序。以下代码片段展示了用于连接上述应用程序的 DSL 示例。

```
#source | processor | sink
```

```
significant-stock-change-source|stock-intelligence-processor|event-store-
sink
```

这表明：

- source 的输出通道应链接到 processor 的输入通道；
- processor 的输出通道应链接到 sink 的输入通道。

用于创建流的完整命令如下所示。

```
stream create --name process-stock-change-events --definition
significant-stock-change-source|stock-intelligence-processor|event-store-sink
```

如果成功创建流，应该会看到以下消息：

```
Created new stream 'process-stock-change-events'
```

你还可以在 Spring Cloud Data Flow 仪表板（http://localhost:9393/dashboard）的 **Streams** 选项卡上看到已注册的流，如下图所示。

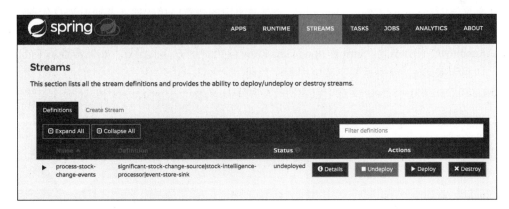

5. 部署流

要部署流，可以在 Data Flow Shell 上执行以下命令：

```
stream deploy --name process-stock-change-events
```

发送用于创建流的请求时，可以看到下面展示的消息：

```
Deployment request has been sent for stream 'process-stock-change-events'
```

下面展示的是 Local Data Flow Server 的日志摘要。

```
o.s.c.d.spi.local.LocalAppDeployer : deploying app process-stock-change-
events.event-store-sink instance 0

Logs will be in /var/folders/y_/x4jdvdkx7w94q5qsh745gzz00000gn/T/spring-
cloud-dataflow-3084432375250471462/process-stock-change-
events-1492100265496/process-stock-change-events.event-store-sink

o.s.c.d.spi.local.LocalAppDeployer : deploying app process-stock-change-
events.stock-intelligence-processor instance 0

Logs will be in /var/folders/y_/x4jdvdkx7w94q5qsh745gzz00000gn/T/spring-
cloud-dataflow-3084432375250471462/process-stock-change-
events-1492100266448/process-stock-change-events.stock-intelligence-
processor

o.s.c.d.spi.local.LocalAppDeployer : deploying app process-stock-change-
events.significant-stock-change-source instance 0

Logs will be in /var/folders/y_/x4jdvdkx7w94q5qsh745gzz00000gn/T/spring-
cloud-dataflow-3084432375250471462/process-stock-change-
events-1492100267242/process-stock-change-events.significant-stock-change-
source
```

需要注意的重要事项如下。

- 部署流时，Spring Cloud Data Flow 会部署流中的所有应用程序，并通过消息代理设置应用程序之间的连接。应用程序代码独立于消息代理。Kafka 采用的消息代理设置与 RabbitMQ 有所不同。Spring Cloud Data Flow 会负责这方面的设置。如果希望从 RabbitMQ 切换到 Kafka，就不需要更改应用程序代码。
- Local Data Flow Server 日志中包含所有应用程序（source、processor 和 sink）日志的路径。

6. 日志消息——设置与消息工厂的连接

以下代码片段展示了与在 source、transformer 和 sink 应用程序中设置消息代理有关的代码摘要。

```
# source 日志
CachingConnectionFactory : Created new connection:
SimpleConnection@725b3815 [delegate=amqp://guest@127.0.0.1:5672/,
localPort= 58373]

# transformer 日志
o.s.i.endpoint.EventDrivenConsumer : Adding
```

```
{transformer:stockIntelligenceProcessorApplication.addOurInventory.transfor
mer} as a subscriber to the 'input' channel

o.s.integration.channel.DirectChannel : Channel 'application:0.input' has 1
subscriber(s).

o.s.i.endpoint.EventDrivenConsumer : started
stockIntelligenceProcessorApplication.addOurInventory.transformer

o.s.i.endpoint.EventDrivenConsumer : Adding {message-
handler:inbound.process-stock-change-events.significant-stock-change-
source.process-stock-change-events} as a subscriber to the 'bridge.process-
stock-change-events.significant-stock-change-source' channel

o.s.i.endpoint.EventDrivenConsumer : started inbound.process-stock-change-
events.significant-stock-change-source.process-stock-change-events

# sink 日志

c.s.b.r.p.RabbitExchangeQueueProvisioner : declaring queue for inbound:
process-stock-change-events.stock-intelligence-processor.process-stock-
change-events, bound to: process-stock-change-events.stock-intelligence-
processor

o.s.a.r.c.CachingConnectionFactory : Created new connection:
SimpleConnection@3de6223a [delegate=amqp://guest@127.0.0.1:5672/,
localPort= 58372]
```

需要注意的重要事项如下。

- `Created new connection: SimpleConnection@725b3815 [delegate=amqp://guest@127.0.0.1:5672/, localPort= 58373]`：由于我们已将 spring-cloud-starter-stream-rabbit 添加到了 3 个应用程序的类路径中，因此使用 RabbitMQ 作为消息代理。
- `Adding {transformer:stockIntelligenceProcessorApplication.addOurInventory.transformer} as a subscriber to the 'input' channel`：与此类似，每个应用程序的输入和输出通道都在消息代理上设置。source 和 processor 应用程序侦听通道中的传入消息。

7. 日志消息——事件流

与处理消息相关的代码摘要如下所示。

```
# source 日志
SignificantStockChangeSourceApplication : sending StockPriceChangeEvent
[stockTicker=MICROSOFT, oldPrice=15, newPrice=12]

# transformer 日志
.f.StockIntelligenceProcessorApplication : started processing event
StockPriceChangeEvent [stockTicker=MICROSOFT, oldPrice=18, newPrice=20]
```

```
.f.StockIntelligenceProcessorApplication : ended processing
eventWithHoldings StockPriceChangeEventWithHoldings [holdings=30,
toString()=StockPriceChangeEvent [stockTicker=MICROSOFT, oldPrice=18,
newPrice=20]]

# sink 日志
c.m.s.c.d.f.EventStoreSinkApplication : Received:
StockPriceChangeEventWithHoldings [holdings=30,
toString()=StockPriceChangeEvent [stockTicker=MICROSOFT, oldPrice=18,
newPrice=20]]
```

source 应用程序发送 `StockPriceChangeEvent`。`Transformer` 应用程序接收该事件，并将持仓添加到消息中，然后新建 `StockPriceChangeEventWithHoldings` 事件。sink 应用程序接收并记录此消息。

10.4.3 Spring Cloud Data Flow REST API

Spring Cloud Data Flow 提供了与应用程序、流、任务、作业和度量有关的 RESTful API。通过向 http://localhost:9393/ 发送 GET 请求，可以获取这些 API 的完整列表。

下图展示了 GET 请求的响应。

```
{
  - _links: {
      ↲ dashboard: {
          href: "http://localhost:9393/dashboard"
        },
      - streams/definitions: {
          href: "http://localhost:9393/streams/definitions"
        },
      - streams/definitions/definition: {
          href: "http://localhost:9393/streams/definitions/{name}",
          templated: true
        },
      - streams/deployments: {
          href: "http://localhost:9393/streams/deployments"
        },
      - streams/deployments/deployment: {
          href: "http://localhost:9393/streams/deployments/{name}",
          templated: true
        },
      - runtime/apps: {
          href: "http://localhost:9393/runtime/apps"
        },
      - runtime/apps/app: {
          href: "http://localhost:9393/runtime/apps/{appId}",
          templated: true
        },
      - runtime/apps/instances: {
          href: "http://localhost:9393/runtime/apps/interface%20org.springframewor
        },
      - tasks/definitions: {
          href: "http://localhost:9393/tasks/definitions"
        },
      - tasks/definitions/definition: {
          href: "http://localhost:9393/tasks/definitions/{name}",
          templated: true
        },
      - tasks/executions: {
          href: "http://localhost:9393/tasks/executions"
        },
      - tasks/executions/name: {
          href: "http://localhost:9393/tasks/executions{?name}",
```

所有 API 的作用不言自明。下面举例说明，向 http://localhost:9393/streams/definitions 发送 GET 请求：

```
{
  "_embedded":{
  "streamDefinitionResourceList":[
      {
          "name":"process-stock-change-events"
          "dslText":"significant-stock-change-source|stock-
          intelligence-processor|event-store-sink",
          "status":"deployed",
          "statusDescription":"All apps have been successfully
           deployed",
          "_links":{
             "self":{
                "href":"http://localhost:9393/streams/definitions/
                 process-stock-change-events"
             }
          }
      }
    ]
  },
  "_links":{
     "self":{
        "href":"http://localhost:9393/streams/definitions"
     }
  },
  "page":{
     "size":20,
     "totalElements":1,
     "totalPages":1,
     "number":0
  }
}
```

需要注意的重要事项如下。

- 这是一个 RESTful API。`_embedded` 元素包含请求数据。`_links` 元素包含 HATEOAS 链接。`page` 元素包含分页信息。
- `_embedded.streamDefinitionResourceList.dslText` 包含流 `"significant-stock-change-source|stock-intelligence-processor|event-store-sink"` 的定义。

10.5　Spring Cloud Task

Spring Cloud Data Flow 还可用于创建并调度批处理应用程序。过去 10 年中，Spring Batch 一直是开发批处理应用程序的首选框架。Spring Cloud Task 扩展了此功能，并支持在云端执行批处理程序。

下面使用 Spring Initializr 设置应用程序。提供下面列出的详细信息，然后单击 Generate Project。

- **Group**：`com.mastering.spring.cloud.data.flow`。
- **Artifact**：`simple-logging-task`。
- **Dependencies**：`Cloud Task`。

使用以下代码更新 `SimpleLoggingTaskApplication` 类。

```
@SpringBootApplication
@EnableTask

public class SimpleLoggingTaskApplication {

@Bean
public CommandLineRunner commandLineRunner() {
  return strings -> System.out.println(
  "Task execution :" + new SimpleDateFormat().format(new Date()));
  }
public static void main(String[] args) {
  SpringApplication.run(SimpleLoggingTaskApplication.class, args);
  }
}
```

这段代码只是提供了一个包含当前时间戳的系统输出（sysout）。`@EnableTask` 注解支持 Spring Boot 应用程序中的任务特性。

可以使用以下命令在 Data Flow Shell 上注册任务。

```
app register --name simple-logging-task --type task --uri
maven://com.mastering.spring.cloud.data.flow:simple-logging-task:jar:0.0.1-
SNAPSHOT
task create --name simple-logging-task-definition --definition "simple-
logging-task"
```

这些命令与前面创建的流应用程序注册的命令非常相似。我们添加了任务定义来执行任务。

可以使用以下命令启动任务。

```
task launch simple-logging-task-definition
```

也可以在 Spring Cloud Flow 仪表板上触发并监视任务执行过程。

10.6 小结

Spring Cloud Data Flow 为数据流和事件流提供了云原生功能。通过它，可以在云端轻松创建和部署流。本章介绍了如何使用 Spring Cloud Stream 设置事件驱动流中的各个应用程序，简要说明了如何使用 Spring Cloud Task 创建任务，同时介绍了如何使用 Spring Cloud Data Flow 来设置流以及执行简单的任务。

下一章将介绍一种构建 Web 应用程序的新方法——反应式编程。我们将了解为什么非阻塞应用程序成为了热门话题，以及如何使用 Spring Reactive 构建反应式应用程序。

第 11 章 反应式编程

上一章介绍了如何使用 Spring Cloud Data Flow 通过微服务实现典型的数据流用例。

函数式编程的出现，标志着用户开始从传统命令式编程转向声明式编程。响应式编程建立在函数式编程的基础之上，可以提供一种替代编程方式。

本章将介绍反应式编程的基础知识。

微服务架构倡导采用基于消息的通信。反应式编程的一个重要原则是基于事件（或消息）构建应用程序。我们需要解答的一些重要问题如下。

- 什么是反应式编程？
- 它有哪些典型的用例？
- Java 为它提供了哪些方面的支持？
- Spring WebFlux 提供了哪些反应式功能？

11.1 反应式宣言

过去，很多应用程序存在以下缺点：

- 响应时间长达数秒；
- 需要进行数小时的离线维护；
- 处理的数据量较小。

随着时间的推移，新的设备（移动设备、平板计算机等）和新方法（基于云）不断涌现。当前使用的应用程序：

- 响应时间低于 1 秒；
- 100%可用；
- 处理的数据量呈指数级增长。

过去几年中，人们开始采用不同的方法来应对这些不断出现的挑战。反应式编程不是新生事物，是可以成功应对这些挑战的方法之一。

反应式宣言旨在就用户共同关注的主题展开讨论。

我们相信大家需要一套贯通整个系统的架构设计方案，而设计中需要关注的各个角度也已被确认，即系统需要具备以下特质：即时响应性（Responsive）、回弹性（Resilient）、弹性（Elastic）和消息驱动（Message Driven）。对于这样的系统，我们称之为反应式系统（Reactive System）。

使用反应式方式构建的反应式系统会更加灵活、松耦合、可伸缩，这使得它们的开发和调整更加容易。它们对系统故障也更加包容，当故障确实发生时，它们的应对方案得体而非混乱无序。反应式系统具有高度的即时响应性，为用户提供了高效的互动反馈。

虽然反应式宣言清楚地说明了反应式系统的特点，但它对如何构建反应式系统则语焉不详。

反应式系统的特点

下图展示了反应式系统的重要特点。

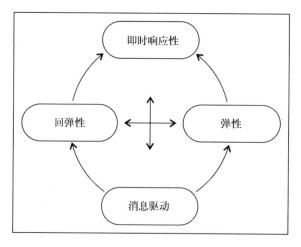

这些重要特点如下。

- **即时响应性**：系统会及时响应用户请求。设置了明确的响应时间要求，在各种情况下，系统都能满足这些要求。
- **回弹性**：分布式系统使用多个组件构建，其中任何组件都可能会发生故障。反应式系统应设计为将故障限制在本地范围内，例如在每个组件内。这可以防止整个系统在出现本地故障时崩溃。

- **弹性**：反应式系统能够灵活处理各种不同的工作量。工作量巨大时，系统可以添加额外的资源，而工作量减少时释放资源。弹性通过商用硬件和软件来实现。
- **消息驱动**：反应式系统由消息（或事件）驱动。这确保了组件间的松散耦合，同时可以单独扩展不同的系统组件。使用非阻塞通信可以确保线程在较短时间内保持活动状态。

反应式系统可对不同类型的刺激因素做出响应，其中一些示例如下。

- **响应事件**：反应式系统建立在消息传递的基础之上，可以快速响应事件。
- **响应工作量**：反应式系统能够灵活处理各种不同的工作量。它们在工作量较大时使用更多资源，在工作量较小时释放资源。
- **响应故障**：反应式系统可以妥善处理故障。反应式系统组件设计为将故障限制在本地。外部组件用于监视组件的可用性，并能够在必要时复制组件。
- **响应用户请求**：反应式系统可以响应用户请求。如果消费方未订阅特定事件，它们不会浪费时间执行其他处理。

11.2 反应式用例——股价页面

虽然反应式宣言帮助我们了解了反应式系统的特点，但实际上，它并未说明如何构建反应式系统。为了解如何构建此类系统，我们将采用传统方法构建一个简单的用例，然后将它与反应式方法进行比较。

我们希望构建的用例是显示特定股票价格的股价页面。只要页面处于打开状态，我们就希望更新页面上的最新股价。

11.2.1 传统方法

传统方法采用轮询来检查股价是否发生变化。以下时序图展示了构建此类用例所采用的传统方法。

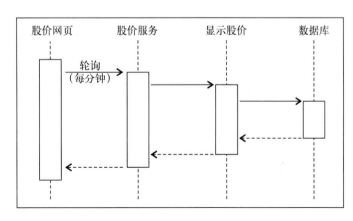

页面一渲染完，它就会定期向股价服务发送 AJAX 请求，以获取最新价格。无论股价是否发生变化，都必须提出这些请求，因为网页并不了解股价是否发生了变化。

11.2.2 反应式方法

反应式方法会连接不同组件，以便在发生事件时能够及时响应。

加载股价网页时，此页面会注册股价服务生成的事件。股价发生变化时，会触发一个事件。最新股价在网页上进行更新。以下时序图展示了构建股价页面所采用的反应式方法。

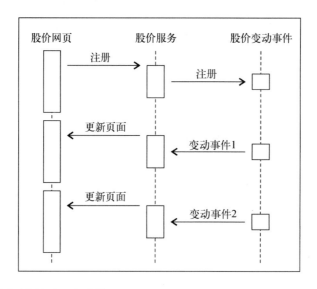

反应式方法通常包括以下 3 个步骤。

(1) 订阅事件。
(2) 事件发生。
(3) 注销。

最初，加载股价网页时，它会订阅股价变化事件。采用的订阅方式因你使用的反应式框架或消息代理（如有）而异。

特定股票的股价发生变化时，将为此事件的所有订阅方触发一个新事件。侦听程序确保了用最新股价更新网页内容。

关闭（或刷新）网页后，订阅方将发送注销请求。

11.2.3 传统与反应式方法比较

传统方法非常简单。反应式方法需要实现反应式订阅和事件链。如果事件链涉及消息代理，情况会变得更加复杂。

在传统方法中，我们会进行轮询以了解股价变化情况。这意味着，无论股价是否发生变化，每隔一分钟（或指定间隔）都会触发整个序列。在反应式方法中，注册事件后，只有在股价变化时才会触发上述序列。

在传统方法中，线程的有效期更长。所有由线程使用的资源会在更长时间内处于锁定状态。如果一台服务器同时处理多个请求，这时就会出现线程争用资源的情况。采用反应式方法时，由于线程的有效期较短，因此争用资源的情况会有所减少。

采用传统方法时，进行的扩展包括向上扩展数据库以及创建更多 Web 服务器。采用反应式方法时，由于线程的有效期较短，因此同一基础架构就可以处理更多用户请求。虽然反应式方法为扩展传统方法提供了各种选项，但它同时也提供了更多分布式选项。例如，触发的股价变化事件可以通过消息代理传送给应用程序，如下图所示。

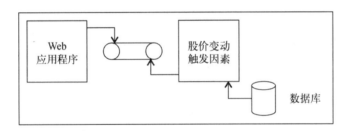

这意味着，Web 应用程序和股价变化触发的应用程序可以相互独立地扩展。这样，就可以更加灵活地根据需要迅速向上扩展。

11.3 Java 反应式编程

Java 8 本身完全不支持反应式编程，但各种框架提供了反应式功能。下面几节将介绍反应式流、Reactor 和 Spring WebFlux。

11.3.1 反应式流

作为一种倡议，反应式流（Reactive Stream）旨在为非阻塞背压异步流处理制定标准。这包括针对运行时环境（JVM 和 JavaScript）以及网络协议所制定的标准。

需要注意的重要事项如下：

- 反应式流旨在定义一组最少的接口、方法和协议来实现反应式编程；
- 反应式流旨在通过 Java（基于 JVM）和 JavaScript 语言实现一种语言中立的编程方法；
- 支持多种传输流（TCP、UDP、HTTP 和 WebSockets）。

用于反应式流的 Maven 依赖项如下所示。

```xml
<dependency>
  <groupId>org.reactivestreams</groupId>
  <artifactId>reactive-streams</artifactId>
  <version>1.0.0</version>
</dependency>

<dependency>
  <groupId>org.reactivestreams</groupId>
  <artifactId>reactive-streams-tck</artifactId>
  <version>1.0.0</version>
  <scope>test</scope>
</dependency>
```

反应式流中定义的一些重要接口如下。

```java
public interface Subscriber<T> {
  public void onSubscribe(Subscription s);
  public void onNext(T t);
  public void onError(Throwable t);
  public void onComplete();
}
public interface Publisher<T> {
  public void subscribe(Subscriber<? super T> s);
}
public interface Subscription {
  public void request(long n);
  public void cancel();
}
```

需要注意的重要事项如下。

- 接口发布方：发布方提供元素流来响应其订阅方提出的请求。发布方可以为任意数量的订阅方服务。订阅方的数量可能因时间而异。
- 接口订阅方：订阅方进行注册以侦听事件流。订阅过程包括两个步骤。第一步是调用 `Publisher.subscribe(Subscriber)`。第二步是调用 `Subscription.request(long)`。完成这些步骤后，订阅方就可以开始使用 `onNext(T t)` 方法处理通知。`onComplete()` 方法表示结束通知处理。任何时候，如果订阅方能够处理更多数据，可以通过 `Subscription.request(long)` 发出需求信号。
- 接口订阅：订阅表示一个订阅方与它的发布方之间的关联。订阅方可以使用 `request(long n)` 请求更多数据。它可以使用 `cancel()` 方法取消通知订阅。

11.3.2 Reactor

Reactor 是 Spring Pivotal 团队开发的一个反应式架构。它建立在反应式流的基础之上。如本章稍后所述，Spring Framework 5.0 使用 Reactor 框架来实现反应式 Web 功能。

Reactor 的依赖项如下所示。

```xml
<dependency>
  <groupId>io.projectreactor</groupId>
  <artifactId>reactor-core</artifactId>
  <version>3.0.6.RELEASE</version>
</dependency>
<dependency>
  <groupId>io.projectreactor.addons</groupId>
  <artifactId>reactor-test</artifactId>
  <version>3.0.6.RELEASE</version>
</dependency>
```

Reactor 在反应式流引入的订阅方、消费方和订阅等术语的基础上添加了一些重要概念。

- Flux：Flux 表示发出 0~n 个元素的反应式流。
- Mono：Mono 表示发出 0 或 1 个元素的反应式流。

在下面的示例中,我们将创建存根 Mono 和 Flux 对象,这些对象会预配置为按特定时间间隔发出元素。我们将创建消费方(或观察方)来侦听这些事件并对它们做出响应。

1. Mono

创建 Mono 的过程非常简单。以下 Mono 在 5 秒延迟后发出一个元素。

```java
Mono<String> stubMonoWithADelay =
Mono.just("Ranga").delayElement(Duration.ofSeconds(5));
```

我们希望侦听 Mono 中的事件并将它们记录到控制台中。可以通过下面指定的语句实现这一目的。

```java
stubMonoWithADelay.subscribe(System.out::println);
```

但是,如以下代码所示,如果在 Test 注解中用前两个语句运行程序,控制台中不会显示任何内容。

```java
@Test
public void monoExample() throws InterruptedException {
  Mono<String> stubMonoWithADelay =
  Mono.just("Ranga").delayElement(Duration.ofSeconds(5));
  stubMonoWithADelay.subscribe(System.out::println);
}
```

由于在 Mono 于 5 秒后放出元素之前, Test 就已停止执行,因此,控制台中不会显示任何内容。为避免这种情况,下面使用 Thread.sleep 推迟执行 Test：

```java
@Test
public void monoExample() throws InterruptedException {
  Mono<String> stubMonoWithADelay =
  Mono.just("Ranga").delayElement(Duration.ofSeconds(5));
```

```
  stubMonoWithADelay.subscribe(System.out::println);
  Thread.sleep(10000);
}
```

使用 stubMonoWithADelay.subscribe(System.out::println)创建订阅方时，我们将使用 Java 8 引入的函数式编程功能。System.out::println 是一个方法定义。我们将此方法定义作为参数传递给某方法。

之所以可以这样做，是因为存在名为 Consumer 的特定功能性接口。功能性接口指只有一个方法的接口。Consumer 功能性接口用于定义一项操作，此操作接受单一输入参数，但不返回任何结果。Consumer 接口的大致代码如以下代码片段所示。

```
@FunctionalInterface
public interface Consumer<T> {
  void accept(T t);
}
```

我们未使用 lambda 表达式，而是显式定义了 Consumer。以下代码片段提供了重要细节。

```
class SystemOutConsumer implements Consumer<String> {
  @Override
  public void accept(String t) {
    System.out.println("Received " + t + " at " + new Date());
  }
}
@Test
public void monoExample() throws InterruptedException {
  Mono<String> stubMonoWithADelay =
  Mono.just("Ranga").delayElement(Duration.ofSeconds(5));
  stubMonoWithADelay.subscribe(new SystemOutConsumer());
  Thread.sleep(10000);
 }
```

需要注意的重要事项如下。

- class SystemOutConsumer implements Consumer<String>：创建 SystemOutConsumer 类，它实现功能性接口 Consumer。输入类型为 String。
- public void accept(String t)：定义 accept 方法以向控制台显示字符串的内容。
- stubMonoWithADelay.subscribe(new SystemOutConsumer())：创建 SystemOutConsumer 实例以订阅事件。

生成的输出如下图所示。

```
<terminated> SpringReactiveTest.monoExample [JUnit] /Library/Java/JavaVirtualMachines/jdk1.8.0_31.jdk/Contents/Home/bin
19:30:17.803 [main] DEBUG reactor.util.Loggers$LoggerFactory - Using Slf4j logging framework
Received Ranga at Thu Apr 27 19:30:22 IST 2017
```

可以让多个订阅方侦听 Mono 或 Flux 中的事件。以下代码片段展示了如何创建其他订阅方。

```
class WelcomeConsumer implements Consumer<String> {
  @Override
  public void accept(String t) {
    System.out.println("Welcome " + t);
  }
}
@Test
public void monoExample() throws InterruptedException {
  Mono<String> stubMonoWithADelay =
  Mono.just("Ranga").delayElement(Duration.ofSeconds(5));
  stubMonoWithADelay.subscribe(new SystemOutConsumer());
  stubMonoWithADelay.subscribe(new WelcomeConsumer());
  Thread.sleep(10000);
}
```

需要注意的重要事项如下。

- `class WelcomeConsumer implements Consumer<String>`：我们将创建另一个 `Consumer` 类 `WelcomeConsumer`
- `stubMonoWithADelay.subscribe(new WelcomeConsumer())`：我们将添加一个 `WelcomeConsumer` 实例，将其作为 Mono 事件的订阅方

生成的输出如下图所示。

```
19:29:36.538 [main] DEBUG reactor.util.Loggers$LoggerFactory - Using Slf4j logging framework
Welcome Ranga
Received Ranga at Thu Apr 27 19:29:41 IST 2017
```

2. Flux

Flux 表示发出 0~n 个元素的反应式流。以下代码片段展示了一个简单的 Flux 示例。

```
@Test
public void simpleFluxStream() {
  Flux<String> stubFluxStream = Flux.just("Jane", "Joe");
  stubFluxStream.subscribe(new SystemOutConsumer());
}
```

需要注意的重要事项如下。

- `Flux<String> stubFluxStream = Flux.just("Jane","Joe")`：我们使用 `Flux.just` 方法创建 Flux。它可以创建包含硬编码元素的简单流。
- `stubFluxStream.subscribe(new SystemOutConsumer())`：我们注册一个 `SystemOutConsumer` 实例，将其作为 Flux 上的订阅方。

生成的输出如下图所示。

```
<terminated> SpringReactiveTest.simpleFluxStream [JUnit] /Library/Java/JavaVirtualMachines/jdk1.8.0_31.jdk/Contents/Hom
19:19:47.896 [main] DEBUG reactor.util.Loggers$LoggerFactory - Using Slf4j logging framework
Received Jane at Thu Apr 27 19:19:47 IST 2017
Received Joe at Thu Apr 27 19:19:47 IST 2017
```

以下代码片段展示了一个更加复杂的 Flux 示例, 它有两个订阅方。

```
private static List<String> streamOfNames =
Arrays.asList("Ranga", "Adam", "Joe", "Doe", "Jane");
@Test
public void fluxStreamWithDelay() throws InterruptedException {
  Flux<String> stubFluxWithNames =
  Flux.fromIterable(streamOfNames)
  .delayElements(Duration.ofMillis(1000));
  stubFluxWithNames.subscribe(new SystemOutConsumer());
  stubFluxWithNames.subscribe(new WelcomeConsumer());
  Thread.sleep(10000);
}
```

需要注意的重要事项如下。

- `Flux.fromIterable(streamOfNames).delayElements(Duration.ofMillis(1000))`: 通过指定的字符串列表创建 Flux。按 1000 毫秒的指定延时发出元素。
- `stubFluxWithNames.subscribe(new SystemOutConsumer())` 和 `stubFluxWithNames.subscribe(new WelcomeConsumer())`: 在 Flux 上注册两个订阅方。
- `Thread.sleep(10000)`: 与第一个 Mono 示例类似, 我们引入了休眠机制, 以使程序等到 Flux 发出所有元素后开始执行。

生成的输出如下图所示。

```
<terminated> SpringReactiveTest.fromAList [JUnit] /Library/Java/JavaVirtualMachines/jdk1.8.0_31.jdk/Contents/Home/bin/j
19:32:49.795 [main] DEBUG reactor.util.Loggers$LoggerFactory - Using Slf4j logging framework
Welcome Ranga
Received Ranga at Thu Apr 27 19:32:50 IST 2017
Welcome Adam
Received Adam at Thu Apr 27 19:32:51 IST 2017
Welcome Joe
Received Joe at Thu Apr 27 19:32:52 IST 2017
Welcome Doe
Received Doe at Thu Apr 27 19:32:53 IST 2017
Welcome Jane
Received Jane at Thu Apr 27 19:32:54 IST 2017
```

11.3.3 Spring Web Reactive

Spring Web Reactive 是 Spring Framework 5 中的重要新增功能之一。它为 Web 应用程序引入了反应式功能。

Spring Web Reactive 基于与 Spring MVC 相同的基本编程模型。下表对两个框架进行了简单比较。

	Spring MVC	Spring Web Reactive
用途	传统 Web 应用程序	反应式 Web 应用程序
编程模型	具有 `@RequestMapping` 的 `@Controller`	与 Spring MVC 相同
基本 API	Servlet API	反应式 HTTP
运行位置	Servlet 容器	Servlet 容器（>3.1）、Netty 和 Undertow

在后续步骤中，我们希望为 Spring Web Reactive 实现一个简单的用例。

需要执行的重要步骤包括：

❑ 使用 Spring Initializr 创建一个项目；
❑ 创建返回事件流（Flux）的反应式控制器；
❑ 创建 HTML 视图。

1. 使用 Spring Initializr 创建一个项目

下面使用 Spring Initializr 创建一个新项目。下图展示了详细信息。

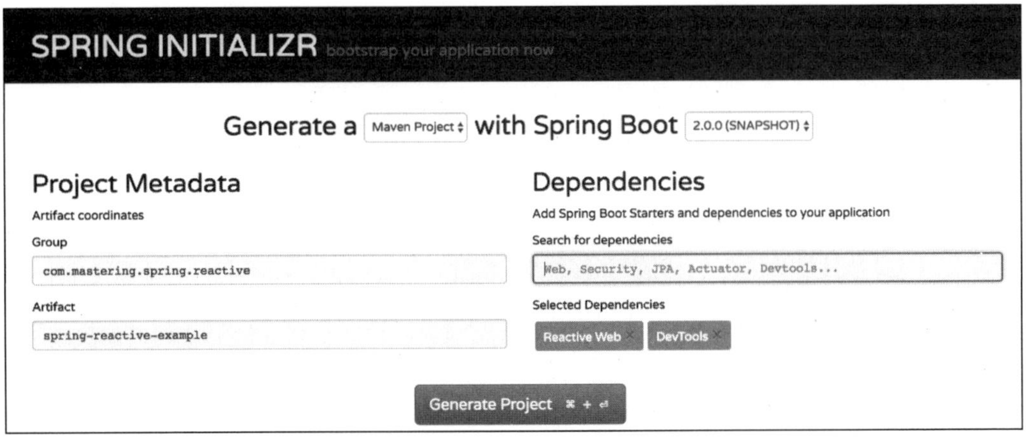

需要注意的重要事项如下。

❑ **Group**：`com.mastering.spring.reactive`。
❑ **Artifact**：`spring-reactive-example`。
❑ **Dependencies**：`ReactiveWeb`（用于构建反应式 Web 应用程序）和 `DevTools`（用于在应用程序代码发生变化时执行自动重载）。

下载该项目，并将其作为 Maven 项目导入 IDE。

pom.xml 文件中的重要依赖项如下代码所示。

```xml
<dependency>
  <groupId>org.springframework.boot</groupId>
  <artifactId>spring-boot-starter</artifactId>
</dependency>

<dependency>
  <groupId>org.springframework.boot</groupId>
  <artifactId>spring-boot-devtools</artifactId>
</dependency>

<dependency>
  <groupId>org.springframework.boot</groupId>
  <artifactId>spring-boot-starter-webflux</artifactId>
</dependency>

<dependency>
  <groupId>org.springframework.boot</groupId>
  <artifactId>spring-boot-starter-test</artifactId>
  <scope>test</scope>
</dependency>
```

`spring-boot-starter-webflux` 依赖项是最重要的 Spring Web Reactive 依赖项。快速浏览 `spring-boot-starter-webflux` 的 pom.xml 文件，即可找到 Spring Reactive 的构建块——`spring-webflux`、`spring-web` 和 `spring-boot-starter-reactor-netty`。

Netty 是默认的嵌入式反应式服务器。以下代码片段展示了这些依赖项。

```xml
<dependency>
  <groupId>org.springframework.boot</groupId>
  <artifactId>spring-boot-starter</artifactId>
</dependency>

<dependency>
  <groupId>org.springframework.boot</groupId>
  <artifactId>spring-boot-starter-reactor-netty</artifactId>
</dependency>

<dependency>
  <groupId>com.fasterxml.jackson.core</groupId>
  <artifactId>jackson-databind</artifactId>
</dependency>

<dependency>
  <groupId>org.hibernate</groupId>
  <artifactId>hibernate-validator</artifactId>
</dependency>

<dependency>
  <groupId>org.springframework</groupId>
  <artifactId>spring-web</artifactId>
</dependency>
```

```xml
<dependency>
  <groupId>org.springframework</groupId>
  <artifactId>spring-webflux</artifactId>
</dependency>
```

2. 创建反应式控制器

创建 Spring 反应式控制器的过程与创建 Spring MVC 控制器的过程非常相似。它们有相同的基本结构：`@RestController` 和不同的`@RequestMapping` 注解。以下代码片段展示了一个名为 `StockPriceEventController` 的简单反应式控制器。

```java
@RestController
public class StockPriceEventController {
  @GetMapping("/stocks/price/{stockCode}")
  Flux<String> retrieveStockPriceHardcoded
   (@PathVariable("stockCode") String stockCode) {
    return Flux.interval(Duration.ofSeconds(5))
     .map(l -> getCurrentDate() + " : "
     + getRandomNumber(100, 125))
     .log();
  }
  private String getCurrentDate() {
    return (new Date()).toString();
  }
  private int getRandomNumber(int min, int max) {
    return ThreadLocalRandom.current().nextInt(min, max + 1);
  }
}
```

需要注意的重要事项如下。

- `@RestController` and `@GetMapping("/stocks/price/{stockCode}")`：基本结构与 Spring MVC 相同。我们正在创建指向指定 URI 的映射。
- `Flux<String>retrieveStockPriceHardcoded(@PathVariable("stockCode")String stockCode)`：Flux 表示发出 0~n 个元素的流。返回类型 `Flux<String>`表示此方法返回了表示当前股价的价值流。
- `Flux.interval().map(l -> getCurrentDate() + " : " + getRandomNumber(100, 125))`：我们正在创建一个返回随机数字流的硬编码 Flux。
- `Duration.ofSeconds(5)`：以每 5 秒的间隔返回流元素。
- `Flux.<<****>>.log()`：对 Flux 调用 `log()`方法有助于观察所有反应式流信号，并使用支持的记录器跟踪这些信号。
- `private String getCurrentDate()`：以字符串的形式返回当前时间。
- `private int getRandomNumber(int min, int max)`：返回介于 `min` 和 `max` 之间的随机数字。

3. 创建 HTML 视图

在上一步中，我们将一个 Flux 流映射到了"/stocks/price/{stockCode}"URL。在这一

步中，我们来创建一个视图，以在屏幕上显示股票的当前价值。

我们会创建一个简单的静态 HTML 页面（resources/static/stock-price.html），其中提供一个按钮来检索流中的数据。以下代码片段展示了 HTML。

```html
<p>
  <button id="subscribe-button">Get Latest IBM Price</button>
  <ul id="display"></ul>
</p>
```

需要创建一个 JavaScript 方法，以注册流并将新元素附加到特定 div 后面。以下代码片段展示了该 JavaScript 方法。

```javascript
function registerEventSourceAndAddResponseTo(uri, elementId) {
  var stringEvents = document.getElementById(elementId);
  var stringEventSource = new EventSource (uri);
  stringEventSource.onmessage = function(e) {
    var newElement = document.createElement("li");
    newElement.innerHTML = e.data;
    stringEvents.appendChild(newElement);
  }
}
```

`EventSource` 接口用于接收服务器发送的事件。它通过 HTTP 连接到服务器，并接收文本/事件流格式的事件。接收元素时，它会调用 `onmessage` 方法。

以下代码片段用于注册 Get Latest IBM Price 按钮的单击事件。

```javascript
addEvent("click", document.getElementById('subscribe-button'),
function() {
      registerEventSourceAndAddResponseTo("/stocks/price/IBM",
        "display");
    }
);
function addEvent(evnt, elem, func) {
  if (typeof(EventSource) !== "undefined") {
    elem.addEventListener(evnt,func,false);
  }
  else { // 没有太多要执行的操作
    elem[evnt] = func;
  }
}
```

4. 启动 `SpringReactiveExampleApplication`

作为 Java 应用程序启动应用程序类 `SpringReactiveExampleApplication`。启动日志的后面部分显示的其中一条消息为 `Netty started on port(s): 8080`。Netty 是用于 Spring Reactive 的默认嵌入式服务器。

下图为导航到 localhost:8080/stock-price.html URL 时浏览器展示的内容。

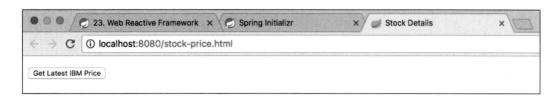

单击 Get Latest IBM Price 按钮时，`EventSource` 会启动并注册来自 `"/stocks/price/IBM"` 的事件。收到元素后，它会立即在屏幕上显示出来。

下图为收到几个事件后屏幕上显示的内容。可以看到，每隔 5 秒会收到一个事件。

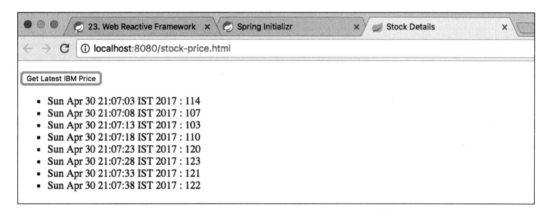

下图显示了关闭浏览器窗口后的日志摘要。

可以看到一连串 onNext 方法调用，一旦元素可用，就会触发这些方法调用。关闭浏览器窗口时，会调用 cancel() 方法以终止流。

在此例中，我们创建了一个返回事件流（类似于 Flux）的控制器，以及一个使用 EventSource 注册到事件流的网页。在下面的示例中，我们将介绍如何将事件流延伸到数据库。

11.3.4 反应式数据库

所有常规数据库操作都是阻塞性的。也就是说，直到从数据库收到响应后，才开始执行线程。

为充分利用反应式编程的优势，端到端通信也必须是反应式的，即必须基于事件流。

ReactiveMongo 旨在实现响应能力并避免阻塞性操作。所有操作，包括选择、更新或删除，都会立即返回。数据可以通过事件流传入或传出数据库。

这一节将使用 Spring Boot Reactive MongoDB starter 创建一个连接 ReactiveMongo 的简单示例。

需要执行的步骤如下。

(1) 集成 Spring Boot Reactive MongoDB Starter。
(2) 创建模型对象——股票文档。
(3) 创建 reactiveCrudRepository 接口。
(4) 使用 Command-line Runner 对股票数据进行初始化。
(5) 在 REST 控制器中创建反应式方法。
(6) 更新视图以订阅事件流。

1. 集成 Spring Boot Reactive MongoDB Starter

为了连接到 ReactiveMongo 数据库，Spring Boot 提供了一个 starter 项目——Spring Boot Reactive MongoDB Starter（如下代码片段所示）。下面将此项目添加到 pom.xml 文件中。

```
<dependency>
  <groupId>org.springframework.boot</groupId>
  <artifactId>spring-boot-starter-data-mongodb-
    reactive</artifactId>
</dependency>
```

spring-boot-starter-data-mongodb-reactive starter 会引入 spring-data-mongodb、mongodb-driver-async 和 mongodb-driver-reactivestreams 依赖项。以下代码片段展示了 spring-boot-starter-data-mongodb-reactive starter 中的重要依赖项。

```
<dependency>
  <groupId>org.springframework.data</groupId>
  <artifactId>spring-data-mongodb</artifactId>
  <exclusions>
```

```xml
      <exclusion>
        <groupId>org.mongodb</groupId>
        <artifactId>mongo-java-driver</artifactId>
      </exclusion>
      <exclusion>
        <groupId>org.slf4j</groupId>
        <artifactId>jcl-over-slf4j</artifactId>
      </exclusion>
    </exclusions>
</dependency>
<dependency>
  <groupId>org.mongodb</groupId>
  <artifactId>mongodb-driver</artifactId>
</dependency>
<dependency>
  <groupId>org.mongodb</groupId>
  <artifactId>mongodb-driver-async</artifactId>
</dependency>
<dependency>
  <groupId>org.mongodb</groupId>
  <artifactId>mongodb-driver-reactivestreams</artifactId>
</dependency>
<dependency>
  <groupId>io.projectreactor</groupId>
  <artifactId>reactor-core</artifactId>
</dependency>
```

`EnableReactiveMongoRepositories`注解将启用ReactiveMongo功能。以下代码片段用于将它添加到`SpringReactiveExampleApplication`类中。

```
@SpringBootApplication
@EnableReactiveMongoRepositories
public class SpringReactiveExampleApplication {
```

2. 创建模型对象——股票文档

我们将创建 `Stock` 文档类，如以下代码所示。它包含 3 个成员变量——`code`、`name` 和 `description`。

```
@Document
public class Stock {
  private String code;
  private String name;
  private String description;
    // getter、setter 和构造函数
}
```

3. 创建 `ReactiveCrudRepository`

传统的 Spring Data 存储库是阻塞性的。Spring Data 引入了一个用于与反应式数据库交互的新存储库。以下代码展示了在 `ReactiveCrudRepository` 接口中声明的一些重要方法。

```
@NoRepositoryBean
public interface ReactiveCrudRepository<T, ID extends Serializable>
extends Repository<T, ID> {
  <S extends T> Mono<S> save(S entity);
  Mono<T> findById(ID id);
  Mono<T> findById(Mono<ID> id);
  Mono<Boolean> existsById(ID id);
  Flux<T> findAll();
  Mono<Long> count();
  Mono<Void> deleteById(ID id);
  Mono<Void> deleteAll();
}
```

以上接口中的所有方法均为非阻塞性方法。它们返回了 Mono 或 Flux，可用于在触发事件时检索元素。

需要为股票文档对象创建一个存储库。以下代码片段展示了 `StockMongoReactiveCrud-Repository` 的定义。我们以 `Stock` 作为受管理的文档，并通过 `String` 类型的键拓展了 `ReactiveCrudRepository`。

```
public interface StockMongoReactiveCrudRepository
extends ReactiveCrudRepository<Stock, String> {
}
```

4. 使用 Command Line Runner 初始化股票数据

下面使用 Command-line Runner 在 ReactiveMongo 中插入一些数据。以下代码片段展示了添加到 `SpringReactiveExampleApplication` 中的详细数据。

```
@Bean
CommandLineRunner initData(
StockMongoReactiveCrudRepository mongoRepository) {
  return (p) -> {
  mongoRepository.deleteAll().block();
  mongoRepository.save(
  new Stock("IBM", "IBM Corporation", "Desc")).block();
  mongoRepository.save(
  new Stock("GGL", "Google", "Desc")).block();
  mongoRepository.save(
  new Stock("MST", "Microsoft", "Desc")).block();
  };
}
```

`mongoRepository.save()` 方法用于把 Stock 文档保存到 ReactiveMongo。`block()` 方法确保了保存操作在执行下一个语句之前完成。

5. 在 REST 控制器中创建反应式方法

现在添加控制器方法，以使用 `StockMongoReactiveCrudRepository` 检索详细数据。

```java
@RestController
public class StockPriceEventController {
  private final StockMongoReactiveCrudRepository repository;
  public StockPriceEventController(
  StockMongoReactiveCrudRepository repository) {
    this.repository = repository;
  }
@GetMapping("/stocks")
Flux<Stock> list() {
  return this.repository.findAll().log();
}

@GetMapping("/stocks/{code}")
Mono<Stock> findById(@PathVariable("code") String code) {
  return this.repository.findById(code).log();
}
}
```

需要注意的重要事项如下。

- `private final StockMongoReactiveCrudRepository repository`：使用构造函数注入 `StockMongoReactiveCrudRepository`。
- `@GetMapping("/stocks") Flux<Stock> list()`：公开 GET 方法以检索股票列表。返回 Flux，表示这将作为股票流。
- `@GetMapping("/stocks/{code}") Mono<Stock> findById(@PathVariable("code") String code)`：findById 返回 Mono，表明它会返回 0 或 1 个股票元素。

6. 更新视图以订阅事件流

我们希望用新按钮更新视图，以触发事件来列举所有股票，并显示特定股票的详细信息。以下片段展示了添加到 resources\static\stock-price.html 中的代码。

```html
<button id="list-stocks-button">List All Stocks</button>
<button id="ibm-stock-details-button">Show IBM Details</button>
```

以下代码片段将启用新按钮单击事件，触发与它们各自事件的连接。

```html
<script type="application/javascript">
addEvent("click",
document.getElementById('list-stocks-button'),
function() {
  registerEventSourceAndAddResponseTo("/stocks","display");
}
);
addEvent("click",
document.getElementById('ibm-stock-details-button'),
function() {
  registerEventSourceAndAddResponseTo("/stocks/IBM","display");
}
);
</script>
```

7. 启动 `SpringReactiveExampleApplication`

启动 MongoDB 和 `SpringReactiveExampleApplication` 类。下图展示了正在加载位于 http://localhost:8080/static/stock-price.html 的页面的屏幕。

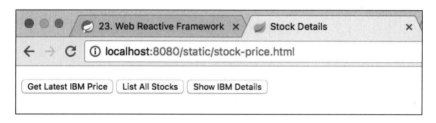

下图展示了单击股票列表时屏幕上显示的内容。

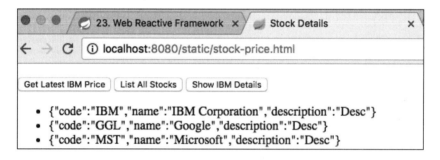

下图展示了单击 Show IBM Details 按钮时屏幕上显示的内容。

11.4 小结

这一章简要介绍了反应式编程。我们学习了 Java 反应式编程领域的重要框架——反应式流、Reactor 和 Spring WebFlux，并使用事件流实现了一个简单的网页。

反应式编程并非万能的。虽然它可能不是所有用例下的正确解决方案，但它是我们应该评估的可能选项。反应式编程的语言、框架支持及应用仍处于发展的早期阶段。

下一章将介绍使用 Spring Framework 开发应用程序时的最佳实践。

第 12 章 Spring 最佳实践

前几章介绍了大量 Spring 项目——Spring MVC、Spring Boot、Spring Cloud、Spring Cloud Data Flow 和 Spring Reactive。不过，即使选择了正确的框架，你在开发企业级应用程序时仍会面临挑战，其中最大的挑战之一在于如何恰当地使用各种框架。

本章将介绍使用 Spring Framework 开发企业级应用程序的最佳实践。我们将探讨以下方面的最佳实践：

- 企业级应用程序的结构
- Spring 配置
- 管理依赖项版本
- 异常处理
- 单元测试
- 集成测试
- 会话管理
- 缓存
- 日志记录

12.1 Maven 标准目录布局

Maven 为所有项目定义了一种标准目录布局。各种项目采用此布局后，将有助于开发人员在项目之间轻松切换。

下图展示了 Web 项目的示例目录布局。

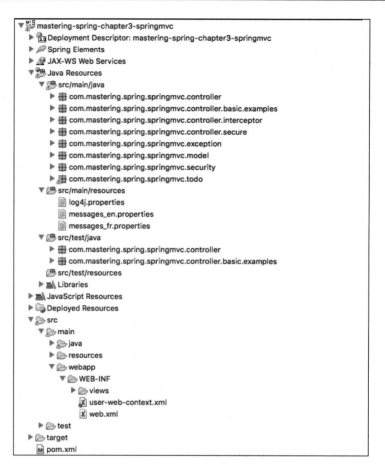

下面列出了一些重要的标准目录。

- src/main/java：所有应用程序相关的源代码。
- src/main/resources：所有应用程序相关的资源——Spring 上下文文件、属性文件、日志记录配置等。
- src/main/webapp：Web 应用程序相关的所有资源——视图文件（JSP、视图模板、静态内容等）。
- src/test/java：所有单元测试代码。
- src/test/resources：单元测试相关的所有资源。

12.2 分层架构

我们的核心设计目标之一是**关注点分离**（SoC）。无论应用程序或微服务的规模多大，创建分层架构都是一个不错的选择。

分层架构中的每一层都有一个关注点，并且应该有效地实现该关注点。对应用程序分层还有助于简化单元测试。通过模拟以下层，可以对每一层中的代码进行全面地单元测试。下图展示了典型微服务/Web 应用程序中的一些重要层。

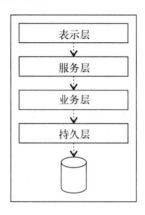

上图中展示的层如下。

- **表示层**：在微服务中，REST 控制器位于表示层。在典型的 Web 应用程序中，这一层还包含与视图有关的内容——JSP、模板和静态内容。表示层与服务层交互。
- **服务层**：这一层充当业务层的外观层。由于存在不同的视图——移动设备、Web 和平板计算机，因此，这一层可能需要不同类型的数据。服务层了解它们的需求，并会基于表示层提供适当的数据。
- **业务层**：这一层保存所有业务逻辑。另一个最佳实践是将大多数业务逻辑存放到领域模型中。业务层与数据层交互，以获取数据并在此基础上添加业务逻辑。
- **持久层**：这一层负责在数据库中检索和存储数据，通常包含 JPA 映射或 JDBC 代码。

建议做法

建议为每一层提供不同的 Spring 上下文。这有助于分离每一层的关注点，此外还有助于对特定层的代码进行单元测试。

应用程序 context.xml 可用于从所有层中导入上下文。这可以是在运行应用程序时加载的上下文。下面列出了一些可能的 Spring 上下文。

- application-context.xml
- presentation-context.xml
- services-context.xml
- business-context.xml
- persistence-context.xml

为重要层提供独立的 api 和 impl

确保应用程序松散耦合的另一个最佳实践是，在每个层中创建独立的 api 和实现模块。下图展示了包含两个子模块（api 和 impl）的数据层。

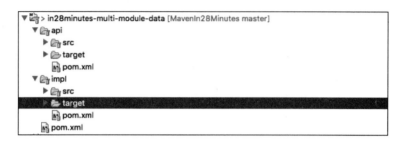

数据 pom.xml 定义了两个子模块：

```xml
<modules>
  <module>api</module>
  <module>impl</module>
</modules>
```

api 模块用于定义数据层提供的接口。impl 模块用于创建实现。

业务层应使用数据层中的 api 来构建。业务层不得依赖数据层的实现（impl 模块）。这有助于清楚地分离两个层。可以更改数据层的实现，而不会影响到业务层。

以下代码片段展示了业务层的 pom.xml 文件的摘要。

```xml
<dependency>
  <groupId>com.in28minutes.example.layering</groupId>
  <artifactId>data-api</artifactId>
</dependency>

<dependency>
  <groupId>com.in28minutes.example.layering</groupId>
  <artifactId>data-impl</artifactId>
  <scope>runtime</scope>
</dependency>
```

虽然 `data-api` 依赖项采用默认作用域——compile（编译），但 `data-impl` 依赖项的作用域为 runtime（运行时）。这确保了在编译业务层时，将无法使用 `data-impl` 模块。

虽然可以为所有层实现独立的 api 和 impl，但建议应至少在业务层使用这些模块。

12.3 异常处理

有以下两种类型的异常。

- **受检异常**：服务方法引发此异常时，所有消费方方法应处理或引发异常。
- **未受检异常**：服务方法引发异常时，不需要消费方方法处理或引发异常。

`RuntimeException` 及其所有子类均为未受检异常。所有其他异常为受检异常。

使用受检异常会降低代码的可读性。请看下面的示例：

```
PreparedStatement st = null;
try {
    st = conn.prepareStatement(INSERT_TODO_QUERY);
    st.setString(1, bean.getDescription());
    st.setBoolean(2, bean.isDone());
    st.execute();
} catch (SQLException e) {
  logger.error("Failed : " + INSERT_TODO_QUERY, e);
} finally {
  if (st != null) {
    try {
       st.close();
    } catch (SQLException e) {
       // 忽略，无任何操作
    }
  }
}
```

`PreparedStatement` 类中的 `execute()` 方法声明如下所示。

```
boolean execute() throws SQLException
```

`SQLException` 为受检异常。因此，任何调用 `execute()` 方法的方法都应处理或引发该异常。在上例中，我们使用 try-catch 块处理了异常。

12.3.1 Spring 的异常处理方法

Spring 采用不同的方法来解决此问题。它将大多数异常作为未受检异常。这简化了以下代码：

```
jdbcTemplate.update(INSERT_TODO_QUERY,
bean.getDescription(),bean.isDone());
```

`JDBCTemplate` 中的 `update` 方法不会引发任何异常。

12.3.2 推荐的处理方法

推荐的方法与 Spring Framework 采用的方法非常相似。决定方法将引发哪种异常时，要始终考虑方法的消费方。

方法的消费方是否能够在一定程度上处理异常？

在上例中，如果执行查询失败，除了向用户显示错误页面，`consumer` 方法什么也做不了。

在此类情况下,不应强制要求消费方处理异常,使问题复杂化。

建议在应用程序中采用以下方法来处理异常。

- 考虑消费方。如果方法的消费方无法有效处理异常(记录日志或显示错误页面除外),则将它作为未受检异常。
- 在最上面的层(通常为表示层)中,让 catch all 异常处理机制向消费方显示错误页面或发送错误响应。请参阅 3.4.7 节了解有关实现 catch all 异常处理的更多详细信息。

12.4 确保简化 Spring 配置

在引入注解之前,Spring 存在的问题之一是应用程序上下文 XML 文件过大。应用程序上下文 XML 文件可能包含数百行(有时甚至多达数千行)代码。不过使用注解后,就不再需要这样长的应用程序上下文 XML 文件。

建议使用组件扫描来查找并自动装配 bean,而不是将 bean 手动装配到 XML 文件中。请尽可能地精简应用程序上下文 XML 文件。建议无论何时需要某些与框架相关的配置时,都使用 Java `@Configuration`。

12.4.1 在 `ComponentScan` 中使用 `basePackageClasses` 属性

进行组件扫描时,建议使用 basePackageClasses 属性。以下代码片段展示了一个示例。

```
@ComponentScan(basePackageClasses = ApplicationController.class)
public class SomeApplication {
```

basePackageClasses 属性为 basePackages() 提供了类型安全的替代项,可用于指定包,以便在其中扫描带注解的组件。每个指定类的包都会接受扫描。

这会确保即使包被重命名或转移,也可以按预期执行组件扫描。

12.4.2 不在架构引用中使用版本号

Spring 可以从依赖项中识别架构(schema)的正确版本。因此,你不再需要在架构引用中使用版本号。以下类代码片段展示了一个示例。

```
<?xml version="1.0" encoding="UTF-8"?>
<beans xmlns="http://www.springframework.org/schema/beans"
  xmlns:xsi="http://www.w3.org/2001/XMLSchema-instance"
  xmlns:context="http://www.springframework.org/schema/context"
  xsi:schemaLocation="http://www.springframework.org/schema/beans
  http://www.springframework.org/schema/beans/spring-beans.xsd
  http://www.springframework.org/schema/context/
```

```
        http://www.springframework.org/schema/context/spring-
        context.xsd">
    <!-- 其他 bean 定义-->
</beans>
```

12.4.3 强制性依赖项首选构造函数注入而不是 setter 注入

bean 有两种类型的依赖项。

- **强制性依赖项**：你希望这些依赖项对 bean 可用。如果某依赖项不可用，就无法加载上下文。
- **可选依赖项**：这些是可选的依赖项，不是始终可用。即使它们不可用，也可以加载上下文。

建议使用构造函数注入而不是 setter 注入装配强制性依赖项。这会确保如果缺少强制性依赖项，就无法加载上下文。以下代码片段展示了一个示例。

```
public class SomeClass {
  private MandatoryDependency mandatoryDependency
  private OptionalDependency optionalDependency;
  public SomeClass(MandatoryDependency mandatoryDependency) {
    this.mandatoryDependency = mandatoryDependency;
  }
  public void setOptionalDependency(
  OptionalDependency optionalDependency) {
    this.optionalDependency = optionalDependency;
  }
  // 所有其他逻辑
}
```

Spring 文档的摘要如下。

> 一般情况下，Spring 团队提倡采用构造函数注入，因为它支持以不可变对象的方式实现应用程序组件，并确保所需依赖项不为 null。而且，构造函数注入的组件会一直以完全初始化的状态返回到客户端（调用）代码。另外，对代码来说，包含大量构造函数参数并非好事，这意味着类可能要承担太多责任，并应该进行重构以实现更合理的关注点分离。setter 注入应该主要用于可以在类中为其分配合理默认值的可选依赖项。否则，它就必须在每个使用依赖项的位置执行非 null 检查。采用 setter 注入的一个好处在于，使用 setter 方法便于稍后重新配置或重新注入类的对象。因此，通过 JMX MBeans 进行管理是 setter 注入的一个引人注目的用例。

12.5 管理 Spring 项目的依赖项版本

如果使用的是 Spring Boot，那么，管理依赖项版本的最简单选项是将 `spring-boot-starter-parent` 作为父级 POM。本书中的所有项目示例都使用的是这个选项：

```xml
<parent>
    <groupId>org.springframework.boot</groupId>
    <artifactId>spring-boot-starter-parent</artifactId>
    <version>${spring-boot.version}</version>
    <relativePath /> <!-- 从存储库中查询父级 POM -->
</parent>
```

`spring-boot-starter-parent` 将管理 200 多个依赖项的版本。在发布某个 Spring Boot 版本之前，要确保所有这些依赖项都能紧密协作。受管理的一些依赖项版本如下：

```xml
<activemq.version>5.14.3</activemq.version>
  <ehcache.version>2.10.3</ehcache.version>
  <elasticsearch.version>2.4.4</elasticsearch.version>
  <h2.version>1.4.193</h2.version>
  <jackson.version>2.8.7</jackson.version>
  <jersey.version>2.25.1</jersey.version>
  <junit.version>4.12</junit.version>
  <mockito.version>1.10.19</mockito.version>
  <mongodb.version>3.4.2</mongodb.version>
  <mysql.version>5.1.41</mysql.version>
  <reactor.version>2.0.8.RELEASE</reactor.version>
  <reactor-spring.version>2.0.7.RELEASE</reactor-spring.version>
  <selenium.version>2.53.1</selenium.version>
  <spring.version>4.3.7.RELEASE</spring.version>
  <spring-amqp.version>1.7.1.RELEASE</spring-amqp.version>
  <spring-cloud-connectors.version>1.2.3.RELEASE</spring-cloud-connectors.version>
  <spring-batch.version>3.0.7.RELEASE</spring-batch.version>
  <spring-hateoas.version>0.23.0.RELEASE</spring-hateoas.version>
  <spring-kafka.version>1.1.3.RELEASE</spring-kafka.version>
  <spring-restdocs.version>1.1.2.RELEASE</spring-restdocs.version>
  <spring-security.version>4.2.2.RELEASE</spring-security.version>
  <thymeleaf.version>2.1.5.RELEASE</thymeleaf.version>
```

建议不要改写项目 POM 文件管理的依赖项的任何版本。这可以确保在升级 Spring Boot 版本时，我们会获得所有依赖项的最新版本升级。

有时必须将自定义的企业 POM 作为父级 POM。以下代码片段展示了在此情况下如何管理依赖项版本。

```xml
<dependencyManagement>
    <dependencies>
        <dependency>
            <groupId>org.springframework.boot</groupId>
            <artifactId>spring-boot-dependencies</artifactId>
            <version>${spring-boot.version}</version>
            <type>pom</type>
            <scope>import</scope>
        </dependency>
    </dependencies>
</dependencyManagement>
```

如果未使用 Spring Boot，可以使用 Spring BOM 管理所有基本 Spring 依赖项：

```
<dependencyManagement>
  <dependencies>
    <dependency>
      <groupId>org.springframework</groupId>
      <artifactId>spring-framework-bom</artifactId>
      <version>${org.springframework-version}</version>
      <type>pom</type>
      <scope>import</scope>
    </dependency>
  </dependencies>
</dependencyManagement>
```

12.6 单元测试

进行单元测试的根本目的是查找缺陷，为每一层编写单元测试的方法各不相同。这一节将提供一个简单的单元测试示例，并说明对不同层进行单元测试时的最佳实践。

12.6.1 业务层

为业务层编写单元测试时，建议避免在单元测试中使用 Spring Framework。这会确保测试独立于框架并且可以更快地运行。

以下代码片段是一个未使用 Spring Framework 编写的单元测试示例。

```
@RunWith(MockitoJUnitRunner.class)
public class BusinessServiceMockitoTest {
  private static final User DUMMY_USER = new User("dummy");
  @Mock
  private DataService dataService;
  @InjectMocks
  private BusinessService service = new BusinessServiceImpl();
  @Test
  public void testCalculateSum() {
    BDDMockito.given(dataService.retrieveData(
    Matchers.any(User.class)))
    .willReturn(Arrays.asList(
    new Data(10), new Data(15), new Data(25)));
    long sum = service.calculateSum(DUMMY_USER);
    assertEquals(10 + 15 + 25, sum);
  }
}
```

Spring Framework 用于在正在运行的应用程序中装配依赖项。不过在单元测试中，最佳做法是结合使用 `@InjectMocks Mockito` 注解与 `@Mock`。

12.6.2 Web 层

对 Web 层进行单元测试需要测试控制器——REST 及其他控制器。我们建议：

- 使用 Mock MVC 对在 Spring MVC 上构建的 Web 层进行测试；
- 对于使用 Jersey 和 JAX-RS 构建的 REST 服务，Jersey Test Framework 是不错的选择。

设置 Mock MVC 框架的简单示例如下：

```
@RunWith(SpringRunner.class)
@WebMvcTest(TodoController.class)
public class TodoControllerTest {
  @Autowired
  private MockMvc mvc;
  @MockBean
  private TodoService service;
  // Test 方法
}
```

使用`@WebMvcTest`便于我们自动装配 MockMvc 并执行 Web 请求。`@WebMVCTest`的主要优点在于它只实例化控制器组件。应模拟所有其他 Spring 组件，并可以使用`@MockBean`自动装配。

12.6.3 数据层

Spring Boot 提供了`@DataJpaTest`这个简单注解来对数据层进行单元测试。一个简单的示例如下：

```
@DataJpaTest
@RunWith(SpringRunner.class)
public class UserRepositoryTest {
  @Autowired
  UserRepository userRepository;
  @Autowired
  TestEntityManager entityManager;
 // Test 方法
}
```

`@DataJpaTest`还可能注入一个`TestEntityManager` bean，该 bean 可以替代专用于测试的标准 JPA `entityManager`。

如果要在`@DataJpaTest`以外使用`TestEntityManager`，还可以使用`@AutoConfigure-TestEntityManager`注解。

默认情况下，Data JPA 测试是针对嵌入式数据库运行的。这确保了可以根据需要多次运行测试，而不会给数据库造成影响。

12.6.4 其他最佳实践

我们建议采用测试驱动开发（TDD）方法来开发代码。在编写代码之前编写测试有助于清楚地了解所编写的代码单元的复杂性和依赖关系。根据我的经验，这有助于优化设计并编写出更优秀的代码。

我参与的最佳项目都认可单元测试比源代码更加重要。应用程序会不断进化。如今，数年前的架构已经过时。通过进行全面的单元测试，可以不断地重构和改进项目。

一些指导原则如下。

- 单元测试应具有可读性。其他开发人员应能在不到 15 秒内理解测试。目的是将测试作为代码的文档资料。
- 如果生产代码中存在缺陷，就表明单元测试失败。这听起来似乎很简单，但是，如果单元测试使用了外部数据，外部数据更改了，它们也可能会失败。这样一段时间后，开发人员会对单元测试失去信心。
- 应快速完成单元测试。开发人员极少会延缓测试速度，这会丧失与单元测试相关的所有优势。
- 应作为持续集成的一部分进行单元测试。一旦在版本控制中提交版本，应运行内部版本（与单元测试一起），并在失败时向开发人员发送通知。

12.7 集成测试

单元测试旨在对特定层进行测试，而集成测试用于测试多个层中的代码。为确保可以重复测试，建议使用嵌入式数据库而非真实数据库进行集成测试。

建议使用嵌入式数据库为集成测试创建独立的配置文件。这确保了每位开发人员都有自己的数据库来运行测试。下面来看一些简单的示例。

application.properties 文件如下。

```
app.profiles.active: production
```

application-production.properties 文件如下。

```
app.jpa.database: MYSQL
app.datasource.url: <<VALUE>>
app.datasource.username: <<VALUE>>
app.datasource.password: <<VALUE>>
```

application-integration-test.properties 文件如下。

```
app.jpa.database: H2
app.datasource.url=jdbc:h2:mem:mydb
```

```
app.datasource.username=sa
app.datasource.pool-size=30
```

需要在测试作用域中包含 H2 驱动程序依赖项，如以下代码片段所示。

```xml
<dependency>
  <groupId>mysql</groupId>
  <artifactId>mysql-connector-java</artifactId>
  <scope>runtime</scope>
</dependency>

<dependency>
  <groupId>com.h2database</groupId>
  <artifactId>h2</artifactId>
  <scope>test</scope>
</dependency>
```

使用 @ActiveProfiles("integration-test") 的示例集成测试如下。现在，集成测试将使用嵌入式数据库运行。

```java
@ActiveProfiles("integration-test")
@RunWith(SpringRunner.class)
@SpringBootTest(classes = Application.class, webEnvironment =
SpringBootTest.WebEnvironment.RANDOM_PORT)
public class TodoControllerIT {
  @LocalServerPort
  private int port;
  private TestRestTemplate template = new TestRestTemplate();
  // Test 方法
}
```

集成测试对能够持续交付可运行的软件至关重要。Spring Boot 提供的特性有助于轻松实现集成测试。

12.7.1 Spring Session

在分布和扩展 Web 应用程序时，管理会话状态是我们面临的重要挑战之一。HTTP 是一种无状态协议。用户与 Web 应用程序的交互状态通常在 HttpSession 中进行管理。

在会话中保存尽可能少的数据很重要，应努力识别并删除会话中的不必要数据。

以下面展示的包含 3 个实例的分布式应用程序为例，其中的每个实例都有自己的本地会话副本。

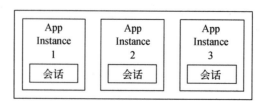

比方说，一名用户当前正接受 `App Instance 1` 的服务。如果 `App Instance 1` 关闭，负载均衡器将用户发送至 `App Instance 2`。`App Instance 2` 不了解 `App Instance 1` 使用的会话状态。于是，用户必须重新登录，再次从头开始。这不是好的用户体验。

Spring Session 提供了相关功能以实现会话存储外部化（见下图）。Spring Session 不使用本地 HttpSession，而提供了替代方案，将会话状态存储到不同数据存储中。

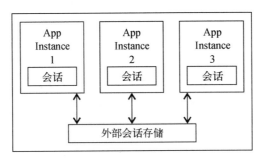

Spring Session 还清楚地分离了关注点。无论采用何种会话数据存储，应用程序代码仍保持不变。可以通过配置在会话数据存储之间切换。

12.7.2 示例

在此例中，我们将连接 Spring Session 以使用 Redis 会话存储。虽然将数据存入会话的代码仍保持不变，但数据会存储到 Redis，而不是 HTTP 会话中。

这包括如下 3 个简单的步骤。

(1) 为 Spring Session 添加依赖项。
(2) 配置过滤器以用 Spring Session 替代 `HttpSession`。
(3) 通过扩展 `AbstractHttpSessionApplicationInitializer` 为 Tomcat 启用过滤。

1. 为 Spring Session 添加依赖项

Spring Session 连接到 Redis 存储所需的依赖项为 `spring-session-data-redis` 和 `lettuce-core`:

```xml
<dependency>
  <groupId>org.springframework.session</groupId>
  <artifactId>spring-session-data-redis</artifactId>
  <type>pom</type>
</dependency>

<dependency>
  <groupId>io.lettuce</groupId>
  <artifactId>lettuce-core</artifactId>
</dependency>
```

2. 配置过滤器以用 Spring Session 替代 `HttpSession`

以下配置会创建一个 Servlet 过滤器，以用 Spring Session 中的会话存储（此例中为 Redis 数据存储）替代 `HTTPSession`。

```
@EnableRedisHttpSession
public class ApplicationConfiguration {
  @Bean
  public LettuceConnectionFactory connectionFactory() {
    return new LettuceConnectionFactory();
  }
}
```

3. 通过扩展 `AbstractHttpSessionApplicationInitializer` 为 Tomcat 启用过滤

在上一步中，需要对向 Servlet 容器（Tomcat）提出的每个请求启用 Servlet 过滤器。以下代码片段展示了所需代码。

```
public class Initializer
extends AbstractHttpSessionApplicationInitializer {
  public Initializer() {
    super(ApplicationConfiguration.class);
  }
}
```

这是你所需的全部配置。使用 Spring Session 的一大好处是，与 `HTTPSession` 交互的应用程序代码保持不变！可以继续使用 `HttpSession` 接口，但在后台，Spring Session 确保了将会话数据存储到外部数据存储——此例中为 Redis：

```
req.getSession().setAttribute(name, value);
```

Spring Session 提供了连接到外部会话存储的简单选项。在外部会话存储中备份会话可以确保即使其中一个应用程序实例发生故障，用户也可以进行故障转移。

12.8 缓存

要构建高性能应用程序，配置缓存至关重要。你不希望始终访问外部服务或数据库。不常变化的数据可以存入缓存。

Spring 提供了透明机制来连接和使用缓存。在应用程序中启用缓存包括以下步骤。

(1) 添加 Spring Boot Starter Cache 依赖项。
(2) 添加缓存注解。

下面详细说明每一个步骤。

12.8.1 添加 Spring Boot Starter Cache 依赖项

以下代码片段展示了 `spring-boot-starter-cache` 依赖项。它引入了配置缓存所需的所有依赖项和自动配置。

```
<dependency>
  <groupId>org.springframework.boot</groupId>
  <artifactId>spring-boot-starter-cache</artifactId>
</dependency>
```

12.8.2 添加缓存注解

下一步是添加缓存注解，说明什么时候需要在缓存中添加或删除某些数据。以下代码片段展示了一个示例。

```
@Component
public class ExampleRepository implements Repository {
  @Override
  @Cacheable("something-cache-key")
  public Something getSomething(String id) {
    // 其他代码
  }
}
```

一些受支持的注解如下。

- `Cacheable`：用于缓存方法调用的结果。默认实现会根据传递给方法的参数构建所需的键。如果在缓存中找到所需值，则不调用方法。
- `CachePut`：与 @Cacheable 类似。主要不同是始终会调用方法，并将结果存入缓存。
- `CacheEvict`：触发事件——从缓存中收回特定元素。删除或更新元素时通常使用此注解。

关于 Spring 缓存，需要注意的其他重要事项如下：

- 使用的默认缓存为 ConcurrentHashMap；
- Spring 缓存抽象机制符合 JSR-107 规范；
- 其他可自动配置的缓存包括 EhCache、Redis 和 Hazelcast。

12.9 日志记录

Spring 和 Spring Boot 依赖于 Commons Logging API。它们不依赖于任何其他日志记录框架。Spring Boot 提供了 starter 来简化特定日志记录框架的配置。

12.9.1 Logback

要使用 Logback 框架，只需配置 Starter `spring-boot-starter-logging` 即可。此依赖项

是大多数 starter（包括 spring-boot-starter-web）中的默认日志记录配置：

```xml
<dependency>
    <groupId>org.springframework.boot</groupId>
    <artifactId>spring-boot-starter-logging</artifactId>
</dependency>
```

以下代码片段展示了 spring-boot-starter-logging 中包含的 logback 和相关依赖项。

```xml
<dependency>
    <groupId>ch.qos.logback</groupId>
    <artifactId>logback-classic</artifactId>
</dependency>

<dependency>
    <groupId>org.slf4j</groupId>
    <artifactId>jcl-over-slf4j</artifactId>
</dependency>

<dependency>
    <groupId>org.slf4j</groupId>
    <artifactId>jul-to-slf4j</artifactId>
</dependency>

<dependency>
    <groupId>org.slf4j</groupId>
    <artifactId>log4j-over-slf4j</artifactId>
</dependency>
```

12.9.2　Log4j2

要使用 Log4j2，我们需要使用 starter spring-boot-starter-log4j2。使用 spring-boot-starter-web 等 starter 时，需要确保在 spring-boot-starter-logging 中删除了相关依赖项。以下代码片段展示了详细信息。

```xml
<dependency>
    <groupId>org.springframework.boot</groupId>
    <artifactId>spring-boot-starter</artifactId>
    <exclusions>
      <exclusion>
        <groupId>org.springframework.boot</groupId>
        <artifactId>spring-boot-starter-logging</artifactId>
      </exclusion>
    </exclusions>
</dependency>

<dependency>
    <groupId>org.springframework.boot</groupId>
    <artifactId>spring-boot-starter-log4j2</artifactId>
</dependency>
```

以下代码片段展示了 spring-boot-starter-log4j2 starter 中使用的依赖项。

```xml
<dependency>
  <groupId>org.apache.logging.log4j</groupId>
  <artifactId>log4j-slf4j-impl</artifactId>
</dependency>

<dependency>
  <groupId>org.apache.logging.log4j</groupId>
  <artifactId>log4j-api</artifactId>
</dependency>

<dependency>
  <groupId>org.apache.logging.log4j</groupId>
  <artifactId>log4j-core</artifactId>
</dependency>

<dependency>
  <groupId>org.slf4j</groupId>
  <artifactId>jul-to-slf4j</artifactId>
</dependency>
```

12.9.3 独立于框架的配置

无论使用哪种日志记录框架，Spring Boot 都在应用程序属性中提供了一些基本配置选项。一些示例如下：

```
logging.level.org.springframework.web=DEBUG
logging.level.org.hibernate=ERROR
logging.file=<<PATH_TO_LOG_FILE>>
```

在微服务时代，无论使用哪种框架来记录日志，我们都建议将日志记录到控制台（而不是文件），并使用集中式日志记录存储工具来收集所有微服务实例的日志。

12.10 小结

本章介绍了一些开发基于 Spring 的应用程序的最佳实践。我们学习了构建项目的最佳实践——分层、采用 Maven 标准目录布局，以及使用 api 和实现模块；讨论了如何最大限度地简化 Spring 配置，以及与日志记录、缓存、会话管理和异常处理有关的最佳实践。

第 13 章 在 Spring 中使用 Kotlin

Kotlin 是一种静态类型 JVM 语言，可以编写出表达力强、简短且可读的代码。Spring Framework 5.0 全面支持 Kotlin。

本章将介绍 Kotlin 的一些重要功能，并探讨如何使用 Kotlin 和 Spring Boot 创建基本的 REST 服务。

学完本章后，你会掌握以下知识。

- 什么是 Kotlin？
- 它与 Java 相比的优势是什么？
- 如何在 Eclipse 中创建 Kotlin 项目？
- 如何使用 Kotlin 创建 Spring Boot 项目？
- 如何使用 Kotlin 实现简单的 Spring Boot REST 服务并对其进行单元测试？

13.1 Kotlin

Kotlin 是一种开源静态类型语言，可以使用它来创建在 JVM、Android 和 JavaScript 平台上运行的应用程序。Kotlin 由 JetBrains 基于 Apache 2.0 许可证开发而来，并在 GitHub 上提供了开源版本。

下面引述了 Kotlin 首席语言设计师 Andrey Breslav 的几段话。这些引述有助于我们了解开发人员设计 Kotlin 的思考过程。

> Kotlin 项目的主要目的是为开发人员设计一种通用语言，这种语言可以作为一种安全、简洁、灵活并且完全兼容 Java 的有用工具。

> Kotlin 旨在成为一种强大可靠、面向对象的语言，一种比 Java "更高级的语言"，但还可以完全兼容 Java 代码，以便众多公司逐渐从 Java 迁移到 Kotlin。

Kotlin 是 Android 支持的正式语言之一。Kotlin 的官方 Android 开发人员页面详细说明了

Kotlin 迅速在开发人员中流行起来的重要原因。

> Kotlin 表达力强、简洁、可扩展、很强大，读取和编写也不令人感到枯燥。就为空性和不变性而言，它有强大的安全功能，这与我们努力使 Android 应用程序在本质上更加健壮、性能更高的目标相一致。最重要的是，它可与我们当前的 Android 语言和运行时互操作。

关于 Kotlin 的一些重要事项如下。

- 完全兼容 Java。可以在 Kotlin 中调用 Java，反之亦然。
- 简洁的可读语言。Kotlin FAQ 估计，使用 Kotlin 时，代码的行数减少了 40%。
- 同时支持函数式编程和面向对象的编程。
- IntelliJ IDEA、Android Studio、Eclipse 和 NetBeans 等 IDE 均支持 Kotlin。虽然它们对 Kotlin 的支持程度不如 Java，但这种情况正在逐步改善。
- 所有主要的构建工具——Gradle、Maven 和 Ant——支持构建 Kotlin 项目。

13.2 Kotlin 与 Java

Java 由 James Gosling 在 Sun Microsystems 公司开发，并于 1995 年发布。即使在 20 多年后的今天，它仍然是一种流行语言。

Java 广受欢迎的重要原因之一在于，Java 平台提供了 Java 虚拟机（JVM）。Java 平台为 Java 语言提供了安全性和可移植性。近年来出现了许多旨在利用 Java 平台的优势的语言，它们编译为字节码，并可以在 JVM 上运行。这些语言包括：

- Clojure
- Groovy
- Scala
- JRuby
- Jython

Kotlin 旨在解决 Java 语言面临的一些重要问题，并提供一种简洁的替代语言。它与 Java 语言的一些主要不同点介绍如下。

13.2.1 变量和类型推断

Kotlin 会根据为变量分配的值来推断它的类型。以下示例给 intVariable 分配的类型为 Int：

```
// 类型推断
var intVariable = 10
```

由于 Kotlin 是类型安全的，因此，如果以下代码片段取消注释，就会导致编译错误。

```
//intVariable = "String"
//If uncommented -> Type mismatch:
//inferred type is String but Int was expected
```

13.2.2 变量和不变性

通常，与所有其他编程语言一样，Kotlin 中的变量值可以更改。以下代码片段展示了一个示例。

```
var variable = 5
variable = 6 // 可以更改此值
```

但是，如果使用 val（而不是 var）来定义变量，那么，变量就不可变，变量的值也无法更改。这与 Java 中的 final 变量类似。请看以下代码。

```
val immutable = 6
//immutable = 7 // 无法重新分配Val
```

13.2.3 类型系统

在 Kotlin 中，所有项目都称为对象，其中没有原始变量。

重要的数值类型如下：

- Double——64 位
- Float——32 位
- Long——64 位
- Int——32 位
- Short——16 位
- Byte——8 位

与 Java 不同，Kotlin 不将字符视为数值类型。对字符执行的任何数值运算都会导致编译错误。请看以下代码。

```
var char = 'c'
// 操作符 '==' 不适用于 'Char'和'Int'
//if(char==1) print (char);
Null safety
```

Java 程序员非常熟悉 java.lang.NullPointerException。如果对引用 null 的对象执行任何操作，都会引发 NullPointerException。

Kotlin 的类型系统旨在消除 NullPointerException。正常变量不能存放 null。如果取消注释，以下代码片段就不会进行编译。

```
var string: String = "abc"
//string = null // 编译错误
```

要能够在变量中存储 null，需要使用特别声明。也就是说，在类型后面加上问号（?）。例如下面的 String?：

```
var nullableString: String? = "abc"
nullableString = null
```

将变量声明为可为空后，就只允许进行安全（?.）或非空断言（!!.）调用。直接引用会导致编译错误：

```
// 编译错误
//print(nullableString.length)
if (nullableString != null) {
  print(nullableString.length)
}
print(nullableString?.length)
```

13.2.4　函数

Kotlin 使用 `fun` 关键字来声明函数。以下代码片段展示了一个示例。

```
fun helloBasic(name: String): String {
  return "Hello, $name!"
}
```

函数参数在函数名称后的括号中指定。其中的 `name` 是一个 `String` 类型的参数。函数返回类型在参数后指定。此函数的返回类型为 `String`。

下面一行代码调用了 `helloBasic` 函数。

```
println(helloBasic("foo")) // => Hello, foo!
```

Kotlin 还允许使用命名参数。下面一行代码展示了一个示例。

```
println(helloBasic(name = "bar"))
```

函数参数可以选择使用默认值：

```
fun helloWithDefaultValue(name: String = "World"): String {
  return "Hello, $name!"
}
```

下面一行代码调用了 `helloWithDefaultValue` 函数，而没有指定任何参数。它使用了名称参数的默认值。

```
println(helloWithDefaultValue()) //Hello, World
```

如果函数只有一个表达式,那么,可以在单独一行中对其进行定义。helloWithOneExpression 函数是 helloWithDefaultValue 函数的简化版本。返回类型是通过返回值推断出来的:

```
fun helloWithOneExpression(name: String = "world")
= "Hello, $name!"
```

返回 void 并且只有一个表达式的函数也可以在单独一行中进行定义。以下代码片段展示了一个示例。

```
fun printHello(name: String = "world")
= println("Hello, $name!")
```

13.2.5 数组

在 Kotlin 中,数组用 Array 类来表示。以下代码片段展示了 Array 类中的一些重要属性和方法。

```
class Array<T> private constructor() {
  val size: Int
  operator fun get(index: Int): T
  operator fun set(index: Int, value: T): Unit
  operator fun iterator(): Iterator<T>
  // ...
}
```

可以使用 intArrayOf 函数来创建数组。

```
val intArray = intArrayOf(1, 2, 10)
```

以下代码片段展示了可以对数组执行的一些重要操作。

```
println(intArray[0])//1
println(intArray.get(0))//1
println(intArray.all { it > 5 }) //false
println(intArray.any { it > 5 }) //true
println(intArray.asList())//[1, 2, 10]
println(intArray.max())//10
println(intArray.min())//1
```

13.2.6 集合

Kotlin 提供了一些简单函数来对集合进行初始化。下面一行代码展示了对列表进行初始化的示例。

```
val countries = listOf("India", "China", "USA")
```

以下代码片段展示了可以对列表执行的一些重要操作。

```
println(countries.size)//3
println(countries.first())//India
```

```
println(countries.last())//USA
println(countries[2])//USA
```

在 Kotlin 中，使用 `listOf` 创建的列表不可变。要想更改列表的内容，需要使用 `mutableListOf` 函数：

```
//countries.add("China") // 禁止使用
val mutableContries = mutableListOf("India", "China", "USA")
mutableContries.add("China")
```

`mapOf` 函数用于对映射进行初始化，如以下代码片段所示。

```
val characterOccurances =
mapOf("a" to 1, "h" to 1, "p" to 2, "y" to 1)//happy
println(characterOccurances)//{a=1, h=1, p=2, y=1}
```

下面一行代码展示了如何检索特定键的值。

```
println(characterOccurances["p"])//2
```

可以将映射解构为它在循环中的键值要素。下面几行代码展示了详细示例。

```
for ((key, value) in characterOccurances) {
  println("$key -> $value")
}
```

13.2.7 未受检异常

Java 中的受检异常必须进行处理，否则会重新引发。这导致了许多不必要的代码。下面的示例展示了 **try-catch** 块如何处理 `new FileReader("pathToFile")` - throws FileNotFoundException 和 `reader.read()` - throws IOException 引发的受检异常：

```
public void openSomeFileInJava(){
  try {
      FileReader reader = new FileReader("pathToFile");
      int i=0;
      while(i != -1){
          i = reader.read();
          // 对所读取的内容执行一些操作
      }
   reader.close();
   } catch (FileNotFoundException e) {
       // 异常处理代码
     } catch (IOException e) {
     // 异常处理代码
     }
}
```

Kotlin 中没有任何受检异常。如果需要处理异常，将由客户端代码负责。客户端不强制处理异常。

13.2.8 数据类

通常，我们会创建大量 bean 类来存放数据。Kotlin 引入了数据类的概念。以下代码块展示了如何声明数据类。

```
data class Address(val line1: String,
val line2: String,
val zipCode: Int,
val state: String,
val country: String)
```

Kotlin 为数据类提供了一个主构造函数，`equals()`、`hashcode()` 以及其他一些实用工具方法。下面几行代码展示了如何使用构造函数来创建对象。

```
val myAddress = Address("234, Some Apartments",
"River Valley Street", 54123, "NJ", "USA")
```

Kotlin 还提供了 `toString` 方法：

```
println(myAddress)
//Address(line1=234, Some Apartments, line2=River Valley
//Street, zipCode=54123, state=NJ, country=USA)
```

可以使用 `copy` 函数来复制（克隆）现有数据类对象。以下代码片段展示了详细示例。

```
val myFriendsAddress = myAddress.copy(line1 = "245, Some Apartments")
println(myFriendsAddress)
//Address(line1=245, Some Apartments, line2=River Valley
//Street, zipCode=54123, state=NJ, country=USA)
```

你可以轻松解构数据类的对象。以下代码展示了详细示例。`Println` 利用字符串模板来输出值。

```
val (line1, line2, zipCode, state, country) = myAddress;

println("$line1 $line2 $zipCode $state $country");
//234, Some Apartments River Valley Street 54123 NJ USA
```

13.3 在 Eclipse 中创建 Kotlin 项目

我们需要先在 Eclipse 中安装 Kotlin 插件，然后才能使用 Kotlin。

13.3.1 Kotlin 插件

Kotlin 插件可以从 marketplace 网站下载。请单击下图中的 **Install** 按钮。

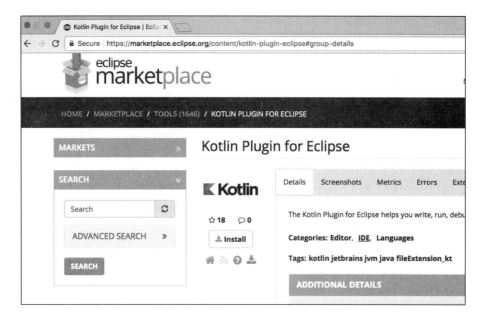

选择 Kotlin Plugin for Eclipse，然后单击 Confirm 按钮，如下图所示。

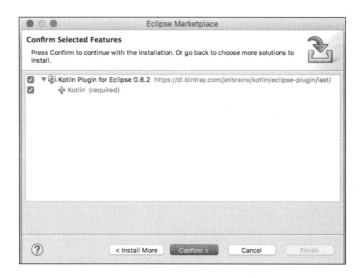

接受后续步骤中显示的默认值即可安装插件。安装过程需要一些时间。安装完插件后，请重启 Eclipse。

13.3.2　创建 Kotlin 项目

现在来创建一个新的 Kotlin 项目。在 Eclipse 中单击 File | New | Project，如下图所示。

第 13 章　在 Spring 中使用 Kotlin

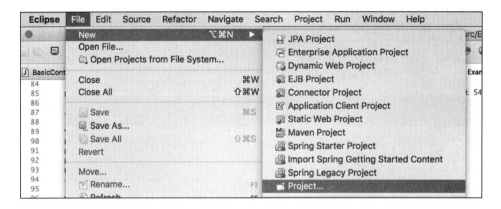

从列表中选择 Kotlin Project。

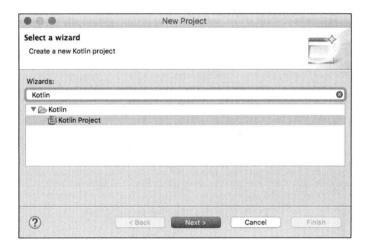

提供 `Kotlin-Hello-World` 作为项目名称，接受所有默认值，然后单击 Finish。Eclipse 将创建一个新的 Kotlin 项目。

下图展示了一个典型的 Kotlin 项目的结构。项目中提供了 Kotlin Runtime Library 和 JRE System Library。

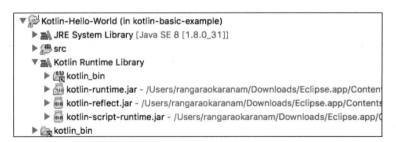

13.3.3 创建 Kotlin 类

要创建新的 Kotlin 类，请右键单击 src 文件夹，然后选择 New | Other，如下图所示。

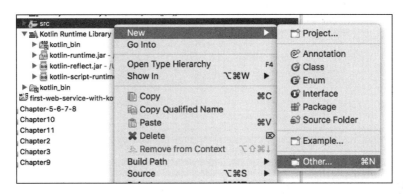

选择 Kotlin Class，如下图所示。

对新 Kotlin 类进行命名（HelloWorld）并为其提供数据包（com.mastering.spring.kotlin.first），单击 Finish 按钮（如下图所示）。

创建一个主函数，如以下代码所示。

```
fun main(args: Array<String>) {
  println("Hello, world!")
}
```

13.3.4　运行 Kotlin 类

右键单击 HelloWorld.kt 文件，然后单击 Run As | Kotlin Application，如下图所示。

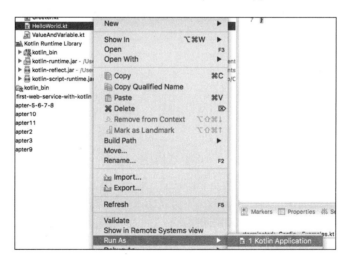

控制台上将输出"Hello, World!",如下图所示。

13.4 使用 Kotlin 创建 Spring Boot 项目

我们将使用 Spring Initializr 来初始化 Kotlin 项目。下图展示了要从中选择的 Group 和 ArtifactId。

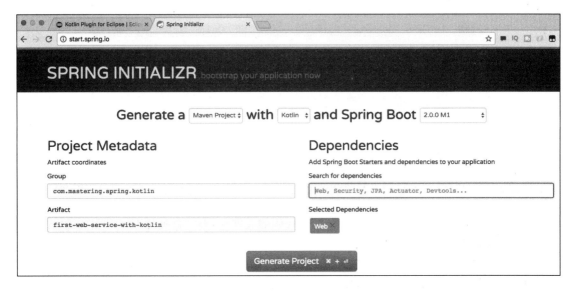

要注意的几条重要事项如下:

❑ 选择 Web 作为依赖项;
❑ 选择 Kotlin 作为语言(截图顶部的第二个下拉列表);
❑ 单击 Generate Project 按钮,然后将下载的项目作为 Maven 项目导入 Eclipse。

下图显示了所生成的项目的结构。

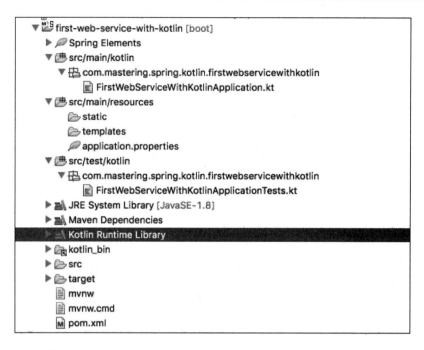

请注意以下重要事项。

- src/main/kotlin：这是存放所有 Kotlin 源代码的文件夹。此文件夹与 Java 项目中的 src/main/java 文件夹类似。
- src/test/kotlin：这是存放所有 Kotlin 测试代码的文件夹。此文件夹与 Java 项目中的 src/test/java 文件夹类似。
- 资源文件夹与典型 Java 项目中的文件夹相同——src/main/resources 和 src/test/resources。
- Kotlin Runtime Library（而不是 JRE）被用作执行环境。

13.4.1 依赖项和插件

除了 Java Spring Boot 项目中的正常依赖项以外，pom.xml 中还有另外两个依赖项：

```
<dependency>
  <groupId>org.jetbrains.kotlin</groupId>
  <artifactId>kotlin-stdlib-jre8</artifactId>
  <version>${kotlin.version}</version>
</dependency>

<dependency>
  <groupId>org.jetbrains.kotlin</groupId>
  <artifactId>kotlin-reflect</artifactId>
  <version>${kotlin.version}</version>
</dependency>
```

请注意以下重要事项：

- kotlin-stdlib-jre8 这个标准库支持 Java 8 中新添加的 JDK API；
- kotlin-reflect 是在 Java 平台上使用反射功能所需的运行时组件。

除了 `spring-boot-maven-plugin` 以外，`kotlin-maven-plugin` 也作为插件添加到 pom.xml 中，并编译 Kotlin 源码和模块。此插件配置为在 compile 和 test-compile 阶段使用。以下代码展示了详细示例。

```xml
<plugin>
 <artifactId>kotlin-maven-plugin</artifactId>
 <groupId>org.jetbrains.kotlin</groupId>
 <version>${kotlin.version}</version>
 <configuration>
   <compilerPlugins>
     <plugin>spring</plugin>
   </compilerPlugins>
   <jvmTarget>1.8</jvmTarget>
 </configuration>
 <executions>
 <execution>
   <id>compile</id>
   <phase>compile</phase>
   <goals>
     <goal>compile</goal>
   </goals>
 </execution>
 <execution>
   <id>test-compile</id>
   <phase>test-compile</phase>
   <goals>
     <goal>test-compile</goal>
   </goals>
 </execution>
 </executions>
 <dependencies>
   <dependency>
      <groupId>org.jetbrains.kotlin</groupId>
      <artifactId>kotlin-maven-allopen</artifactId>
      <version>${kotlin.version}</version>
   </dependency>
 </dependencies>
</plugin>
```

13.4.2　Spring Boot 应用程序类

下面的代码块展示了生成的 `SpringBootApplication` 类——FirstWebServiceWithKotlinApplication。我们使此类处于开放状态，以便 Spring Boot 改写它。

```
@SpringBootApplication
open class FirstWebServiceWithKotlinApplication
```

```kotlin
fun main(args: Array<String>) {
  SpringApplication
    .run(
      FirstWebServiceWithKotlinApplication::class.java,
      *args)
}
```

请注意以下重要事项。

- 包、导入和注解与 Java 类相同。
- Java 中的主函数的声明为 `public static void main(String[] args)`。上例中使用的是 Kotlin 函数语法。Kotlin 中没有静态方法。你不需要类引用即可调用任何在类外部声明的函数。
- 在 Java 中启动 `SpringApplication` 需要使用 `SpringApplication.run(FirstWebServiceWithKotlinApplication.class, args)`。
- `::`用于获取 Kotlin 类运行时引用。因此，`FirstWebServiceWithKotlinApplication::class` 将为我们提供 Kotlin 类的运行时引用。要获取 Java 类引用，我们需要在引用中使用.java 属性。因此，在 Kotlin 中，相关语法为 `FirstWebServiceWithKotlinApplication::class.java`。
- 在 Kotlin 中，`*`称为展开操作符。向接受变量参数的函数传递数组时，会用到此操作符。因此，我们会使用`*args`向 `run` 方法传递数组。

通过将 `FirstWebServiceWithKotlinApplication` 作为 Kotlin 应用程序运行，即可启动此应用程序。

13.4.3　Spring Boot 应用程序测试类

以下代码片段展示了生成的 `SpringBootApplicationTest` 类——`FirstWebServiceWithKotlinApplicationTests`。

```kotlin
@RunWith(SpringRunner::class)
@SpringBootTest
class FirstWebServiceWithKotlinApplicationTests {
  @Test
  fun contextLoads() {
  }
}
```

请注意以下重要事项。

- 包、导入和注解与 Java 类相同。
- `::`用于获取 Kotlin 类运行时引用。相比于 Java 中的`@RunWith(SpringRunner.class)`，Kotlin 代码使用的是`@RunWith(SpringRunner::class)`。
- 测试类的声明使用的是 Kotlin 函数语法。

13.5 使用 Kotlin 实现 REST 服务

我们将首先创建一个返回硬编码字符的服务,然后讨论返回正确 JSON 响应的示例。另外,我们还会看看传递路径参数的示例。

13.5.1 返回字符串的简单方法

首先来创建一个返回 welcome 消息的简单 REST 服务:

```
@RestController
class BasicController {
  @GetMapping("/welcome")
  fun welcome() = "Hello World"
}
```

对应的 Java 方法如下所示。二者的主要不同在于,在 Kotlin 中,可以用一行代码来定义函数——`fun welcome() = "Hello World"`。

```
@GetMapping("/welcome")
public String welcome() {
    return "Hello World";
}
```

如果将 `FirstWebServiceWithKotlinApplication.kt` 作为 Kotlin 应用程序运行,它将启动嵌入的 Tomcat 容器。我们可以在浏览器中启动 URL(http://localhost:8080/welcome),如下图所示。

1. 单元测试

下面快速编写一个单元测试来测试上面的控制器方法:

```
@RunWith(SpringRunner::class)
@WebMvcTest(BasicController::class)
class BasicControllerTest {
  @Autowired
  lateinit var mvc: MockMvc;
  @Test
  fun `GET welcome returns "Hello World"`() {
    mvc.perform(
```

```
            MockMvcRequestBuilders.get("/welcome").accept(
            MediaType.APPLICATION_JSON))
            .andExpect(status().isOk())
            .andExpect(content().string(equalTo("Hello World")));
    }
}
```

在前面的单元测试中，我们将通过 `BasicController` 启动一个 Mock MVC 实例。需要注意的重要事项如下。

- 除类引用以外，注解`@RunWith(SpringRunner.class)`和`@WebMvcTest(BasicController::class)`与 Java 类似。
- `@Autowired lateinit var mvc: MockMvc`：这会自动装配可用于提出请求的 `MockMvc` bean。声明为非空的属性必须在构造函数中进行初始化。对于通过依赖注入自动装配的属性，可以通过在变量声明中添加 `lateinit` 来避免 null 检查。
- `fun \`GET welcome returns "Hello World"\`()`：这是 Kotlin 独有的一项功能。我们不对测试方法命名，而是对测试进行说明。这样做很好，因为在理想情况下，测试方法不会从其他方法中调用。
- `mvc.perform(MockMvcRequestBuilders.get("/welcome").accept(Media Type.APPLICATION_JSON))`：这段代码用 Accept 标头值 `application/json` 向`/welcome`提出请求，它与 Java 代码类似。
- `andExpect(status().isOk())`：这段代码希望响应的状态为 `200 (success)`。
- `andExpect(content().string(equalTo("Hello World")))`：这段代码希望响应的内容为`"Hello World"`。

2. 集成测试

进行集成测试时，我们希望通过配置的所有控制器和 bean 来启动嵌入式服务器。以下代码块展示了如何创建一个简单的集成测试。

```
    @RunWith(SpringRunner::class)
    @SpringBootTest(webEnvironment =
SpringBootTest.WebEnvironment.RANDOM_PORT)
    class BasicControllerIT {
      @Autowired
      lateinit var restTemplate: TestRestTemplate
      @Test
  fun `GET welcome returns "Hello World"`() {
    // 操作的时间
    val body = restTemplate.getForObject("/welcome",
    String::class.java)
    // 随后的操作
    assertThat(body).isEqualTo("Hello World")
  }
}
```

需要注意的重要事项如下。

- `@RunWith(SpringRunner::class)`、`@SpringBootTest(webEnvironment = SpringBootTest.WebEnvironment.RANDOM_PORT)`：`SpringBootTest` 在 Spring TestContext 的基础上提供了附加功能。它提供相关支持，以便为正常运行的容器和 `TestRestTemplate`（用于执行请求）配置端口。除类引用以外，这段代码与 Java 代码相似。
- `@Autowired lateinit var restTemplate: TestRestTemplate`：`TestRestTemplate` 通常用在集成测试中。它在 `RestTemplate` 的基础上提供了附加功能，在集成测试上下文时特别有用。它不跟随重定向，因此可以断定响应位置。`lateinit` 允许我们避免自动装配变量的 `null` 检查。

13.5.2 返回对象的简单 REST 方法

我们将使用成员字段 `message` 和参数构造函数创建一个简单的 POJO `WelcomeBean`，如下代码所示。

```
data class WelcomeBean(val message: String = "")
```

对应的 Java 类如下：

```
public class WelcomeBean {
  private String message;
  public WelcomeBean(String message) {
    super();
    this.message = message;
  }
  public String getMessage() {
    return message;
  }
}
```

Kotlin 自动在数据类中添加了构造函数和其他实用工具方法。

上一个方法中返回了一个字符串。下面创建一个返回正确 JSON 响应的方法：

```
@GetMapping("/welcome-with-object")
fun welcomeWithObject() = WelcomeBean("Hello World")
```

此方法返回了一个用`"Hello World"`消息初始化的简单 `WelcomeBean`。

1. 执行请求

下面发送一个测试请求，看看会收到什么响应。输出结果如下图所示。

http://localhost:8080/welcome-with-object URL 的响应如下：

```
{"message":"Hello World"}
```

2. 单元测试

下面快速编写一个检查 JSON 响应的单元测试，然后将该测试添加到 `BasicControllerTest` 中：

```
@Test
fun `GET welcome-with-object returns "Hello World"`() {
  mvc.perform(
  MockMvcRequestBuilders.get("/welcome-with-object")
   .accept(MediaType.APPLICATION_JSON))
   .andExpect(status().isOk())
   .andExpect(content().string(
   containsString("Hello World")));
}
```

除了使用 `containsString` 来检查内容是否包含 `"Hello World"` 子字符串以外，此测试与前面的单元测试非常相似。

3. 集成测试

下面来编写一个集成测试，然后将一个方法添加到 `BasicControllerIT` 中，如以下代码片段所示。

```
@Test
fun `GET welcome-with-object returns "Hello World"`() {
  // 操作的时间
  val body = restTemplate.getForObject("/welcome-with-object",
  WelcomeBean::class.java)
  // 随后的操作
  assertThat(body.message, containsString("Hello World"));
}
```

除了在 `assertThat` 方法中断言子字符串外，此方法与前面的集成测试类似。

13.5.3 包含路径变量的 GET 方法

下面来看路径变量。路径变量用于将 URL 中的值与控制器方法中的变量绑定在一起。在下例中，我们希望对名称参数化，以便使用名称来自定义欢迎消息：

```
@GetMapping("/welcome-with-parameter/name/{name}")
fun welcomeWithParameter(@PathVariable name: String) =
WelcomeBean("Hello World, $name")
```

请注意以下重要事项。

- `@GetMapping("/welcome-with-parameter/name/{name}")`：{name}表示此值会作为变量。可以在URI中包含多个变量模板。
- `welcomeWithParameter(@PathVariable String name)`：@PathVariable确保了将URI中的变量值绑定到变量名称。
- `fun welcomeWithParameter(@PathVariable name: String) = WelcomeBean("Hello World, $name")`：我们使用Kotlin的单一表达式函数声明，以直接返回创建的WelcomeBean。"Hello World, $name"利用了Kotlin字符串模板。$name会由路径变量名称的值替代。

1. 执行请求

下面发送一个测试请求，看看会收到什么响应。响应内容如下图所示。

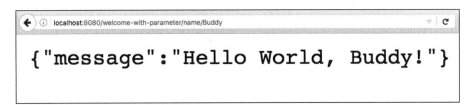

http://localhost:8080/welcome-with-parameter/name/Buddy URL的响应如下：

```
{"message":"Hello World, Buddy!"}
```

正如所预料的那样，URI中的名称用于生成响应中的消息。

2. 单元测试

下面我们为上面的方法快速编写一个单元测试。我们希望在URI中传递一个名称，然后检查响应中是否包含该名称。可以通过以下代码实现上述目的。

```
@Test
fun `GET welcome-with-parameter returns "Hello World, Buddy"`() {
 mvc.perform(
 MockMvcRequestBuilders.get(
 "/welcome-with-parameter/name/Buddy")
 .accept(MediaType.APPLICATION_JSON))
 .andExpect(status().isOk())
 .andExpect(content().string(
 containsString("Hello World, Buddy")));
}
```

需要注意的重要事项点如下。

- MockMvcRequestBuilders.get("/welcome-with-parameter/name/Buddy")：这与 URI 中的变量模板相匹配。我们会在名称 Buddy 中进行传递。
- .andExpect(content().string(containsString("Hello World, Buddy")))：我们希望响应包含带有名称的消息。

3. 集成测试

上面的方法的集成测试非常简单。请看下面的 Test 方法：

```
@Test
fun `GET welcome-with-parameter returns "Hello World"`() {
  // 操作的时间
  val body = restTemplate.getForObject(
  "/welcome-with-parameter/name/Buddy",
  WelcomeBean::class.java)
  // 随后的操作
 assertThat(body.message,
 containsString("Hello World, Buddy"));
}
```

需要注意的重要事项如下。

- restTemplate.getForObject("/welcome-with-parameter/name/Buddy", WelcomeBean::class.java)：这与 URI 中的变量模板相匹配。我们将在名称 Buddy 中进行传递。
- assertThat(response.getBody(), containsString("Hello World, Buddy"))：我们希望响应包含带有名称的消息。

这一节介绍了使用 Spring Boot 创建简单 REST 服务的基本知识。此外，我们还确保进行了正常的单元测试和集成测试。

13.6 小结

Kotlin 可以帮助开发人员编写出简洁、可读的代码。这与 Spring Boot 的设计理念相一致——使应用程序开发更加轻松、更加快捷。

本章首先介绍了 Kotlin 以及它与 Java 相比的优势，并使用 Spring Boot 和 Kotlin 构建了几个简单的 REST 服务，还举例说明了用 Kotlin 编写的服务和单元测试代码多么简洁。

过去几年里，Kotlin 取得了巨大进步——成为 Android 正式支持的语言就是一个良好的开端，Spring Framework 5.0 对 Kotlin 的支持更是锦上添花。Kotlin 的未来取决于它在更广泛的 Java 开发社群中的成功程度。它很可能会成为你手中的一个重要工具。

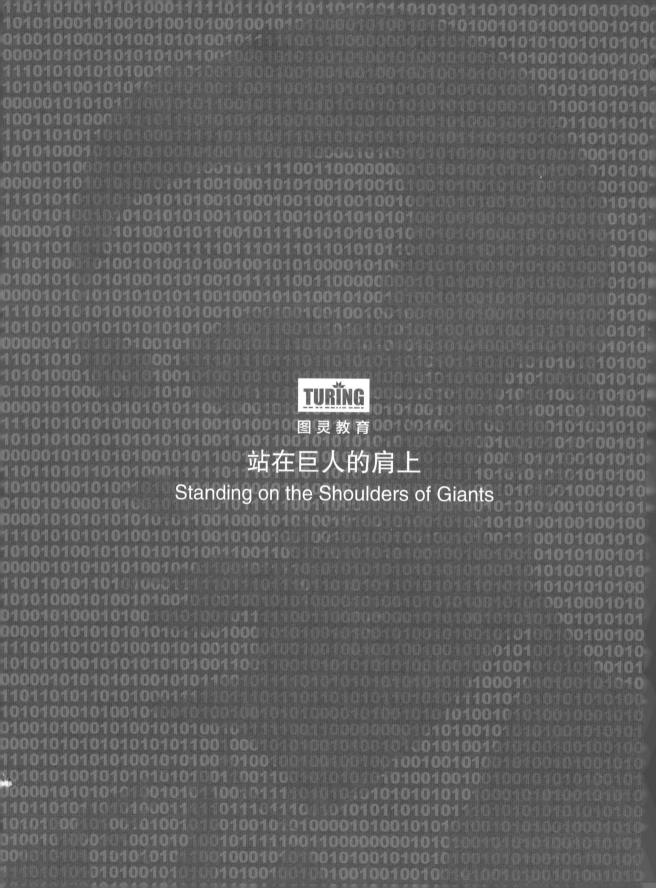